高等职业教材

数字测图技术及应用

SHUZI CETU JISHU JI YINGYONG

夏永华　陈鸿兴　黄德武　甘淑　葛恒年　编著

测绘出版社

·北京·

内容简介

本书遵循理论上够用、内容主线按生产实际各环节要求的方式编写,实用性较强,共 8 章,较全面地阐述了常规大比例尺数字测图的理论、方法与应用技术,并简要介绍了数字测图新技术,主要是无人机和三维激光扫描技术在数字测图中的应用。

本书除了作为测绘工程、地理信息系统、国土资源管理、水利水电工程、水文水资源、土木工程等专业学生,在掌握了测量学基础理论和实践后学习的教材外,也可作为从事数字化测绘工作的专业技术人员参考。

图书在版编目(CIP)数据

数字测图技术及应用 / 夏永华等编著. -- 北京 ：
测绘出版社,2016.9(2023.12 重印)
高等职业教材
ISBN 978-7-5030-3988-1

Ⅰ. ①数… Ⅱ. ①夏… Ⅲ. ①数字化测图－高等职业
教育－教材 Ⅳ. ①P231.5

中国版本图书馆 CIP 数据核字(2016)第 207882 号

数字测图技术及应用
SHUZI CETU JISHU JI YINGYONG

责任编辑	巩 岩	封面设计	李 伟	责任印制	陈姝颖

出版发行	测绘出版社	电 话	010—68580735(发行部)	
地 址	北京市西城区三里河路 50 号		010—68531363(编辑部)	
邮政编码	100045	网 址	https://chs.sinomaps.com	
电子邮箱	smp@sinomaps.com	经 销	新华书店	
成品规格	184mm×260mm	印 刷	北京建筑工业印刷有限公司	
印 张	16	字 数	400 千字	
版 次	2016 年 9 月第 1 版	印 次	2023 年 12 月第 6 次印刷	
印 数	7301－8800	定 价	36.00 元	
书 号	ISBN 978-7-5030-3988-1			

前　言

国家对职业教育日益重视,需要构建职业教育的完整体系。近几年,职业本科在少数学校开始出现。职业本科培养的目标定位不同于普通本科,也不同于高职专科,目前还很少有系列的职业本科教材,职业本科的学生一般是用普通本科的教材或理论水平较高的高职专科教材。基于这种现实,本教材是为适应职业本科测绘工程专业培养目标及教学需要而编写的。本教材根据职业教育的特点,在理论知识够用的基础上,注重实践技能的培养。

本教材突出了职业本科教育的特色,从生产实际的每一个具体环节入手,构建理论和实践体系,弱化了"大比例尺数字测图"普通本科教材的数字测图基本原理、计算机绘图基础理论等内容,将测绘行业最新的行业规范标准相关内容纳入教材,在强化实际操作的基础上,体现了"写"的能力,真正做到"测、算、绘、写、检"五大能力的培养,让学生掌握数字化测图项目实施的全过程。

全书由夏永华主编,共分为8章,参与编写人员及分工为:夏永华编写第1、2、4、5、7章,陈鸿兴编写第3章,甘淑编写第6章,黄德武编写第8章,葛恒年负责资料整理。全书由夏永华负责统稿,袁希平主审。

本书在编写过程中,参阅了大量文献(包括电子版),引用了同类书刊中的一些资料,引用了南方测绘、中海达测绘产品使用手册和说明书的相关内容。在此,谨向有关作者和单位表示感谢。

由于作者水平有限,书中不足之处在所难免,恳请读者批评指正。

编　者
2016 年 3 月

目　录

第1章　数字测图概述

本章主要内容包括数字测图概述。学习要求：①了解数字测图发展状况、数字测图的作业过程及数字测图的优势；②掌握数字测图系统构成、数字测图作业模式。

§1.1　数字测图的发展概况

传统的地形测量受到仪器设备条件限制，必须测量地形点、地物特征点到测站的距离及其相对于某一参考方向的角度，使用量角器、比例尺、铅笔等绘图工具在绘图纸上绘图，这种测图被称为白纸测图或模拟法测图。随着科学技术的进步、计算机技术的迅猛发展及其向各个领域的渗透，以及电子全站仪、导航卫星实时动态测量定位技术等先进测量仪器和技术的广泛应用，地形测量向自动化和数字化方向发展，数字测图技术应运而生。数字测图与白纸测图相比，以其特有的高自动化、全数字、高精度的显著优势而具有广阔的发展前景。

数字化成图是由制图自动化开始的。20世纪50年代，美国国防制图局开始研究制图自动化问题，这一研究同时推动了制图自动化配套设备的研制与开发。20世纪70年代初，制图自动化已形成规模生产，在美国、加拿大及欧洲各国，相关重要部门都建立了自动制图系统。当时的自动制图主要包括数字化仪、扫描仪、计算机及显示系统四个部分。其成图过程是：将地形图数字化，再由绘图仪在透明塑料片上回放地形图，并与原始地形图叠置以修正错误。

大比例尺地面数字测图是20世纪70年代随着电子计算机技术及光电测距技术的发展而兴起的，80年代初全站型电子速测仪的迅猛发展加速了数字测图的研究和应用。我国从1983年开始开展数字测图的研究工作。目前，数字测图技术已作为主要的成图方法取代了传统的白纸测图。其发展过程大体上可分为两个阶段。

第一阶段，主要利用全站仪采集数据，用电子手簿记录，同时人工绘制标注测点点号的草图，到室内将测量数据直接由记录器传输到计算机，再由人工按草图编辑图形文件，并键入计算机自动成图，经人机交互编辑修改，最终生成数字地形图，由绘图仪输出。这虽是数字测图发展的初级阶段，但人们看到了数字测图自动成图的美好前景。

第二阶段仍采用野外测记模式，但成图软件有了实质性的进展：一是开发了智能化的外业数据采集软件，二是计算机成图软件能直接对接收的地形信息数据进行处理。目前，国内利用全站仪配合便携式计算机或掌上电脑，以及直接利用全站仪内存的大比例尺地面数字测图方法已得到广泛应用。

20世纪90年代出现了载波相位差分技术，又称实时动态（real-time kinematic，RTK）定位技术，这种测量模式能够实时提供测点在指定坐标系中的三维坐标成果，在10 km测程内可达到厘米级的测量精度。数据通过手簿采集、存储，并且可以自动转换成成图软件需要的数据格式。目前，RTK测量已成为野外数据采集的主要模式。

§1.2　数字测图及系统构成

1.2.1　数字测图系统的概念

数字测图是以数字的形式表达地形特征点的集合形态,其实质上是一种全解析机助测图方法。数字测图系统是以计算机为核心,在外连输入、输出设备硬件和软件的支持下,对地形空间数据进行采集、输入、成图、处理、绘图、输出、管理的测绘系统。数字测图系统主要由数据输入、数据处理和数据输出三部分组成,如图1.1所示。围绕这三部分,由于硬件配置、工作方式、数据输出方法、输出成果内容的不同,可产生多种数字测图系统。按输入方法,可区分为原图数字化数字成图系统、航测数字成图系统、野外数字测图系统和综合采样(集)数字测图系统;按硬件配置,可区分为全站仪配合电子手簿测图系统、电子平板测图系统等;按输出成果内容,可区分为大比例尺数字测图系统、地形地籍测图系统、地下管线测图系统、房地产测量管理系统、城市规划成图管理系统等。不同的时期,不同的应用部门,如水利、物探、石油等科研院校,也研制了众多的自动成图系统。

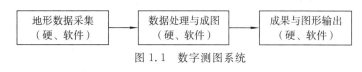

图1.1　数字测图系统

目前,大多数数字测图系统内容丰富,具有多种数据采集方法,具有多种功能和多种应用范围,能输出多种图形和数据资料,其结构如图1.2所示。数字测图系统需要由一系列硬件和软件组成。用于野外采集数据的硬件设备有全站式或半站式电子速测仪;用于室内输入的设备有数字化仪、扫描仪、解析测图仪等;用于记录数据的设备有电子手簿、PC卡(PCMCIA卡的简称,是便携设备常使用的带有标准总线结构接口的一种存储卡片);用于室内输出的设备主要有磁盘显示器、打印机和数控绘图仪等;便携机或微机是数字测图系统的硬件控制设备,既用于数据处理又用于数据采集和成果输出。最基本的软件设备有系统软件和应用软件。应用软件主要包括测量计算软件、数据采集和传输软件、数据处理软件、图形编辑软件、等高线自动绘制软件、绘图软件及信息应用软件等。

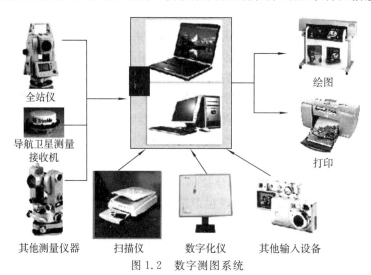

图1.2　数字测图系统

1.2.2　地图图形的描述

一切地图图形都可以分解为点、线、面三种图形要素，其中点是最基本的图形要素。这是因为一组有序的点可连成线，而线可以围成面。但要准确地表示地图图形上点、线、面的具体内容，还要借助一些特殊符号、注记符号。独立地物可以由定位点及其符号表示，线状地物、面状地物由各种线划、符号或注记表示，等高线用高程值表达。

测量的基本工作是测定点位。传统方法是用仪器测得点的三维坐标，或者测得水平角、竖直角及距离来确定点位，然后绘图员按坐标（或角度与距离）将点展绘到图纸上。跑尺员根据实际地形向绘图员报告测的是什么点（如房角点），这个（房角）点应该与哪个（房角）点连接等，绘图员则当场依据展绘的点位按图式符号将地物（房屋）描绘出来。这样一点一点地测和绘，就形成了一幅地形图。

数字测图是经过计算机软件自动处理（自动计算、自动识别、自动连接、自动调用图式符号等），自动绘出所测的地形图。因此，进行数字测图时必须采集绘图信息，包括点的定位信息、连接信息和属性信息。

定位信息也称点位信息，是用仪器在外业测量中测得的，最终以 X、Y、Z（H）表示的三维坐标。点号在测图系统中是唯一的，根据它可以提取点位坐标。

连接信息指测点的连接关系，包括连接点号和连接线型，据此可将相关的点连接成一个地物。定位信息和连接信息合称为图形信息，又称为几何信息，以此可以绘制房屋、道路、河流、地类界、等高线等图形。

属性信息又称为非几何信息，包括定性信息和定量信息。属性的定性信息用来描述地图图形要素的分类或对地图图形要素进行标名，一般用拟定的特征码（或称地形编码）和文字表示。有了特征码就知道它是什么点，对应的图式是什么。属性的定量信息是用以说明地图要素的性质、特征或强度的，如面积、楼层、人口、产量、流速等，一般用数字表示。

进行数字测图时，不仅要测定地形点的位置（坐标），还要知道是什么点，是道路还是房屋，当场记下该测点的编码和连接信息。成图时，利用测图系统中的图式符号库，只要知道编码，就可以从库中调出与该编码对应的图式符号成图。

1.2.3　地图图形的数据格式

地图图形要素按照数据获取和成图方法的不同，可分为矢量数据和栅格数据两种数据格式。矢量数据是图形的离散点坐标（X，Y）的有序集合，栅格数据是图形像元值按矩阵形式存储的集合。由野外采集的数据、解析测图仪获得的数据和手扶跟踪数字化仪采集的数据是矢量数据，由扫描仪和遥感获得的数据是栅格数据。据估计，一幅 1∶1 000 的一般密度的平面图只有几千个点的坐标对，一幅 1∶10 000 的地形图矢量数据多则可达几十万甚至上百万个点的坐标对。矢量数据量与比例尺、地物密度有关。一幅（50 cm×50 cm）的栅格数据，随栅格单元（像元）的边长（一般小于 0.02 cm）而不同，通常达上亿个像元点。故一幅地图图形的栅格数据量一般情况下要比矢量数据量大得多。矢量数据结构是人们最熟悉的图形表达形式，从测定地形特征点位置到线划地形图中各类地物的表示及设计用图，都是利用矢量数据。计算机辅助设计（CAD）、图形处理及网络分析，也都是利用矢量数据和矢量算法。因此，数字测图通常采用矢量数据结构和绘制矢量图。若采集的数据是栅格数据，必须将其转换为矢量数据。由计算机控制输出的矢量图形不仅美观,而且更新方便,应用非常广泛。

§1.3　数字测图的作业过程

数字测图的作业过程与使用的设备和软件、数据源及图形输出的目的有关,但不论是测绘地形图,还是制作种类繁多的专题图、行业管理图,只要是测绘数字图,都必须包括数据采集、数据处理和图形输出三个基本阶段。

1.3.1　数据采集

地形图、航空航天遥感像片、图形数据或影像数据、统计资料、野外测量数据或地理调查资料等,都可以作为数字测图的信息源。数据资料可以通过键盘或转储的方法输入计算机,图形和图像资料一定要通过图数转换装置转换成计算机能够识别和处理的数据。数据采集主要有接触采集和非接触采集两种模式。

1. 接触采集模式

1)大地测量仪器法

大地测量仪器法是用全站仪或测距仪、经纬仪等大地测量仪器进行实地测量,并将野外采集的数据自动传输到电子手簿、磁卡或便携机,现场自动记录。野外全站仪测量受通视条件的影响,在地物稀疏的地区或者范围较小而比例尺较大的测量区域,可以使用全站仪有棱镜测量法采集地物底部特征点的数据,同时采用全站仪无棱镜测量法测量地物的高度,这样就不会受全站仪仰角的限制。采用无棱镜测量法在小区域进行数据采集,具有生产效率高、工作量少、安全性好、测点精度高且均匀等特点。

2)GPS 接收机采集法

GPS 接收机采集法是通过 GPS 接收机采集野外碎部点的信息数据,即 GPS RTK 测量,这种测量模式是位于基准站(已知的基准点)的 GPS 接收机通过数据链将其观测值及基准站坐标信息一起发给流动站的 GPS 接收机。流动站不仅接收参考站(基准站)的数据,还直接接收 GPS 卫星发射的观测数据,组成相位差分观测值,并实时处理,能够实时提供测点在指定坐标系的三维坐标成果,在 20 km 测程内可达到厘米级的测量精度。实时差分观测时间短,流动站与基准站不用通视,并能实时给出定位坐标,所以是外业数据采集的主要手段之一。目前,随着 RTK 技术的不断完善,接收机制造工艺不断创新,价格更加低廉,质量和体积更加轻小,已越来越多地被应用在开阔地区的地面数字测图中。

3)原图数字化采集

为了充分利用已有的测绘成果,可以利用原图(已测绘的模拟图)在室内采集数据。这种数据采集方法常称为原图数字化。原图数字化通常有数字化仪数字化和扫描仪数字化两种方法。

(1)用数字化仪可对原图的地形特征点逐点进行数据采集(与野外测图类似),对曲线采用手扶跟踪数字化。用数字化仪进行数字化得到的数字化图的精度一般低于原图,加上使用数字化仪进行数字化时,作业员的眼睛易疲劳,效率低,这种方法逐渐被扫描矢量数字化取代。

(2)用扫描仪数字化时,仪器沿 x 方向扫描,沿 y 方向走纸,图在扫描仪上走一遍,就将图形(含图像)数字化。扫描数字化速度很快(一幅图不超过几分钟),但获得的是栅格数据。

1995 年以前将栅格数据转化为矢量数据效率很低(比手扶跟踪数字化慢)。此后,我国研制出几套实用的矢量化软件,使矢量化的速度大幅度提高。目前,我国主要采用扫描矢量化来数字化原图,再对原图进行修测,可较快地得到数字化图。

2.非接触采集模式

1)航片数字采集

航片数字采集是利用测区的航空摄影测量获得立体像对,在解析测图仪上或在经过改装的立体量测仪上采集地形特征点,并自动将其转换成为数字信息。这种方法工作量小,是我国测绘基本图的主要方法。但由于精度原因,该法在大比例尺(如 1∶500)测图中受到一定限制,今后将逐渐被在计算机上直接显示立体的全数字摄影测量系统所取代。

2)遥感数据采集

遥感数据采集是利用遥感影像资料,结合专业绘图软件生产数字地形图。

3)用三维激光扫描系统采集三维数据

机载激光扫描系统采集方法可以直接获得高密度的高程数据。激光脉冲信号可以部分穿透植被,获得森林区或者植被区的真实地形图,可以对困难区或者危险区进行数据采集工作,同时可以得到关键地形点的采样,得到比较明显的特征点及特征线。利用机载激光扫描系统可以采集高精度的三维地形数据,从而详细地表达该区域的地势走向。在三维地物数据的采集方面,机载激光扫描系统可以获取地物总体信息,采用对原始数据进行重采样的方法,较为精确地获取地物的顶部特征点及底部特征点。因为载体线路的原因,对地物密集且隐蔽的区域的特征点的获取就显得非常困难,通过激光扫描所采集的点云数据,可使用相应的软件对其进行数据处理,从而提取不同地物的特征点及地形的数据,或者是先对地物进行分类,再分别提取数据。该方法在抗震救灾中对处理局部危险点(如堰塞湖)起到很大作用。

4)用合成孔径雷达采集数据

采用合成孔径雷达(synthetic aperture radar,SAR)方法采集三维地形数据,数据全面,作业范围较广。雷达信号的穿透力很强,可以比较清楚地表达植被茂密地区的真实地势走向,能够有效获得地面的特征点和高程。

应用合成孔径雷达影像提取三维空间数据有以下特点:①全天候、全天时的工作能力;②较强的穿透能力,提取精度较高、速度较快;③可以解决利用常规手段十分困难甚至不能解决的很多问题,为解决大范围内的环境问题提供了更为直接和高效的方法,有很强的应用价值。另一方面,合成孔径雷达技术采集费用较高,设备未普及应用,对工作人员的要求很高,而且技术上的一些细节问题还需要完善,所以,在三维空间数据采集中,这种方法还不能广泛应用。

数字地形图和数据采集涉及的内容很广泛,它是一个集合了多学科的庞大知识体系。各种采集方式有各自的优缺点,需根据具体情况采用适合的方式。

1.3.2　数据处理

实际上,数字测图的全过程都是在进行数据处理,但这里讲的数据处理阶段指在数据采集以后到图形输出之前对图形数据进行的各种处理。数据处理主要包括数据传输、数据预处理、数据转换、数据计算、图形生成、图形编辑与整饰、图形信息管理与应用等。数据预处理包括坐标变换、各种数据资料的匹配、测图比例尺的统一、不同结构数据的转换等。数据转换内容很多,如将野外采集到的带简码的数据文件或无码数据文件转换为带绘图编码的数据文件供自动绘图使用,以及将 AutoCAD 的图形数据文件转换为地理信息系统(geographical information system,GIS)的交换文件等。数据计算主要是针对地貌关系的。当数据输入计算机后,为建立数字地面模型(digital terrain model,DTM),绘制等高线,需要进行插值模型建立、插值计算、等高线光滑处理三个过程的工作。在计算过程中,需要给计算机输入必要的数据,如插值等高距、光滑的拟合步距等。必要时,需对插值模型进行修改,其余的工作都由计算机自动完成。数据计算还包括对房屋类呈直角拐弯的地物进行误差调整,消除非直角化误差等。经过数据处理后,可产生平面图形数据文件和数字地面模型文件。要想得到一幅规范的地形图,还要对数据处理后产生的"原始"图形进行修改、编辑、整理;还需要加上汉字注记、高程注记,并填充各种面状地物符号;还要进行测区图形拼接、图形分幅和图廓整饰等。数据处理还包括对图形信息的全息保存、管理、使用等。

数据处理是数字测图的关键阶段。在数据处理时,既有对图形数据进行交互处理,也有批处理。数字测图系统的优劣取决于其数据处理的功能。

1.3.3 图形输出

经过数据处理以后,即可得到数字地图,也就是形成一个图形文件,由磁盘或磁带进行永久性保存。也可以将数字地图转换成地理信息系统所需要的图形格式,用于建立和更新地理信息系统图形数据库。输出图形是数字测图的主要目的,通过对图的控制,可以编制和输出各种专题地图(包括平面图、地籍图、地形图、管网图、带状图、规划图等),以满足不同用户的需要。可采用矢量绘图仪、栅格绘图仪、图形显示器、缩微系统等绘制或显示地形图图形。为了使用方便,往往需要用绘图仪或打印机将图形或数据资料输出。在用绘图仪输出图形时,还可按层来控制线划的粗细或颜色,绘制美观、实用的图形。如果以产生出版原图为目的,可采用带有光学绘图头或刻针(刀)的平台矢量绘图仪,它们可以产生带有线划、符号、文字等高质量的地图图形。

§1.4 地面数字测图的作业模式

由于软件设计作者思路不同、使用的设备不同,数字测图有不同的作业模式。就目前地面数字测图而言,归纳起来可区分为三大作业模式,即数字测记模式(简称测记式)、电子平板测绘模式(简称电子平板)及扫描矢量化模式。数字测记模式外业设备轻便,操作方便,野外作业时间短。

1.4.1 数字测记模式

根据野外使用仪器不同,数字测记模式进一步分为全站仪测记模式和 GPS RTK 测记模式。

全站仪测记模式就是用全站仪(或普通测量仪器)在野外测量地形特征点的点位,用电子手簿(或 PC 卡)记录测点的几何信息及其属性信息,或配合草图到室内将测量数据由电子手簿传输到计算机,经人机交互编辑成图。该模式为绝大部分软件所支持,使用电子手簿自动记录观测数据,作业自动化程度较高,可以较大地提高各类输出设备外业工作的效率。但采用这种作业模式的主要问题是地物属性和连接关系的采集。全站仪的使用使测站和镜站的距离可以拉得很远,因而测站上很难看到所测点的属性与其他点的连接关系。属性和连接关系输入不正确,会给后期的图形编辑工作带来极大的困难。一种解决的方法是使用对讲机加强测站与立镜(尺)点之间的联系,以保证测点编码(简码)输入的正确性。另一种解决方法是,测站电子手簿只记录定位数据(坐标和高程),在内业编辑时用"引导文件"导入属性和连接关系。这样,既保证了数据的可靠性,又大幅度提高了测站工作的效率,可以说是一种较理想的作业模式。

GPS RTK 数字测记模式采用实时动态定位技术,实时测定地形点三维坐标,并且自动记录定位信息。该模式最大优点是不需要测站和待测点之间通视,且移动站与基准站之间的距离在 10 km 以内可达厘米级精度。目前,移动站的设备已高度集成,接收机、天线、电池集于一体,连同对中杆重量仅 1.5 kg 左右,使野外采集数据很轻便。采集数据时,要在移动站绘制草图或记录绘图信息,供内业绘图使用。用该模式在非居民区、地表植被较矮小稀疏区测地形图,效率高于全站仪模式。

超站仪数字测图模式是集以上两种测记模式于一身,将全站仪与 GPS 等卫星定位芯片实现无缝集成,实现了无控制点测量、目标快速自动搜索、较长距离高精度无棱镜测距、测量数据无线传输,内装测图和工程软件可直接成图,开创了一种不受时间和地域限制、不依靠测量控制网、无须设置基站、无作业半径限制、全球任何地区测量精度一致、单人手持机即可完成全部野外作业的测绘新模式。

1.4.2　电子平板测绘模式

电子平板测绘模式的基本思想是用计算机屏幕模拟图板,用软件中内置的功能来模拟铅笔、直线笔、曲线笔,完成曲线光滑、符号绘制、线型生成等工作。具体作业时,将便携机移至野外,现测现画,不需要作业人员记忆和输入数据编码。这种模式的突出特点是现场完成绝大部分工作,因而不易漏测,在测图时观念上也不需大的改变。这种作业模式对设备要求较高,起码要求每个作业小组配备一台档次较高的便携机,但在作业环境较差(如有风沙)的情况下,便携机容易损坏。由于点位数据和连接关系都在测站采集,故当测站、镜站距离较远时,属性和连接关系的录入比较困难。这种作业模式适合条件较好的测绘单位,用于房屋密集的城镇地区的测区工作。

该模式衍生的另外一种模式是镜站遥控电子平板模式,将现代化通信手段与电子平板结合起来,从根本上改变了传统的测图作业概念。该模式由持便携式电脑的作业员在跑点现场指挥立镜员跑点,并发出指令遥控驱动全站仪观测(自动跟踪或人工照准),观测结果通过无线电传输到便携机,并在屏幕上自动展点。作业员根据展点即测即绘,现场成图。这种由镜站指挥测站,不仅能够"走到、看到、绘到",不易漏测,而且能够同步地"测、量、绘、注",提高了成图质量。镜站遥控电子平板作业可形成单人测图系统,只要一名测绘员在镜站立对中杆,遥控测站上带伺服马达的全站仪瞄准镜站反光镜,并将测站上测得的三维坐标用无线电传输入电子平板仪并展点和注记高程,绘图员迅速实时地把展点的空间关系在电子平板上描述(表示)出来。这种作业模式现已实现无编码作业,测绘准确,效率高,代表未来的野外测图发展方向。但该测图模式需要数据传输的通信设备、高档便携机及带伺服马达的全站仪(非单人测图时可用一般的全站仪),设备较贵,成本较高。

1.4.3 扫描矢量化模式

矢量化模式是我国早期(20世纪80年代末90年代初)数字测图的主要作业模式。大多数城市都有精度较高、现势性较好的地形图,制作多功能的数字地图时,这些地形图是很好的数据源。1987年至1997年主要用手扶跟踪数字化仪对旧图进行数字化。近年来随着扫描矢量化软件的成熟,扫描仪逐渐取代数字化仪对旧图进行数字化。先用扫描仪扫描得到栅格图形,再用扫描矢量化软件将栅格图形转换成矢量图形。这一扫描矢量化作业模式,不仅速度快、劳动强度小,而且精度几乎没有损失。

§1.5 数字测图的优势

大比例尺数字测图对于传统的白纸测图方法来说,具有显著的优势。

1.5.1 测图的精度高

白纸测图以光学仪器和视距测量方法为基础,地物点平面位置的误差受解析图根点的测量误差和展绘误差、测定地物点的视距误差和方向误差、地形图上地物点的刺点误差等综合影响,而且控制测量采用从整体到局部、逐级布设的方式,等级和环节过多,使最终成果有一定的精度损失,在不同程度上限制了地形图的精度。数字测图中,测距、测角精度很高,测点精度与测点距离关系不大,计算机自动展点完全没有误差,因而精度高于白纸测图。此外,虽然数字地形图有时也要利用绘图仪按比例尺输出纸质图,但是各种几何元素的量算并非在纸面上进行,而是在计算机系统中进行。因此,点位精度不受图纸变形和人的感官辨识能力的影响,从这个意义上讲,精度与测图比例尺无关。

1.5.2 测图作业实现自动化和智能化

传统测图作业方式主要建立在野外落后的测量手段、复杂的测量程式、沉重的经济负担和内业大量低效的手工计算及作图方式之上,几乎所有的过程都由人工参与完成。数字测图使手工作业向自动化、系统化作业方向发展,数据采集、记录、计算、处理、制图等几个作业单元的有机结合,实现了内外业一体化,整个作业过程由计算机自动处理,传统意义上的内、外业界线已不再明显。到目前为止,电脑型全站仪配合丰富的应用软件,正向全能型和智能化方向发展。

1.5.3 测图作业劳动强度低

传统测图作业时,地形原图必须在野外绘制,工作繁琐,效率低下,费时费力。而当采用全站仪观测碎部点时,观测范围不受视距的限制,碎部点观测可以在很大范围内进行,从而减少了搬站工作量。另外,电子测量仪器配合电子记录手簿使用,可省去记录工作,快捷、方便、准确,在很大同程度上减轻了测绘工作者的劳动强度。特别是使用RTK技术测绘,不需要与观测站通视,单机作业采集定位信息自由灵活,优势更加明显。内业方面,测量数据自动传输、展绘,并且电脑编辑成图,与传统手工绘图相比,劳动强度显著降低而作业效率更高。

1.5.4　图形实现数字化便于保存管理

用计算机存储单元保存的数字地形图,存储了图中具有特定含义的数字、文字、符号等各类信息,可方便地进行数据传输、处理和供多用户共享。数字图形不仅可以自动提取点位坐标、两点距离、方位及地块面积等,还可以供工程、规划、计算机辅助设计和地理信息系统建库使用。数字地形图的管理节省空间,操作方便。以数字化形式存储的数字成果可以长期保存,避免了图纸变形带来的各种误差,而且节省了存储空间。

1.5.5　便于地形图内容的更新与修补

当实地有变化时,只需输入局部变化信息的坐标、代码,经过编辑处理,很快便可以得到更新后的图形,从而可以确保成果的可靠性和现势性。

1.5.6　可以获得多种形式输出成果

计算机与显示器、打印机联机时,可以显示或打印各种需要的资料信息;与绘图仪联机时,可以绘制出各种比例尺的地形图、专题图,以满足不同用户的需要。另外,还可以从显示器上观看不同视角的立体图,可以输出立体景观图等。

1.5.7　便于成果的深加工与利用

数字测图分层存放,可使地面信息无限增加,不受图面负载量的限制,从而便于成果的深加工利用,拓宽测绘工作的服务面,开拓市场。例如,测图软件中将房屋、电力线、铁路、植被、道路、水系、地貌等均存储于不同的层中,通过关闭层、打开层等操作来提取相关信息,便可方便地得到所需测区的各类专题图、综合图,如路网图、电网图、管线图、地貌图等。

1.5.8　易于发布和实现远程传输

对于传统意义上的地形图,实时发布和异地远程传输是难以实现的。然而,对于数字地形图产品,随着网络技术和通信技术的不断发展,以及网上图形发布系统的逐步完善,通过计算机网络实现地形图产品的实时发布和异地远程传输已经成为可能。

1.5.9　可作为地理信息系统的重要信息源

地理信息系统以其方便的信息查询检索功能、空间分析功能及辅助决策功能,在国民经济、办公自动化及人们日常生活中都有广泛的应用。然而,要建立一个地理信息系统,花在数据采集上的时间和精力约占整个工作的 80%。地理信息系统要发挥辅助决策的功能,需要现势性强的地理信息资料。数字测图能提供现势性强的地理基础信息,经过一定的格式转换,其成果即可直接进入地理信息系统的数据库,并能以最快的速度更新地理信息系统数据库中的内容。一个好的数字测图系统应该是地理信息系统的一个子系统。

§1.6　数字测图的现状及展望

到目前为止,全站仪及 GPS RTK 已经成为地面数字测图的主要数据采集设备,而 GPS RTK 数字测图系统在开阔地区已经成为地面数字测图的主要方法。国内各测绘单位都普遍采用野外直接数字测图的方法。数字测图以其精度高、作业效率高、经济效益高的技术优势，淘汰了传统方法。

无论是全站仪还是 GPS RTK，其作业方法都需要测绘人员在野外逐点采集数据，这是目前数字测图劳动强度大、作业效率低、经济成本高的原因所在。今后的大比例尺数字测图发展方向包括以下几种技术方法：

(1)数字航空摄影测量技术。特别是无人机航空摄影测量系统，以其运行成本低、执行任务灵活性高等优点，正成为航空摄影测量的补充。无人机摄影测量系统在获取高分辨率的数字正射影像图(digital orthophoto map，DOM)，经后期数字内业处理及数字测图后，制作符合国家标准的 1∶1 000、1∶2 000、1∶5 000 等各种比例尺地形图。

(2)机载三维激光扫描技术。将航空摄影、激光三维扫描、卫星定位相结合，通过搭载在飞行器上的摄影与激光扫描设备，对地形、地貌进行高分辨率的扫描，得到准确定位的、高精度的三维立体图像。

(3)地面移动测量系统技术。该技术是一种基于道路的快速移动测量系统，其原理是：在机动车上集成卫星定位系统、摄影测量系统、惯性导航系统(inertial navigation system，INS)等先进传感器和设备，在车辆高速行进时，快速采集道路及周边地物的空间位置和属性数据，并同步存储于车载计算机中；经专门软件编辑处理，形成各种空间地理信息数据成果，如电子地图、设施数据库。地面移动测量系统在获取目标的地理空间位置的同时，还能够采集地物的实景影像，丰富地理信息数据的内容，从而拓展了地理信息数据的应用领域。

这些新技术的逐渐推广，将全站仪和 RTK 的逐点测量模式变成了"面"测量，极大地提高了地形测量的效率，降低了劳动强度和地形测量费用。虽然这些新技术设备目前价格相对较高，有很多不完善的地方，但作为大比例尺数字测图技术发展的重要方向，必将对现有的大比例尺数字测图作业模式产生巨大冲击。

§1.7　本教材的内容与学习要求

1.7.1　本教材的特点和主要内容

1. 本教材的特点

数字测图是测绘工程专业一门重要的专业基础课。本教材介绍了数字测图的基本理论、原则和方法，重点突出了数字测图的实际作业方法。数字测图包括地面数字测图、老图数字化和数字摄影测量等方法，而每一种方法都包含地形数据采集、数据处理和成图、成果和图形输出等作业过程。由于数字测图采用的硬件和软件有差别，其数据采集的方法也不相同。地面数字测图的地形数据采集主要利用全站仪、GPS 等测量仪器在野外获取，地图数字化和数字摄影测量等方法的地形数据采集主要是在室内利用手扶数字化仪、扫描数字化仪等通过纸质地形图、航测像片、遥感像片获取。同样，数据处理和成图方法、成果和图形输出的形式也有差别。为了掌握数字测图操作的全部过程，本教材仅重点介绍地面数字测图和地图数字化，对航空摄影测量和遥感成图、机载三维激光扫描成图只进行简单介绍。

2. 本教材的主要内容

本教材以数字测图项目的外、内业工作为主线，阐述了数字测图和地图数字化的基本原理及应用,围绕项目开展理论实践一体化教学。具体内容包括数字测图的基本方法、数字测图系统、数字测图的作业过程(包括商务合同、技术设计、技术实施、检查验收、技术总结)、运用南方测绘仪器公司的 CASS 9.1 成图软件进行内业编辑成图、地形图数字化,以及航空摄影测量及遥感、机载三维激光扫描成图简介、数字地形图的应用等。

1.7.2   本课程与其他课程的关系和学习要求

1. 本课程与其他课程的关系

数字测图是一门实践性非常强的综合性课程,不仅有自身的理论、原则、作业方法步骤,而且还与其他课程,如测量学、计算机应用基础、CAD 技术、控制测量、地籍测量、数据库原理与技术等课程有着密切的联系。数字测图涉及这些课程中相关的基本知识,如图根控制测量、碎部测量、地形图的绘制方法、地形图图式符号的应用、全站仪和 GPS 等测量仪器的综合应用。

2. 本课程的主要目的

围绕数字测图过程,学习大比例尺数字测图的原理和方法,掌握全站仪及 GPS RTK 数字测图和地图数字化的全过程,掌握处理测量数据的基本理论和方法。在实习中,要求完成一个项目从接受任务到提交资料的全过程,在工程建设中能正确应用数字地图完成规划、设计和施工各阶段中的量测、计算和绘图等工作。

3. 学习本课程的方法

要学好数字测图,必须重视理论联系实际的学习方法。在学习过程中,除课堂上认真听讲、学习理论知识外,还要参加与理论教学对应的实验课和教学实习。在掌握课堂讲授内容的同时,要认真完成每一次实验课的实验内容,以巩固和验证所学理论。课后要求按习题加深对基本概念和理论的理解,要认真完成各项学习任务。在条件允许的情况下,应使用指导教师提供的数字测图技术多媒体进行学习,在指导教师的安排下组织开展一些与本课程相关的专题参观或调查,了解新理论、新技术、新设备在本学科中的应用。在本课程的学习过程中,应注重实际操作能力的培养。教学实习是巩固和深化课堂所学知识的一个系统的实践环节,是理论知识和实验技能的综合运用,因此掌握数字测图的基本理论、基本知识、基本技能,建立地形数据的采集、数据处理和成图、质量检查、成果和图形输出的完整概念是非常必要的。在完成课堂实验课和教学实习后,必须加强本课程综合应用能力的培养。指导教师可以按生产现场的作业要求拟订实践任务或组织学生参加教学生产实习,将大比例尺数字测图中地形数据的采集、数据处理和成果质量检查、成果和图形输出等环节的操作过程衔接起来。学生应掌握每一个环节的作业方法和步骤,完成大比例尺数字测图作业的全过程。通过理论联系实际的综合训练,培养分析问题和解决问题的能力及实际动手能力,为今后从事相关工作打下良好基础。

习   题

1. 什么是数字测图? 其主要特点是什么?
2. 数字测图系统包含哪些内容?
3. 数据采集的方法有哪些?
4. 地图图形的数据格式有哪两种? 各有何特点?
5. 简述学习本课程的目的。

第2章　数字地形测图技术设计

本章内容主要包括数字测图项目标书的编制及技术设计书的编写。学习要求:①了解数字测图项目标书的编制内容及方法;②掌握技术设计书的编写方法。

§2.1　标书的编制

通过竞标方式承接数字测图项目工程,需要经过招标邀请、编制投标书、递交投标书、开标与评标、签署合同等竞标过程。标书是竞标的关键,它直接关系到竞标的成败。

2.1.1　标书文件的组成

标书文件包括资格证明文件和投标书。标书文件应包括但不限于以下文件。

第一部分,资格证明文件。本部分应包括法人代表授权书、投标人情况表、营业执照、税务登记证、组织机构代码证、安全生产许可证、国家测绘地理信息局测绘资质证书、投标单位业绩说明、资信证明、会计师事务所出具的上一年度财务审计报告或银行出具的资信证明(3个月内有效)、社会保障资金缴纳记录(仅限开标前3个月内的)。

第二部分,项目负责人情况表。

第三部分,本项目主要技术人员一览表。本部分包含:主要技术人员一览表,主要技术人员简历及拥有的资历、资格证书等。

第四部分,主要仪器设备清单。本部分包括主要仪器设备清单及鉴定证书等。

第五部分,项目总体实施方案。

第六部分,服务体系及服务承诺。

第七部分,相关的证明材料。投标文件一式×份。其中,正本×份,副本×份,分别装订成册,由法人代表或授权代表签署。投标文件和资格证明文件的正本必须用不褪色的墨水填写或打印,注明"正本"字样。副本可以用正本复印。投标文件不得涂改和增删,如有修改、错漏处,必须由法人代表或授权代表(同一签署人)签字。

2.1.2　标书文件中的部分材料说明

标书文件需要根据招标方招标文件的具体要求进行编制,下面介绍一些标书文件中常见的文件。

1. 投标函

函就是信,而投标函是投标方为了承接招标方的工程任务而写给招标方的信。

2. 开标一览表

开标一览表(表2.1)的内容包括投标人的名称、投标价格及投标文件的其他主要内容等,是在开标的过程中,由工作人员当众拆封并宣读。

表 2.1　开标一览表　　　　　　　　　　单位:元

序号	标段号	标段名称	投标价	工期	备注
1	标段 1				
2	标段 2				
3	标段 3				
⋮	⋮				

投标总价(大写):

投标人全称(盖章):

投标人全权代表(签字):

日期:　　　年　　月　　日

需要说明的是,开标一览表中的报价合计应是本次招标全部费用的报价(含暂估价的税款)。

3. 工程费用及其支付方式文件

工程费用及其支付方式文件应注明所采用的国家正式颁布的收费依据和收费标准,然后罗列出本项目涉及的各项收费分类细项,而后根据各细项的收费单价及估算的工程量得出细项的工程费用。除直接工程费用外,可能还包括其他费用,都需要在费用预算表中逐一罗列,整个项目的工程总价为各细项费用的总和。其内容形式以下面的实例进行介绍。

1)数字测图工程费用计算的依据

(1)国家计委、建设部联合颁布的《工程勘察设计收费标准》(2002 版)中的工程测量部分(表 2.2)。

表 2.2　地面测量实物工作收费基价

序号	项目		计价单位	收费基价/元		
				简单	中等	复杂
1	控制测量	三角(边) 二等	点	4 263	4 842	6 232
		三角(边) 三等		3 136	3 565	4 584
		三角(边) 四等		2 737	3 112	4 006
		三角(边) 一级		1 096	1 244	1 602
		三角(边) 二级		728	829	1 069
		导线 三等	km	2 818	3 203	4 122
		导线 四等		2 186	2 484	3 196
		导线 一级		1 552	1 764	2 269
		导线 二级		1 086	1 234	1 589
		导线 三级		759	863	1 112
		图根点	点	89	101	131
		水准 二等	km	877	997	1 283
		水准 三等		438	500	643
		水准 四等		220	250	323
		水准 五等		167	188	242
		水准 图根		111	124	162
		GPS 测量 C 级	点	3 727	4 274	5 500
		GPS 测量 D 级		3 198	3 632	4 671
		GPS 测量 E 级		2 821	3 203	4 123

续表

序号	项目			计价单位	收费基价/元		
					简单	中等	复杂
2	地形测量	一般地区	比例尺 1：200	km²	76 780	102 374	163 795
			1：500		33 383	44 510	71 216
			1：1 000		15 174	20 232	32 374
			1：2 000		6 676	8 901	14 244
			1：5 000		1 975	2 630	4 210
			1：10 000		1 109	1 478	2 364
		建筑群区			1：200 比例尺的附加调整系数为 1.8，其余比例尺的附加调整系数为 2.0		

（2）国家测绘地理信息局颁布的国测财字〔2002〕3 号文件——关于印发《测绘工程产品价格》和《测绘工程产品困难类别细则》的通知。

2）计算方法

（1）根据测区的地形起伏、通视状况、通行难易程度、地物多少、建筑群区所占比例多少等来确定困难类别。

（2）根据实际工作内容，确定各项工作量，按收费标准计算，注意其中的附加条件。

3）计算实例

某项目需要测绘 1：500 比例尺数字地形图 1 km²，根据实际情况需引测 D 级 GPS 点 2 个，高程按四等水准引测 5 km，在 D 级 GPS 点基础上做一级闭合导线 2 km；高程按五等三角高程测量，图根控制点 32 个；该项目困难类别确定为Ⅱ级。请根据以上内容用《工程勘察设计收费标准》(2002 版)计算测绘费用。

（1）工程测量技术工作费收费比例为 22%。

（2）地面测量实物工作量由工程测量规范、规程的规定和测量作业实际情况在测量纲要中提出，经发包人同意后，在工程测量合同中约定。

（3）附加调整系数(表 2.3)是对工程测量的自然条件、作业内容和复杂程度差异进行调整的系数。附加调整系数为两个或者两个以上，不能连乘。将各附加调整系数相加，减去附加调整系数的个数，加上定值 1，将该结果作为表 2.2 收费基价的附加调整系数。

表 2.3　地面测量实物工作收费附加调整系数

序号	项目	附加调整系数	备注
1	二、三、四等三角(边)不造标	0.6	
2	连接原有三角点	0.5	
3	房顶标志、墙上水准	0.5	
4	三角高程	1.2	
5	GPS 测量 C 级、D 级、E 级不造标	0.6	
6	建立施工方格网导线点	0.6	
7	建立施工方格网导线点的稳定性	0.48	收费基价为四等三角点
8	航测、陆测地形图	0.7	
9	汇水面积测量	0.4	
10	带状地形测量(图面宽度<20 cm)	1.3	
11	地形图修测	1.1	以实际修测面积计算

续表

序号	项目	附加调整系数	备注
12	覆盖或隐蔽程度>60%	1.2～1.5	
13	绘制1：200大样图	1.6	
14	数字化测绘	1.5	

（4）计算分为四步：① 控制部分，D 级 GPS 点为 3 632×2×0.6（不造标附加系数）= 4 358.4（元），一级导线为 1 764×2=3 528（元），图根点为 101×32=3 232（元），四等水准测量为 250×5=1 250（元），五等三角高程为 188×2×1.2（三角高程附加系数）=451.2（元），合计为 12 819.6 元；② 地形测图为 44 510×1×1.5（数字化测绘系数）=66 765（元）；③技术工作费（占实物工作费的 22%）为（控制部分费用＋地形测图费用）×22%=17 530.6（元）；④项目总费用为①＋②＋③=12 819.6+66 765+17 530.6=97 115.2（元）。

4）报价表

报价表的具体内容如表 2.4 的所示。

表 2.4　报价表
招标项目名称：××省(市)×××测绘工程项目

标段名称：

招标编号(标段号)：×××

序号	工程内容	工程量		单价	总价/万元
		单位	数量		
1					
2					
3					
	总报价：				

需要说明的是：费用支付方式由甲乙双方参照行业惯例协商确定，一般按照工程进度分段支付，包括首付、项目进行中的阶段性付款及尾款。

（1）自合同签订之日起××日内甲方向乙方支付定金人民币××元，并预付工程预算总价的××%，人民币××元。

（2）当乙方完成预算工程量的××%时，甲方向乙方支付预算工程款的××%，人民币××元。

（3）当乙方完成预算工程量的××%时，甲方向乙方支付预算工程款的××%，人民币××元。

（4）乙方自工程完工之日起××日内，根据实际工作量编制工程结算书，经甲、乙双方共同审定后，作为工程款结算依据。自测绘成果验收合格之日起××日内，甲方应根据工程结算结果向乙方结清全部工程款。

（5）最后要有"投标人全称（盖章）"和"投标人授权代表（签字）"及签订日期。

4．投标保证金

投标保证金指投标人按照招标文件的要求向招标人出具的、以一定金额表示的投标责任担保。投标保证金文件形式如下：

致：（招标人名称）

在本次招标活动中，我公司愿提供（现金、支票、汇票），并做出以下承诺：

1）保证金额（大写）＿＿＿＿＿。

2)在投标有效期内,我公司做出下列事实中的任何一点时,投标保证金将被贵方没收。

(1)在开标之日后到投标有效期满前,投标人擅自撤回投标。

(2)中标人不按本须知第×条的规定签订合同。

(3)投标人弄虚作假或与其他投标人串通骗取中标。

(4)因中标人过错被废除授标。

投标人全称(盖章):

投标人全权代表(签字):

日期:　　　年　　月　　日

5. 资格证明文件

1)法人代表授权书

法人代表授权书是投标方的法人代表授权某人全权代表参加投标活动、处理投标事宜,是一种授权的声明。其内容格式可以查阅相关资料。

2)投标人情况

投标人的具体情况需填入表2.5中。

表2.5　投标人情况一览表

单位名称（公章）				
单位地址				
主管部门				
成立时间	营业执照号（事业单位法人证书）		税务登记证编号	
单位性质	开户银行及账号		注册资金（万元）	
测绘资质等级	证号		发证单位	
联系人	电话			
	传真			
员工概况	员工总数　　　　人		其中技术人员　　　　人	
	教授级高工　　　　人		高工　　　　人	
	工程师　　　　人		技工和技术员　　　　人	
	单位行政和技术负责人			
	姓名	职称/职务	年龄	专业	从业年限

6. 专业技术方面相关的投标文书

专业技术方面的投标文书主要指作为合同附件的数字测图技术设计书,包括测绘的技术依据及质量标准、工程技术方案及质量控制方案、工程进度及组织实施计划,以及投入本工程的主要仪器设备、计划等内容。

2.1.3　标书的递交

1. 标书文件的密封

投标文件应按以下方法分别装袋密封。

(1)投标文件密封袋内装投标书正本×份,副本×份。封口的接缝处应有投标全权代表的签字及投标单位公章。封皮上写明招标编号、标段号、招标项目名称、投标人名称,并注明"投标文件"及"开标时启封"字样。

(2)将全部投标文件(不包括小信封)包装完好,封皮上写明项目名称、招标编号、投标人名称、地址、邮政编码。注明"于　　　之前(指投标邀请中规定的开标日期及时间)不准启封"的字样。

(3)装有"开标一览表""投标保证金声明""中标服务费承诺书"的小信封也按以上方法密封,并注明"开标一览表"字样,与投标文件同时递交。

2. 递交标书

投标文件必须在投标截止时间前派人送达指定的投标地点。

2.1.4　签署合同

经过开标与评标之后,招标方将中标通知书发给中标人,双方签署工程项目承包合同。为了确保工程项目的顺利完成,要确定合同的双方(招标方为甲方、中标方为乙方)应尽的主要义务。

1. 甲方主要义务

(1)向乙方提供测绘项目的相关资料。

(2)完成对乙方提交的设计书的审定工作。

(3)保证乙方测绘队伍顺利进入现场工作,并对乙方进场人员的工作、生活提供必要的条件,标准工程款按时到位。

2. 乙方主要义务

(1)根据甲方的有关资料和合同的技术要求完成技术设计书的编制,并交甲方审定。

(2)组织测绘队伍进场作业。

(3)根据技术设计书要求确保测绘项目如期完成。

(4)允许甲方内部使用乙方为执行本合同所提供的属于乙方所有的测绘成果。

(5)未经甲方允许,乙方不得将合同的全部或部分转包给第三方。

§2.2　数字测图技术设计书的编写

2.2.1　数字测图技术设计概述

数字测图技术设计是根据测区的自然地理条件,以及本单位拥有的软件设备、硬件设备、技术力量及资金等情况,运用数字测图理论和方法制定合理的技术方案、作业方法并拟定作业计划。

技术设计是数字测图最基本的工作,一般在设计前要充分了解测量任务、测区状况、测区已有资料、单位仪器设备和技术人员的状况等,保证测量工作在技术上合理,在经济上节省,能有计划、有步骤地开展工作。

测绘技术设计应依据设计内容充分考虑用户的要求,引用国家、行业或地方的相关标准与规范,重视社会效益和经济效益。

1. 技术设计的原则

(1)技术设计方案应先考虑整体而后局部,兼顾发展;要根据作业区实际情况,考虑作业单位的资源条件(如人员的技术能力和软、硬件配置情况等),挖掘潜力,选择最适宜的方案。

(2)积极采用适用的新技术、新方法和新工艺。

(3)认真分析和充分利用已有的测绘成果(或产品)和资料;对于外业测量,必要时应进行实地踏勘,并编写踏勘报告。

2. 技术设计的依据

技术设计的依据主要为有关法规或技术标准、技术文件或合同中要求执行的其他技术规范(规程)。目前,主要有如下几种:

(1)《工程测量规范》(GB 50026—2007)。

(2)《城市测量规范》(CJJ/T 8—2011)。

(3)《国家基本比例尺地图图式 第 1 部分:1∶500 1∶1 000 1∶2 000 地形图图式》(GB/T 20257.1—2007)。

(4)《1∶500,1∶1 000,1∶2 000 地形图数字化规范》(GB/T 17160—2008)。

(5)《数字测绘成果质量检查与验收》(GB/T 18316—2008)。

(6)《城市基础地理信息系统技术规范》(CJJ 100—2004)。

(7)《1∶500 1∶1 000 1∶2 000 外业数字测图技术规程》(GB/T 14912—2005)。

(8)《测绘技术总结编写规定》(CH/T 1001—2005)。

3. 踏勘调查内容

技术设计之前,需要到作业区进行踏勘调查,收集与其相关的资料,主要完成以下工作:

(1)交通情况,包含公路、铁路、乡村便道的分布及通行情况等。

(2)水系分布情况,包含江河、湖泊、池塘、水渠的分布,以及桥梁、码头和水路交通情况等。

(3)植被情况,包括森林、草原、农作物的分布及面积等。

(4)控制点分布情况,包含:三角点、水准点、GPS 点、导线点的等级、坐标及高程系统,点位的数量及分布,点位标志的保存状况等。

(5)居民点分布情况,包含测区内城镇、乡村居民点的分布、食宿及供电等。

(6)当地风俗民情,包含民族的分布、习俗、方言、习惯及社会治安等。

4. 资料收集

通过现场踏勘,走访当地的测绘、地质、气象等部门,收集以下资料:

(1)各类图件及控制点成果,包括测区及测区附近已有的测量成果图件资料,应说明其施测单位、施测时间、等级、精度、比例尺、规范依据、平面及高程系统、投影带号等。

(2)其他资料,包括测区的地质、气象、交通、通信等方面的资料。

5. 技术设计书编写要求

对技术设计书编写的主要要求如下:

(1)内容明确,文字简练;对标准或规范中已有明确规定的,一般可直接引用,并根据引用内容的具体情况,在引用文件中列出所引用标准或规范的名称、日期,以及引用的章、条编号;对作业生产中容易混淆和忽视的问题,应重点描述。

(2)名词、术语、公式、符号、代号和计量单位等应与有关法规和标准一致。

(3)技术设计书的正、副封面的名称采用《图书和杂志开本及其幅面尺寸》(GB/T 788—1999)规定的 A 系列规格纸张 A4 幅面(210 mm×297 mm),以便于阅读、复印和保存。

(4)设计书的正、副封面的名称采用二号黑体,封面的其他文字均用四号仿宋。目次页的"目次"用三号黑体,目次内容用小四号宋体。

(5)设计书正文中,章、条、附录的编号标题用小四号黑体,图表的标题亦用小四号黑体。条文(或图、表)的注、脚注用五号宋体,图、表中的数字和文字及表格右上方关于单位的陈述用五号宋体。正文和附录的其他内容均采用小四号宋体。

项目技术设计书正封面格式如图 2.1 所示,副封面格式如图 2.2 所示。

密级：　　　　　　　编号： **项 目 名 称** （测绘专业名称）专业技术设计书 **设计单位名称** 年　月　日	**项 目 名 称** （测绘专业名称）专业技术设计书 测绘专业任务承担单位（盖章）： 项目负责人： 技术负责人： 审核意见： 审 核 人：　　　　　年　月　日 审 定 人：　　　　　年　月　日 批准单位或部门（盖章）： 审批意见： 审 批 人： 　　　　　年　月　日
图 2.1　项目设计书正封面格式	图 2.2　项目技术设计书副封面格式

2.2.2　数字测图技术设计书的编写

为了保证数字测图工作的正确实施,必须在测图前对整个测图工作进行合理规划、统筹安排。从硬件配置、数字化成图软件系统的选配,到测量方案、测量方法及精度的确定,以及数据和图形文件的生成和计算机处理,只有各工序之间密切配合、协调,才能保证数字测图的各类成果数据和图形文件符合规范(规程)、图式要求和用户的需要。因此,在数字测图实施前要进行技术设计,编制技术设计书。所谓技术设计,就是根据测图比例尺、测图面积和测图方法及用图单位的具体要求,结合测区的自然地理条件和本单位的仪器设备、技术力量及资金等情况,灵活运用测绘学的有关理论和方法,制订在技术上可行、经济上合理的技术方案、作业方法和实施计划,并将其编写成技术设计书。技术设计书须呈报上级主管部门或测绘任务的委托单位审批,批准后的技术设计书是该测绘工程的技术依据和成果文件之一,在测图工作实施过程中,如果要求对设计书的内容进行原则性变动时,可由生产单位提出修改意见,报原审批单位批准后实施,未经批准的设计书不得擅自实施。

数字测图技术设计后编制的技术设计书是数字测图全过程的技术依据,包括以下具体内容。

1. 任务概述

说明项目名称、来源、内容、测图任务量、目标、作业区范围、地理位置、行政隶属、测图比例尺、拟采用的技术依据、要求达到的主要进度指标和质量要求、计划开工日期及完成期限、项目承接单位、成果接收单位等。

2. 测区自然地理概况

重点介绍测区的社会、自然、地理、经济、人文等方面的基本情况,主要包括如下内容:

(1)地理特征,包括平均海拔高程、相对高差、地势大致趋势、地形类别等。

(2)交通情况,包含公路、铁路、乡村便道的分布及通行情况等。

(3)居民点分布情况,包含测区内的城镇、乡村居民点的分布,以及通信及供电情况等。

(4)水系、植被等要素的分布与主要特征。

(5)气候特点、风雨季节及降水分布、有霜期、冻土层分布及深度、生活条件等。

(6)综合考虑各方面因素并参照有关生产定额,确定测区的困难类别。

3. 已有资料利用情况

需说明既有成果的全部情况,包括其等级、精度,以及现有图的比例尺、等高距、施测单位、成图时间及采用的图式规范、平面和高程系统等;说明对拟利用资料的检测方法与要求,对其主要质量进行分析评价,提出已有资料可利用程度和利用的方案。

对已有资料的利用情况应按其利用度绘制成表,其格式如表2.6所示。

表2.6　已有资料利用情况表

资料名称	数量	资料来源	利用程度	备注

4. 引用文件

说明测图作业所依据的规范(规程)、图式及有关的技术文件,主要包括如下内容:

(1)上级下达的测量任务书、数字测图委托书(或合同)。

(2)本工程执行的规范(规程)及图式。其中,要说明执行的各类定额,以及工程所在地方测绘管理部门指定的适合本地区的一些技术规定等。

(3)搜集的测区已有测绘资料。

5. 成果主要技术指标和规格

说明成果种类形式、坐标系统、高程系统、高程基准、比例尺、分幅编号、数据格式、数据精度及其他技术指标。

6. 控制测量方案

控制测量方案包括平面控制测量方案和高程控制测量方案。

1)平面控制测量方案

平面控制测量方案首先要说明平面坐标系的确定、投影带和投影面的选择。原则上应尽可能采用国家统一的坐标系,只有当长度变形值大于2.5 cm/km时,方可另选其他坐标系。对于小测区可采用简易方法定向,建立独立坐标系。然后,阐述首级平面控制网的等级、起始数据的配置、加密层次及图形结构、点的密度、觇标和标石规格要求、使用的软硬件配置、仪器和施测方法、平差计算方法及各项主要限差和应达到的精度指标。方案选定后,应绘制测区平面控制测量设计图。

2)高程控制测量方案

测图高程系的选择应尽量采用国家统一的 1985 国家高程基准或 1956 黄海高程系。在远离国家水准点的新测区,可暂时建立或沿用地方高程系,但条件成熟时应及时归算到国家统一高程系内。高程控制测量方案应说明:首级高程控制的等级、起算数据的选择、加密方案及网形结构,规定路线长度及点的密度、高程控制点标志类型、使用仪器和施测方法、平差方法,各项限差要求及应达到的精度指标。

方案选定后,应绘制测区高程控制测量设计图。

7. 地形图测绘方案

首先,确定数字测图的测图比例尺、基本等高距、地形图采用的分幅与编号方法、图幅大小等,并绘制整个测区地形图的分幅编号图。

其次,确定数据采集、数据处理、图形处理和成果输出等工序的要求。

1)数据采集

数据采集包括图根控制测量、数据采集作业模式的选择和碎部测量。

(1)图根控制测量。说明图根控制测量(包括平面、高程)采用的方法、观测要求、图根成果的精度要求及注意事项等。

(2)数据采集作业模式的选择。采集模式可分为三种:数字测记(草图＋简编码)模式、电子平板测绘模式和地形图矢量化模式(旧图矢量化＋补测)。数字测记模式可根据作业单位的装备情况、测区地形情况和作业习惯,采用全站仪数字测记模式或 GPS RTK 数字测记模式,采用有码作业。若对测图精度要求不是很高(即与模拟测图的精度相当),又有精度可靠的旧地形图,可以采用旧图数字化加外业补测作业模式,以提高测图效率,降低测图成本。

(3)碎部测量。首先,应根据配置的硬件,说明碎部点坐标和高程的测量方法;然后,说明碎部测量的设站要求、设站检查的限差要求、野外草图的绘制方法与要求、碎部点测量数据的取位、测距最大长度要求、高程注记点的间距、分布及注记位数要求、测绘内容及取舍要求、外业数据文件及其格式要求,以及其他应注意的事项等;最后,对有特殊要求的碎部点进行测定,要有具体可行的保证措施,并在设计中作相应说明。若将新技术、新方法用于碎部测量,应对其方法和精度进行说明和论证。

2)数据处理、图形处理、成果输出

数据、图形的处理及成果的输出是数字测图工作的重要组成部分,其技术性强、知识面广、操作技巧多,需重点叙述。

(1)数据处理是数字化成图的主要工序之一,其目的是对不同方法采集的数据进行转换、分类、计算、编辑,为图形处理提供必要的绘图信息数据文件。因此,要根据使用的仪器型号、原始数据格式、选用的绘图软件等,说明数据处理包括哪些文件、有哪些要求和注意事项等。

(2)图形处理是将数据处理成果转换成图形文件,由软件系统来完成。软件系统应具有图廓整饰、绘制线状符号、绘制面状符号、绘制独立地物符号、绘制等高线、图幅裁剪与接边处理等功能,其处理成果是图形文件。图形文件兼容性要好,格式要与国家标准统一,要与数据文件保持一一对应关系并可相互转换,要便于显示、编辑和输出,成果可以共享。

(3)成果(地形图)输出就是将图形文件按照选定的分幅与编号方法和图幅大小,利用打印机、绘图机等输出设备打印出来,所绘地形图的质量要符合规范的要求。

8. 质量保证措施

检查验收是数字测图工作的重要环节,是保证测图成果质量的重要手段之一,主要包括:组织管理措施,资源保证措施,质量控制措施,数据安全措施。

9. 工作量统计、作业计划安排和经费预算

工作量统计是根据设计方案,分别计算各工序的工程量。作业计划安排是根据工作量统计和计划投入的人力、物力,参照生产定额,分别列出各期进度计划和各工序的衔接计划。经费预算是根据设计方案和作业计划,参照有关生产定额和成本定额,编制分期经费和总经费计划,并作必要的说明。

该项内容一般应编制专门的图表,这些图表可以形象地反映劳动组织、工作进程、工序衔接和经费开支,便于迅速准确地了解工作任务的全貌,主要包括综合工作量统计表、作业进度计划表、经费预算和主要仪器设备。

10. 环境及安全管理

该部分主要包括以下两方面内容:

(1)环境和安全管理执行的国家及地方法律法规。

(2)根据踏勘情况,预判将会对环境造成的影响及采取的措施、主要的安全隐患(危险源)的识别及预防措施。

11. 资料提交及归档

数字测图成果不仅包括最终的地形图图形文件(分幅图、测区总图)、绘制出的分幅地形图,还包括成果说明文件、控制测量成果文件、数据采集原始数据文件、图根点成果文件、碎部点成果文件及图形信息数据文件等。技术设计书中应根据用户单位对数字测图成果资料的具体要求,提交相应资料的清单、测绘单位需要归档的资料清单,并编制成表。

§2.3   数字测图技术设计书案例

本节介绍的案例是××测绘院针对×××有限公司选厂数字测图工程项目编制的数字测图技术设计书。设计书样本参见带底纹部分。

2.3.1   数字测图技术设计书封面

数字测图技术设计书封面如图2.1、图2.2所示。

2.3.2   数字测图技术设计书目录

一、任务概述
二、作业区自然地理概况与已有资料情况
三、作业技术依据
四、成果主要技术指标和规格
五、技术方案设计
六、质量保证措施

七、环境、安全管理

八、进度安排

九、资料的提交与归档

2.3.3　数字测图技术设计书内容

一、任务概述

1.1　任务来源

受×××有限公司的委托,由×××测绘院承担×××有限公司选厂地形测量任务。

1.2　作业内容和目标

(1)E 级 GPS 控制测量。

(2)1∶1 000 地形图测量约 1.65 km²。

(3)以上工作内容质量目标达到良级以上。

1.3　作业区范围及行政隶属

1.3.1　作业区范围

1∶1 000 地形图测量范围分为 2 块,共由 8 个拐点围成,拐点坐标如表 1 所示。

表 1　拐点坐标　　　　　　　　单位: m

点号	X	Y
1	2 577 587.005	571 734.430
2	2 577 393.441	572 419.636
3	2 576 524.590	572 409.169
4	2 576 067.874	572 161.704
5	2 576 170.387	571 482.912
6	2 575 418.301	571 167.396
7	2 575 785.196	570 413.927
8	2 576 831.431	570 959.378

1.3.2　行政隶属

作业区隶属于××省××县××镇。

1.4　预计工作量

E 级 GPS 点约 4 个,埋石 RTK 图根点约 10 个,1∶1 000 数字化地形图约 1.65 km²。

1.5　工期要求

2012 年 9 月 13 日抵达现场,2012 年 10 月 12 日结束全部内、外业工作。

1.6　项目承担单位和成果接收单位

项目承担单位为×××勘察设计研究院,成果接收单位为×××矿业有限公司。

二、作业区自然地理概况和已有资料情况

2.1　作业区自然地理概况

测区位于××县××镇,××镇地处红河中游北岸、××县西南部,距××县城 45 km,

东接××镇、××乡,南与××、××两县隔河相望,西与××县××乡接壤,北与××镇毗邻,是全县高寒山区乡镇之一。地域在东经××—××、北纬××—××,全镇总面积361.78 km²。共有辖××等12个村民委员会,98个自然村,122个村民小组,镇政府驻所设在××村民委员会。2003年末,全镇总人口为32 810人,其中农业人口32 011人,占总人口的97.6%。境内居住着彝、傣、哈尼等少数民族,人口为16 079人,占总人口的49%。测区最低海拔270 m,最高海拔2 278 m,为深切割的中低山地形,南北高,东部、东北部和中部为冲沟小平坝,具有典型的立体气候特征。测区年平均气温为18.5℃,年平均降雨量为815 mm,无霜期为307天。

2.2 已有资料情况

测区附近有×××有限公司提供的D级GPS控制点3个,分别为GPS1、GPS2、GPS3,控制点保存完好。控制点坐标系为1954北京坐标系,高程系为1985国家高程基准。已有控制点必须经检测后,符合规范要求,方可作为各测区控制网起算点使用。

三、作业技术依据

(1)《工程测量规范》(GB 50026—2007)。

(2)《国家基础比例尺地形图图式 第1部分:1∶500、1∶1 000、1∶2 000地形图图式》(GB/T 20257.1—2007)。

(3)《全球定位系统(GPS)测量规范》(GB/T 18314—2009)。

(4)《卫星定位系统城市测量技术规范》(CJJ/T 73—2010)。

(5)《国家三、四等水准测量规范》(GB/T 12898—2009)。

(6)《全球定位系统实时动态测量(RTK)技术规范》(CH/T 2009—2010)。

(7)本项目技术设计书。

四、成果主要技术指标和规格

本次地形测量平面坐标系采用1954北京坐标系,高程系采用1985国家高程基准。地形图测绘比例尺为1∶1 000,分幅采用50 cm×50 cm正方形分幅;编号采用自然数编号法,编号顺序为自西向东,从北到南。地形图成果文件为AutoCAD格式的电子文件。

五、技术方案设计

5.1 软件和硬件配置要求

5.1.1 硬件

(1)某品牌GPS四台套,仪器号为×××、×××、×××、×××,仪器标称精度为:$5 \text{ mm} + 1 \times 10^{-6} \cdot D$。

(2)某品牌GTS102N一台套(编号为No.×××),标称精度为$2 \text{ mm} + 2 \times 10^{-6} \cdot D$。

(3)便携式电脑三台,打印机一台。

5.1.2 仪器检验情况

仪器检验情况如表2所示。

表 2　仪器检验

仪器名称	编号	检校有效期	检校单位	仪器状态
TOPCO(102N)	×××	2012-3-30～2013-3-29	××省测绘仪器检定站	合格
F61GPS	×××	2012-2-23～2013-2-22	××省测绘仪器检定站	合格
F61GPS	×××	2012-2-23～2013-2-22	××省测绘仪器检定站	合格
F61GPS	×××	2012-2-23～2013-2-22	××省测绘仪器检定站	合格
8200X	×××	2012-2-23～2013-2-22	××省测绘仪器检定站	合格

各类仪器在使用前已经过严格检校,且在有效使用期内。

5.1.3　软件

(1)计算机操作软件 Windows 系列。

(2)文字处理软件:Word、Excel。

(3)平差软件:某品牌 GPS 数据处理软件。

(4)成图软件:×××。

5.2　人员配置要求

项目审定人:×××(高级工程师);项目审核人:×××(高级工程师);工程技术负责人:×××(工程师)。

作业人员:×××(工程师)、×××(工程师)、×××(助理工程师)、×××(助理工程师)、×××(司机)。

5.3　技术路线及工艺流程

整体技术路线:接收任务后,进行现场踏勘;然后,进行技术设计;方案经业主审批通过后开始作业,包括:选点、埋石,平面控制、高程控制测量。控制测量经检查合格后进行地形测量工作,外业工作结束后进行内业成图、报告编写工作。以上工作始终坚持过程检查,过程检查通过后,提交院级进行最终检查,修改存在的问题,经复核、检查后,提交成果资料。

工艺流程如图 1 所示。

5.4　选点、埋石

5.4.1　选点

测区一级 GPS 平面控制点的点位选取标准应满足以下要求:

(1)每个控制点至少应有一个通视方向。

(2)点需埋设在坚实稳定的地方,易于长期保存。

(3)周围便于安置接收设备和操作,视野开阔。

(4)远离大功率无线电发射源,其距离不小于 200 m;远离高压输电线,其距离不得小于 50 m。

(5)附近没有强烈干扰卫星信号接收的物体,并避开大面积水域。

(6)交通方便,有利于其他测量手段扩展和联测。

(7)一级 GPS 点的编号为 EGP1、EGP2、EGP3……

5.4.2　埋石

控制点的埋石按照规范的要求,可采用预制或现场浇灌的形式进行,标石规格要求如图 2 所示,单位为 cm。

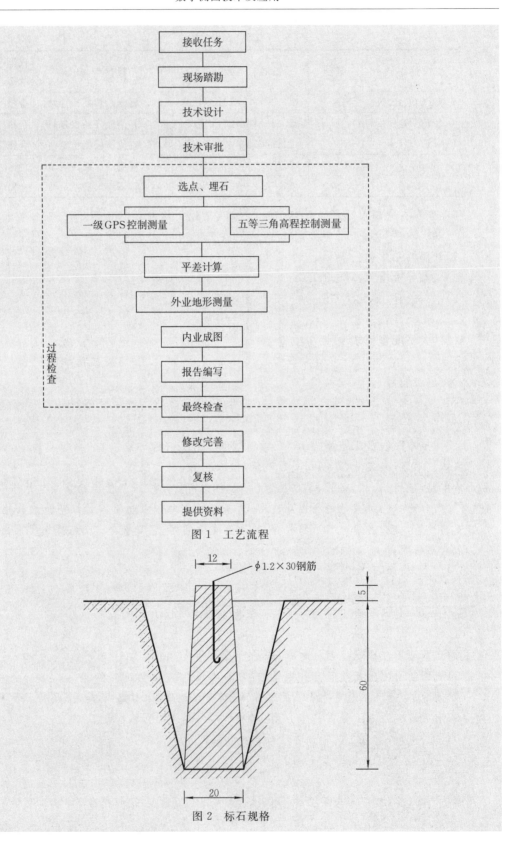

图 1　工艺流程

图 2　标石规格

5.5　平面控制测量

根据各测区及起算点情况,测区预计布设 4 个 E 级 GPS 点。测量控制网的主要技术要求如表 3 所示。

表 3　测量控制网的主要技术要求

等级	平均边长 /km	固定误差 A /mm	比例误差系数 /(mm/km)	约束点间的边长 相对中误差	约束平差后最弱边 相对中误差
E 级	1	≤10	≤20	≤1/40 000	≤1/20 000

(1)一级 GPS 布设为边连式,联测四等点 GPS1、GPS2、GPS3。网形图详见控制点分布及分幅图。

(2)一级 GPS 控制网使用中海达 GPS 接收机进行布测,其标称精度为 5 mm+1× 10^{-6} · D。观测使用静态测量模式,基本技术要求如表 4 所示。E 级 GPS 控制测量测站作业,均应满足如下要求:①天线安置的对中误差,不应大于 2 mm,天线高的量取应精确至 1 mm;②观测中,接收机近旁不应使用无线电通信工具;③作业时,应做好测站记录,包括控制点点名、接收机序列号、仪器高、开关机时间等相关的测站信息。

表 4　观测基本技术要求

等级	接收机 类型	仪器标称 精度	观测量	卫星高度角 /(°)	有效观测 卫星数/颗	观测时段 长度/分钟	数据采样率 间隔/秒	PDOP 值
E 级	单频或 双频	10 mm+ 5×10^{-6} · D	载波 相位	≥15	≥4	10~30	10~30	≤8

注:PDOP 为位置精度衰减因子(position dilution of precision,PDOP)。

(3)数据处理。E 级 GPS 控制网数据处理平差应使用专业软件进行。基线解算成果应采用双差固定解。

5.6　高程控制测量

测区高程控制网沿 E 级 GPS 点布设五等电磁波测距三角高程闭合导线,并以起算点 D4 高程作为起算数据。其测量的主要技术要求如表 5、表 6 所示。

采用某品牌全站仪施测。闭合环垂直角采用中丝法往返各测两测回,边长进行往测单测回观测。

表 5　五等电磁波测距三角高程导线测量主要技术要求

等级	每千米高差全 中误差/mm	边长 /km	观测方式	对向观测高差较差 /mm	附合或环形闭合差 /mm
五等	≤15	≤1	对向观测	≤60$\sqrt{D}$	≤30$\sqrt{\sum D}$

注:D 为测距边长,单位为 km。

表 6　五等电磁波测距三角高程角度观测主要技术要求

等级	仪器	测回数	指标差较差	测回较差
五等	DJ2	2	≤10″	≤10″

5.7　地形测量

5.7.1　图根测量

根据测区需要,直接采用 RTK 方法布设图根点。RTK 图根点测量的主要技术要求如表 7 所示。

表 7　RTK 图根点测量主要技术要求

等级	点位中误差 (图上 mm)	高程中误差	与基准站的 距离/km	观测次数	起算点等级
图根点	≤0.1	1/10 等高距	≤7	2	平面三级、高程五等以上

5.7.2　地形测绘

1. 本工程地形测绘的技术要求和方法

(1)测绘方法。地形图测绘采用 GPS RTK 和全站仪数字化成图相结合的方法进行,绘图使用某数字化测图软件。

(2)地形图分幅及图幅编号。地形图测图比例尺为 1∶1 000;分幅采用 50 cm×50 cm 正方形分幅;编号采用自然数编号法,编号顺序为自西向东,从北到南。

(3)1∶1 000 地形图等高距取值 1.0 m,地形图上高程注记精确至 0.1 m。

2. 地形图测绘内容及取舍

地形图上要准确、完整地表示测量控制点、交通及附属设施、管线及附属设施、水系及附属设施、地貌和土质、陡岩、植被等各项地物、地貌要素,以及地理名称注记、密集居民地可圈范围等。

(1)居民地的各类建筑物、构筑物及主要附属设施均要准确测绘实地外围轮廓;测绘垣栅应类别清楚,取舍得当。

(2)各类道路及附属设施在地形图上均要准确反映陆地道路的类别和等级、附属设施的结构和关系;道路通过居民地应不中断,均应真实位置绘出。

(3)永久性的电力线、通信线均应准确表示,电杆、铁塔位置均应实测。

(4)池塘、沟渠、泉、井及其他水利设施,均应准确表示,有名称的应加注名称;水涯线应按测图时的水位测定。

(5)植被的类别特征和范围分布均应在地形图上正确绘制。

(6)村名、单位名称及各种说明注记和数字均应准确标注。

六、质量保证措施

6.1　组织管理措施

为达到本工程的质量目标,成立以项目经理为首的质量管理组织结构,并由现场负责人全程负责,由各测量小组长参加的组织管理措施。

6.2　资源保证措施

在本工程上,委派优秀的专业人员组成项目经理部,以最大程度地满足本工程的管理需要。根据总体施工进度安排,优选劳动力队伍,保证劳动力充足。

按照计划配足测绘仪器,同时做好仪器的使用、保养、维修工作,保证测绘仪器的正常运转,并提高其完好率、利用率。

具备丰富的工程项目策划、管理、组织、协调、实施和控制的经验和水平,在该工程上不折不扣地实行专款专用。

6.3　质量控制措施

严格按照管理体系标准《环境管理体系 要求及使用指南》(GB/T 24001—2004)和《质量管理体系 要求》(GB/T 19001—2008)进行质量管理工作。

为了保证工程质量,作业人员必须严格执行规范、规程,按本技术设计书进行作业。必须对所有原始观测数据进行认真仔细的检查,必须对所有计算资料进行 100% 的检查。外业测绘过程中的所有原始观测数据、平差计算过程、成果、成图,都由作业人员自检、互检,再由工程技术负责人检查后提交分院进行审核检查。最终,由审定人员进行审定。

6.4　数据安全措施

内业处理所使用的计算机为专用计算机,严禁接入互联网。数据资料配备专用设备,并安排专人保管。

七、环境、安全管理

7.1　执行的法律法规

(1)《中华人民共和国测绘法》《云南省测绘条例》。

(2)《中华人民共和国环境保护法》。

(3)《中华人民共和国劳动法》。

(4)《中华人民共和国安全生产法》。

(5)《中华人民共和国道路交通安全法》。

7.2　重要环境因素、重要危险源的识别及其影响

(1)在埋控制点时,会使用水泥、油漆,在此过程中,可能存在水泥、油漆的泼洒,从而导致对环境的污染。

(2)作业人员野外用餐时,快餐盒的乱丢对环境存在污染。

(3)高压电线、雷击有危及跑尺人员身体健康的安全隐患。

(4)下雨路滑,在坡度较大的地方作业时,作业人员有摔伤的危险。

(5)进出场过程中,交通工具的意外可能危及工作人员的生命安全。

7.3　重要环境因素、重要危险源的控制措施

(1)作业前针对存在的危险,向所有作业人员进行安全教育,提高作业人员的自我防范意识。

(2)埋控制点时,注意废弃物的回收处理,对水泥和油漆进行严格的保护和使用,不乱丢。

(3)雷电天气时,停止野外作业;在下雨时和下雨后,根据实地情况安排休息。

(4)增强交通工具驾驶员的安全意识,随时检修交通工具,保障进出场的交通安全。

八、进度安排

(1)2012 年 9 月 13 日～2012 年 9 月 26 日,完成全部外业工作。

(2)2012 年 9 月 27 日～28 日,进行外业检查。

(3)2012 年 9 月 29 日～10 月 7 日,完成内业工作及内业检查。

(4)2012 年 10 月 8 日～20 日,进行最终检查,提交资料。

九、资料的提交与归档

9.1　提交资料

(1)技术设计书 1 份。

(2)技术报告书(含控制点成果表)4 份。

(3)数据光盘(含以上资料、DWG 格式的地形图)2 份。

9.2　归档资料

(1)技术设计书 1 份。

(2)技术报告书(含控制点成果表)1 份。

(3)数据光盘(含以上资料、DWG 格式 1∶1 000 地形图)1 份。

(4)外业观测记录 1 份。

(5)平差计算资料 1 份。

(6)检查资料 1 份。

(7)检查报告 1 份。

　　　　　　　　　　　　　　　　　　　　　　　××测绘院

　　　　　　　　　　　　　　　　　　　××××年××月××日

习　题

1. 数字测图标书文件由哪些内容组成?
2. 试述数字测图标书编制方法的注意事项。
3. 试述数字测图技术设计的原则。
4. 试述技术设计书的编写内容。

第3章 大比例尺数字测图的外业工作

地面大比例尺数字测图的外业包括图根控制测量和碎部点数据采集两部分。本章学习要求：①了解图根控制的一般规定；②掌握数字测图仪器在数字测图控制及碎部点测量中的使用；③重点掌握电磁波测距导线、水准测量及三角高程的外业实施、内业计算；④了解 GPS 进行图根控制的方法。

§3.1 图根控制测量

3.1.1 图根控制测量概述

图根控制网的布设，应遵循从整体到局部、从高级到低级、分级布网逐级加密的原则。图根控制点是控制误差积累、保证成图质量的重要手段，直接供测图使用。图根控制网布设，是在高等级控制下进行加密，一般不超过两级加密。在较小的独立测区测图时，图根控制可作为首级控制。图根控制测量分为图根平面控制测量和图根高程控制测量。

图根平面控制网的布设一般采用导线（网）测量和卫星定位测量方法（包括单基站 RTK 及网络 RTK 测量）。这两种方法是数字测图图根控制网的主要布设方法。国家控制网以"等"来划分它们的精度系列，而数字测图和工程测量一般涉及的测区比较小，四等及四等以上控制测量的点密度太稀，不能满足数字测图的要求。因此，需要在国家等级控制网下进行加密，一般布设一、二、三级导线或一、二级 GPS 测量点，施测的依据主要是《工程测量规范》（GB 50026—2007）及《全球定位系统实时动态测量（RTK）技术规范》（CH/T 2009—2010）。

图根平面控制网的布设除了采用导线（网）测量和卫星定位测量方法外，还有支导线法、极坐标法和全站仪后方交会任意测站法。图根控制网边长较短（200 m 以下）时，一般不考虑地球曲率的影响。测距仪加常数、乘常数改正和气象改正可直接在全站仪中通过设置参数进行自动改正，但布网时仍要考虑图形结构，如相邻边长比的要求。

图根高程控制施测方法一般采用四等水准网、等外水准网和电磁波测距三角高程、GPS 拟合高程。图根高程控制网一般与图根平面控制网的点位和路线一致。

1. 图根点密度

由于采用光电测距，测站点到地物、地形点的距离即使在 500 m 以内也能保证测量精度，故对图根点的密度要求应视测区的地形情况而定。通视条件好的地方，图根点可稀疏些；地物密集、通视困难的地方，图根点可密些（相对白纸测图时的密度）。

图根点的布设密度应根据测图比例尺和地形条件而定。进行数字地形测图时，图根点的密度不宜低于表 3.1 的规定。城市建筑区及地形复杂、隐蔽地区，应以满足测图需要为原则，适当加大密度。

表 3.1   一般地区解析图根点的数量

测图比例尺	图幅尺寸 /(cm×cm)	解析图根点个数/个		
		全站仪测图	GPS RTK 测图	平板仪测图
1∶500	50×50	2	1	8
1∶1 000	50×50	3	1～2	12
1∶2 000	50×50	4	2	15
1∶5 000	40×40	6	3	30

2．图根控制点的选点与埋石原则

1）选点

野外选点时必须遵循安全第一、通视良好、视野开阔、长期保存、地表稳定、交通便利、便于实地点位寻找的原则。因此,图根点一般选在路口或道路的边缘,山区一般选择山头或其他制高点上,而 GPS 点应选在对空通视好、交通方便的空旷区。

2）埋石

图根点标志尽量采用固定标志。位于水泥地、沥青地的普通图根点,可以用刻有"十"字的铆钉或水泥钉作为标志,周边用红漆绘出方框(或圆圈),编写点名并做好点之记。当一幅标准图幅内没有有效埋石控制点时,应至少埋设一个埋石图根点,并与另一个埋石控制点相通视。埋石后做好点之记,表 3.2 为某 GPS 点的点之记。

表 3.2   GPS 点的点之记

日期:2012 年 12 月 8 日   记录者: 绘图者: 校对者

点名	E01		等级		E
所在地	位于呈贡区呈黄路上、晨农集团门口				
地类	沥青路面	土质		冻土深度	
交通情况概述	从呈贡至黄土坡道路边,与南昆铁路交叉往前 50 m,晨农集团门口。		交通路线略图		
点位略图			埋石断面及类型图		

选点情况	单位			
	选点员		日期	
	是否需联测高程		建议联测等级	
埋石情况	单位			
	埋石员		日期	
	保管人及地址			
备注				

3.1.2　导线测量

1. 全站仪简介

1）工作原理

全站仪是一种集光、机、电为一体的新型测角、测距仪器。与光学经纬仪相比,电子经纬仪将光学度盘换为光电扫描度盘,将人工光学测微读数代之以自动记录和显示读数,使测角操作简单化,且可避免读数误差的产生。电子经纬仪的自动记录、储存、计算及数据通信功能,进一步提高了测量作业的自动化程度。

全站仪与光学经纬仪区别在于度盘读数及显示系统。电子经纬仪的水平度盘和竖直度盘及其读数装置分别采用两个相同的光栅度盘(或编码盘)和读数传感器进行角度测量。根据测角精度可分为 $0.5''$、$1''$、$2''$、$3''$、$5''$、$10''$ 等几个等级。

2）发展历史

全站仪是人们在角度测量自动化的过程中产生的,各类电子经纬仪在各测绘作业中起着巨大的作用。全站仪的发展经历了从组合式(即光电测距仪与光学经纬仪组合,或光电测距仪与电子经纬仪组合)到整体式(即将光电测距仪的光波发射接收系统的光轴和经纬仪的视准轴组合为同轴的整体式全站仪)等几个阶段。

全站仪采用了光电扫描测角系统,其类型主要有编码盘测角系统、光栅盘测角系统及动态(光栅盘)测角系统三种。

3）分类

全站仪按其外观结构可分为两类。

(1)积木型。早期的全站仪,大都是积木型结构,即电子速测仪、电子经纬仪、电子记录器各一个整体,可以分离使用,也可以通过电缆或接口把它们组合起来,形成完整的全站仪,如图 3.1(a)所示。

(2)整体型。随着电子测距仪进一步的轻巧化,现代的全站仪大都把测距、测角和记录单元在光学、机械等方面设计成一个不可分割的整体,其中,测距仪的发射轴、接收轴和望远镜的视准轴为同轴结构。这对保证较大垂直角条件下的距离测量精度非常有利,如图 3.1(b)所示。

全站仪按测量功能可分为五类。

(1)经典型全站仪。经典型全站仪也称为常规全站仪,它具备全站仪电子测角、光电测距和数据自动记录等基本功能,有的还可以运行厂家或用户自主开发的机载测量程序。其经典代表为徕卡公司的 TC 系列全站仪,如图 3.2(a)所示。

（a）组合式全站仪　　　　　　　　　（b）整体式全站仪

图 3.1　全站仪按外观结构分类

（2）机动型全站仪。在经典全站仪的基础上安装轴系步进电机,可自动驱动全站仪照准部和望远镜旋转。在计算机的在线控制下,机动型系列全站仪可按计算机给定的方向值自动照准目标,并可实现自动正、倒镜测量。天宝 5600 系列全站仪就是典型的机动型全站仪,如图 3.2(b)所示。

（3）无合作目标型全站仪。无合作目标型全站仪指在无反射棱镜的条件下,可对一般的目标直接测距的全站仪。该类型全站仪采用激光测距,对不便安置反射棱镜的目标具有明显优势。拓普康 GPT-7500 系列免棱镜全站仪的无合作目标距离测程可达 2 000 m 以上,可广泛用于地籍测量、房产测量和施工测量等,如图 3.2(c)所示。

（a）经典全站仪　　　　　（b）机动全站仪　　　　（c）无合作目标性全站仪

图 3.2　全站仪按测量功能分类

（4）智能型全站仪。智能型全站仪在机动化全站仪的基础上,安装了自动目标识别与照准的新功能。因此,在自动化的进程中,全站仪进一步克服了需要人工照准目标的重大缺陷,实现了全站仪的智能化。在相关软件的控制下,智能型全站仪在无人干预的条件下可自动完成多个目标的识别、照准与测量。因此,智能型全站仪又称为"测量机器人",典型代表有徕卡的

TCA 型全站仪等,测量示意图如图 3.3 所示。

图 3.3　智能全站仪测量示意

　　(5)超站仪。超站仪集合了全站仪的测角功能、测距仪的测距功能和 GPS 的定位功能,不受时间地域限制,不依靠控制网,无须设基准站,没有作业半径限制,单人单机即可完成全部测绘作业流程,是操作一体化的测绘仪器。超站仪主要由动态点到点协议(point-to-point protocol,PPP)、测角测距系统集成。超站仪克服了目前国内外普通使用的全站仪、GPS、RTK 技术的众多缺陷,图 3.4 分别为徕卡系列和拓扑康系列超站仪。

图 3.4　超站仪示意

全站仪按测距可以分为三类。

　　(1)短距离测距全站仪。测程小于 3 km,一般精度为 $\pm(5\ \text{mm}+5\times10^{-6}\cdot D)$,主要用于普通测量和城市测量。

　　(2)中距离测距全站仪。测程为 $3\sim15$ km,一般精度为 $\pm(5\ \text{mm}+2\times10^{-6}\cdot D)$、$\pm(2\ \text{mm}+2\times10^{-6}\cdot D)$,通常用于一般等级的控制测量。

　　(3)长距离测距全站仪。测程大于 15 km,一般精度为 $\pm(5\ \text{mm}+1\times10^{-6}\cdot D)$,通常用于国家三角网及特级导线的测量。

4）国内外全站仪品牌

目前,生产全站仪的厂家很多,国外主要厂家及生产的相应全站仪系列有:日本拓普康公司生产的 GTS 系列、GPT 系列全站仪,日本索佳公司生产的 SET 系列全站仪,瑞士徕卡公司生产的 TC 系列全站仪,日本尼康公司生产的 DMT 系列全站仪,日本宾得公司生产的 PTS 系列全站仪,美国天宝公司生产的天宝全站仪。国内主要厂家及相应生产的全站仪系列有:广州南方测绘仪器有限公司生产的 NTS 系列全站仪,拓普康(北京)科技有限公司生产的科维 TKS 系列,科力达公司生产的全站仪,苏州苏一光仪器有限公司生产的全站仪,中海达生产的海星达系列等。各系列全站仪外形大致相同,有照准部、基座、度盘三大部件,照准部上有望远镜、水平垂直微动螺旋、管水准器、圆水准器、光学对中器等。

2. 全站仪基本操作及使用注意事项

1）常用参数设置

初次使用全站仪时必须进行必要的参数设置(若没有特殊情况,一次设置后基本不再重新设置)。设置内容有:单位设置(国际制 m 或英制 f),棱镜常数设置(0 或 -30 mm),通信参数设置(波特率、奇偶检校、数据位、停止位、数据流 XON/XOFF 等),观测条件设置(温度、气压、大气折光系数),常用功能键(F1、F2、F3 等)设置。

2）测角

进入测角模式(一般是开机后默认的模式),其水平角、竖直角的测量方法与经纬仪操作方法基本相同。照准目标后,记录下仪器显示的水平度盘读数和竖直度盘读数。

3）距离测量

进入测距模式(一般先按"◢"键),瞄准棱镜后,按距离测量键,记录下仪器测站点至棱镜点间的平距、测站与棱镜间的斜距、测站全站仪中心与棱镜中心间的高差。

4）坐标测量

进入坐标测量模式,在设置完测站坐标及定向后(全站仪后视点水平角与后视点坐标方位角一致),便可测定目标点 i 的三维坐标,目标点三维坐标 N_i、E_i、Z_i 的计算公式为

$$N_i = N_0 + S\sin Z\cos H_R$$

$$E_i = E_0 + S\sin Z\sin H_R$$

$$Z_i = Z_0 + S\cos Z + h_i - h_r$$

式中,N_0 为测站点坐标,E_0 为测站点坐标,Z_0 为测站点高程,N_i、E_i、Z_i 对应目标点的坐标,S 为斜距,Z 为天顶距,h_i 为仪器高,h_r 为目标高,H_R 为水平度盘读数(经过测站定向后的水平度盘读数即坐标方位角)。

5）全站仪使用的注意事项与维护

(1)仪器使用与保管由专人负责,迁站、装卸仪器时必须松开水平及垂直制动,握住提手。将仪器从仪器箱取出或装入仪器箱时,一定握住仪器提手和底座。不可握住显示单元的下部,不可拿仪器的镜筒,更不允许将全站仪照准部卸下(基座与照准部分离),否则会影响内部固定部件的稳定性,从而降低仪器的精度。

(2)仪器箱内应保持干燥,仪器取出后及时将仪器箱盖好,防止灰尘及潮气,并及时更换干燥剂。

(3)在运输过程中,仪器必须装于箱内,防止挤压和振动。

(4)开工前,应检查仪器箱背带及提手是否牢固。

（5）开箱后提取仪器前，要看准仪器在箱内放置的方式和位置，装箱时必须原位放回。

（6）避免高温或低温下使用及存放仪器。

（7）日光下避免望远镜直接瞄准太阳。在太阳光照射下测量时，应给仪器打伞，并戴上遮阳罩，以免影响观测精度。

（8）在杂乱环境下测量，仪器要有专人看护。当仪器架设在光滑的地表面时，要用细绳将三脚架三个脚连起来，以防滑倒。

（9）当测站之间距离较远或路况不好时，搬站时应将仪器关机、卸下，装箱后背着走。行走前，要检查仪器箱是否锁好，检查安全带是否系好。当测站之间距离较近时，搬站时可将仪器连同三脚架一起扛在肩上，但仪器要尽量保持直立放置且在关机状态。

（10）收仪器时，始终保持脚螺旋、水平微动螺旋、垂直微动螺旋在中间位置（归位）。

（11）仪器任何部分发生故障时，不要勉强使用，应立即检修，否则会加剧仪器的损坏程度。

（12）在潮湿环境中工作，作业结束后，要用软布擦干仪器表面的水分及灰尘后再装箱。回到办公室后，立即开箱取出仪器放于干燥处，彻底晾干后再装入箱内。

（13）仪器淋水后，切勿通电开机，应擦干后通风一段时间。

（14）当怀疑有人改动仪器参数设置时，应全面检查仪器参数设置，确保仪器各项参数、设置、功能、电源等各项指标正确。

（15）锂电池和镍氢电池在使用时，不要在电池完全耗尽后才充电，否则电池会因电量过低，造成不可逆的损坏，影响电池电量。日常使用中不要对刚充好电的电池马上再次充电，否则会影响电池性能。

（16）仪器长期不用时，应将仪器中的电池卸下分开存放，电池必须保证一个月至少充一次电，否则将影响电池寿命及容量。

3．导线测量的外业工作

1）工具资料

进行导线测量需要的工具包括全站仪 1 台、棱镜 1 个、三脚架 3 个（或 1 个三脚架配 2 个对中杆）、小钢尺 1 卷、对讲机 3 部、导线记录手簿，已知控制点坐标数据，《工程测量规范》（GB 50026—2007）标准 1 本、各种材质的图根点标志、锤子、油漆、毛笔、铅笔、皮尺、计算器等。

2）导线点的选择

导线测量的首要工作是踏勘选点，即根据测区实际情况选择一定数量的导线点作为测图的控制点。在选点之前，应到有关部门收集地形测量、控制测量等资料。根据测区内已有控制点的情况和工程的需要，先在已有的地形图上初步拟定导线的布设方案，然后到实地对照，根据实地情况进行修改，最后拟定一个经济合理、控制范围好的导线布设方案。

实地选点时应注意以下几点。

（1）导线点一般应均匀地布设在测区内，边长根据测图比例尺及工程精度要求而定，相邻边的长度不宜相差太大（相邻导线边长比不宜大于 1/3），以免影响测角的精度。

（2）相邻导线点之间要通视良好，便于测角和量边。

（3）导线点应选在土质坚硬、四周开阔、控制范围广、便于保存和方便安全安置仪器的地方。

导线点的位置选定后，用木桩（或钢筋钉）打入地面，重要的地方应埋设水泥桩，水泥桩埋设按规范要求。桩顶作出标记,以示点位。每个点位应按前进方向的顺序编号(闭合导线最好按逆时针方向编号),同时绘出点位草图。

3)导线测量技术要求

导线测量的主要技术要求应遵循《工程测量规范》(GB 50026—2007)的规定,主要技术指标如表3.3至表3.9所示。

表3.3 导线测量的主要技术指标

等级	导线长度/km	平均边长/km	测角中误差/(″)	测距中误差/mm	测距相对中误差	测回数			方位角闭合差/(″)	相对闭合差
						DJ1	DJ2	DJ6		
四等	9	1.5	≤2.5	≤18	≤1/80 000	4	6	—	≤$5\sqrt{n}$	≤1/35 000
一级	4	0.5	≤5	≤15	≤1/30 000		2	4	≤$10\sqrt{n}$	≤1/15 000
二级	2.4	0.25	≤8	≤15	≤1/14 000		1	3	≤$16\sqrt{n}$	≤1/10 000
三级	1.2	0.1	≤12	≤15	≤1/7 000	—	1	2	≤$24\sqrt{n}$	≤1/5 000

注:(1)表中 n 为测站数。

(2)当测区测图的最大比例尺为1∶1 000时,一、二、三级导线的长度、平均边长可适当放长,但最大长度不应大于表中规定相应长度的2倍。

表3.4 水平角方向观测法的技术要求

等级	仪器精度等级	光学测微器两次重合读数之差/(″)	半测回归零差/(″)	一测回内 2C 互差/(″)	同一方向值各测回较差/(″)
四等及以上	1″级仪器	≤1	≤6	≤9	≤6
	2″级仪器	≤3	≤8	≤13	≤9
一级及以下	2″级仪器	—	≤12	≤18	≤12
	6″级仪器	—	≤18	—	≤24

注:(1)全站仪、电子经纬仪水平角观测时不受光学测微器两次重合读数之差指标的限制。

(2)当观测方向的垂直角超过±3°的范围时,该方向2C互差可按相邻测回同方向进行比较,其值应满足表中1测回内2C互差的限制。

(3)当观测方向不多于3个时,可以不归零。

表3.5 测距的主要技术要求

平面控制网等级	仪器精度等级	每边测回数		一测回读数较差/mm	单程各测回较差/mm	往返测较差/mm
		往	返			
四等	5 mm 级仪器	2	2	≤5	≤7	≤2(a+b×D)
	10 mm 级仪器	3	3	≤10	≤15	
一级	10 mm 级仪器	2	—	≤10	≤15	
二、三级	10 mm 级仪器	1	—	≤10	≤15	—

注:测距仪器的标称精度按 $m_D = a + b \times D$ 表示,其中,m_D 为测距中误差(mm),a 为标称精度中的固定误差(mm),b 为标称精度中的比例误差系数(mm/km),D 为测距长度(km)。

表3.6 图根导线测量的主要技术要求

导线长度/m	相对闭合差	测角中误差/(″)		方位角闭合差/(″)	
		一般	首级控制	一般	首级控制
≤a×M	≤1/(2 000×a)	≤30	≤20	≤$60\sqrt{n}$	≤$40\sqrt{n}$

注:(1)a 为比例系数,一般取1,比例尺为1∶500,1∶1 000时,可在1~2之间取值。

(2)M 为测图比例尺分母。

(3)n 为测站数。

表 3.7 图根支导线平均边长及边数

测图比例尺	平均边长/m	导线边数
1：500	100	3
1：1 000	150	3
1：2 000	250	4
1：5 000	350	4

表 3.8 极坐标法图根点测量限差

半测回归零差/(″)	两半测回角度较差/(″)	测距读数较差/mm	正倒镜高程较差/m
≤20	≤30	≤20	≤h_d/10

注：h_d 为基本等高距。

表 3.9 极坐标法图根点测量的最大边长

比例	1：500	1：1 000	1：2 000	1：5 000
最大边长/m	300	500	700	1 000

4）导线测量外业

（1）对中整平。导线测量时，按导线观测的前进方向分为后视镜站、测站和前视镜站，简称后视、测站、前视。分别在后视、测站和前视，采用光学对中的方法将棱镜和全站仪对中整平在导线点上，并将棱镜反射面对准测站全站仪中心。若同时采用三角高程测量的方法进行高程控制测量，应用小钢尺量取仪器高和棱镜高，并记录量取结果或通过对讲机报告给测站点的记录员。

（2）测角量边。

——测角。测角就是全站仪测出相邻导线边所夹的水平角。相邻导线边所夹的水平角有两个，一般观测位于导线前进方向左侧的角，测量上称为"左角"。同理，位于导线前进方向右侧的角，测量上称为"右角"。根据工程的要求和精度不同，测角的测回数和限差要求如表 3.2 所示。

——测边。测边就是用全站仪测定每条导线边的水平边长。测定的精度应满足表 3.2 的要求。

——记录。按表 3.10 进行测站数据记录计算。

利用全站仪在一个测区内进行导线测量时，导线点的位置应该尽量选择制高点（如山顶），在规范规定的范围内布设最大边长，以提高等级控制点的控制效率。完成等级控制测量后，可用辐射法（极坐标法）布设图根点或施工控制点，点位及密度完全按需而定，可灵活多变。

另外，导线测量成果的好坏，将直接影响测图和其他工作的质量。因此，观测成果的精度达不到要求时，要分析原因，找出疑点，有目的地进行局部或全部返工，直至达到要求为止。

5）导线测量外业资料整理

计算坐标方位角闭合差时，坐标方位角闭合差必须达到规范要求，导线测量才为合格，否则重测可疑测站。直至成果合格后填写表 3.11（导线观测手簿成果表），或绘制平差图，如图 3.5 所示。

表 3.10　数字测图全站仪导线测量记录

水平角观测记录表（方向观测法）

仪　器：＿＿＿＿＿＿＿＿＿　　　　　　　　观测者：＿＿＿＿＿＿

天　气：＿＿＿＿＿＿＿＿＿　　　　　　　　记录者：＿＿＿＿＿＿

日　期：　　年　　月　　日　　　　　　　　检查者：＿＿＿＿＿＿

测站名	测回数	觇点名	盘左读数 L /(° ′ ″)	盘右读数 R /(° ′ ″)	$2C$ /(″)	$\dfrac{L+(R\pm180)}{2}$ /(° ′ ″)	一测回归零后方向值 /(° ′ ″)	各测回平均方向值 /(° ′ ″)

竖直角观测

测站名 仪器高	觇点名 觇标高	盘左读数 L /(° ′ ″)	盘右读数 R /(° ′ ″)	指标差(x) /(″)	垂直角(α) /(° ′ ″)	各测回平均值 /(° ′ ″)

距离观测

温度：　　　℃　　　　　　　　　气压：　　　　Pa

测站名	觇点名	第一次读数 /m	第二次读数 /m	第三次读数 /m	第四次读数 /m	平均读数 /m

表 3.11　导线观测手簿成果

测站点	角度/(° ′ ″)	距离/m	X/m	Y/m
B	—	—	8 345.870 9	5 216.602 1
A	85 30 21	1 474.444 0	7 396.252 0	5 530.009 0

续表

测站点	角度/(°　′　″)	距离/m	X/m	Y/m
2	254　32　32	1 424.717 0	—	—
3	131　04　33	1 749.322 0	—	—
4	272　20　20	1 950.412 0	—	—
C	244　18　30		4 817.605 0	9 341.482 0
D	—		4 467.524 3	8 404.762 4

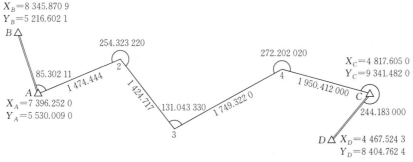

图 3.5　导线平差略图

4．导线测量数据处理(内业)

数字测图图根控制测量数据处理就是利用测量软件处理外业采集的原始数据,得到精度符合要求的控制点数据文件,然后通信到全站仪、GPS 手簿或其他设备(如 PDA 等),用于数字测图。目前,常用的数据处理软件有威远图 TOPADJ、清华山维 NASEW、南方平差易(Power Adjust 2005,PA2005)等。

威远图 TOPADJ、清华山维 NASEW 及南方平差易是在 Windows 系统下用 VC 开发的控制测量数据处理软件,它们改变了过去单一的表格输入,采用了 Windows 风格的数据输入技术和多种数据接口(与全站仪通信或其他软件文件有接口),同时辅以网图动态显示,实现了从数据采集、数据处理和成果输出及打印的一体化。成果输出内容丰富强大,平差报告完整详细,报告内容也可根据用户需要自行定制,同时还有详细的精度统计和网形分析信息等,其界面友好、功能强大、操作简便,是控制测量理想的数据处理工具。下面简单介绍如何使用南方平差易处理测量数据,流程如图 3.6 所示。

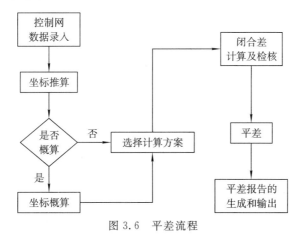

图 3.6　平差流程

1)控制网数据录入

在平差易软件中输入以上数据,如图3.7所示。在测站信息区中输入 A、B、C、D、2、3 和 4 号测站点数据,其中 A、B、C、D 为已知坐标点,其属性为10,其坐标如表3.11所示;2、3、4 点为待测点,其属性为00,其他信息为空。如果要考虑温度、气压对边长的影响,就需要在观测信息区中输入每条边的实际温度、气压值,然后通过概算进行改正。

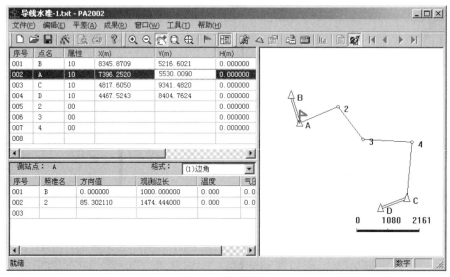

图3.7　数据输入

根据控制网的类型选择数据输入格式,此控制网为边角网,选择边角格式,如图3.8所示。

测站点：	4	格式：	(1)边角 ▼

图3.8　选择格式

在观测信息区中输入每一个测站点的观测信息,为了节省空间只截取观测信息的部分表格示意图,如图3.7数据表中 B、D 作为定向点,它没有设站,所以无观测信息,但在测站信息区中必须输入它们的坐标。以 A 为测站点、B 为定向点时(定向点的方向值必须为零),照准2号点的数据输入,如图3.9所示。

测站点：	A		格式：	(1)边角	▼
序号	照准名	方向值	观测边长	温度	气压
001	B	0.000000	1000.000000	0.000	0.000
002	2	85.302110	1474.444000	0.000	0.000

图3.9　测站 A 的观测信息

以 C 为测站点、以4号点为定向点时,照准 D 点的数据输入如图3.10所示。

测站点：	C		格式：	(1)边角	▼
序号	照准名	方向值	观测边长	温度	气压
001	4	0.000000	0.000000	0.000	0.000
002	D	244.183000	1000.000000	0.000	0.000

图3.10　测站 C 的观测信息

以2号点作为测站点、以 A 为定向点时,照准3号点的数据输入如图3.11所示。

测站点：2			格式：		(1)边角	
序号	照准名	方向值	观测边长	温度	气压	
001	A	0.000000	0.000000	0.000	0.000	
002	3	254.323220	1424.717000	0.000	0.000	

图 3.11　测站 2 的观测信息

以 3 号点为测站点、以 2 号点为定向点时,照准 4 号点的数据输入如图 3.12 所示。

测站点：3			格式：		(1)边角	
序号	照准名	方向值	观测边长	温度	气压	
001	2	0.000000	0.000000	0.000	0.000	
002	4	131.043330	1749.322000	0.000	0.000	

图 3.12　测站 3 的观测信息

以 4 号点为测站点、以 3 号点为定向点时,照准 C 点的数据输入如图 3.13 所示。

测站点：4			格式：		(1)边角	
序号	照准名	方向值	观测边长	温度	气压	
001	3	0.000000	0.000000	0.000	0.000	
002	C	272.202020	1950.412000	0.000	0.000	

图 3.13　测站 4 的观测信息

需要说明的是:① 数据为空或前面已输入过时可以不输入(对向观测例外);②在电子表格中输入数据时,所有零值可以省略不输。

以上数据输入完后,点击"文件\另存为"选项,将输入的数据保存为平差易数据格式文件,如图 3.14 所示。

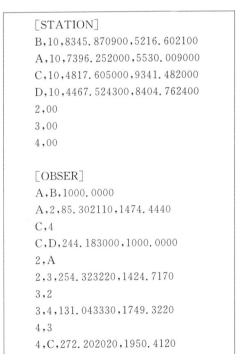

```
[STATION]
B,10,8345.870900,5216.602100
A,10,7396.252000,5530.009000
C,10,4817.605000,9341.482000
D,10,4467.524300,8404.762400
2,00
3,00
4,00

[OBSER]
A,B,1000.0000
A,2,85.302110,1474.4440
C,4
C,D,244.183000,1000.0000
2,A
2,3,254.323220,1424.7170
3,2
3,4,131.043330,1749.3220
4,3
4,C,272.202020,1950.4120
```

图 3.14　平差易数据格式

图 3.14 中[STATION](测站点)是测站信息区中的数据,[OBSER](照准点)是观测信息区中的数据。

2)坐标推算(可选择是否进行坐标概算)

选择菜单"平差\坐标推算"。

3)选择计算方案

选择菜单"平差\计算方案"。

4)计算闭合差及检核

选择菜单"平差\闭合差计算"。

5)平差计算

选择菜单"平差\平差计算"。

6)平差报告的生成与输出

(1)选择菜单"窗口\平差报告",可查看平差报告。

(2)选择菜单"成果\输出到 Word",可将平差报告输出成 Word 格式。

(3)选择菜单"成果\输出 cass 坐标文件",可将控制点坐标输出到 CASS 中。

(4)选择菜单"成果\输出平差略图",可将平差网形图输出成图片格式。

(5)选择菜单"成果\输出平差略图到 CAD",可将平差网形图输出成 cad 格式。

3.1.3　高程测量

数字测图或施工放样时,除了建立平面控制网外,还需建立高程控制网。高程控制网常用水准测量、全站仪直返觇三角高程测量、全站仪中间测站三角高程测量等方法进行施测。

1. 四等水准测量

1)工具资料

水准仪 1 台、三脚架 1 个、水准尺 2 把、尺垫 2 个、水准记录手簿若干、计算器 1 个,以及《工程测量规范》(GB 50026—2007)标准 1 本等。

2)四等水准路线的布设

水准测量路线与导线测量路线及点位应尽量一致。

3)水准测量技术指标

水准测量的主要技术要求应遵循《工程测量规范》(GB 50026—2007)的规定,如表 3.12、表 3.13 所示。

表 3.12　水准测量主要技术指标

等级	每千米高差全中误差/mm	路线长度/km	水准仪的型号	水准尺	观测方法与次数		往返测较、附合或环线闭合差	
					与已知点联测	附合或环线	平地/mm	山地/mm
四等	≤10	≤16	DS3	双面	往返各一次	往一次	≤$20\sqrt{L}$	≤$6\sqrt{n}$
五等	≤15	—	DS3	单面	往返各一次	往一次	≤$30\sqrt{L}$	—
图根	≤20	≤5	DS10	单面	往返各一次	往一次	≤$40\sqrt{L}$	≤$12\sqrt{n}$

注:L 为往返测段、附合或闭合环线的水准路线长度(km),n 为测站数。图根水准路线布设成支线时,其线路长度不应大于 2.5 km。

表 3.13　水准观测的主要技术要求限值

等级	水准仪型号	视线长度/m	前后视较差/m	前后视累积差/m	视线离地面最低高度/m	基本分划、辅助分划或黑面、红面读数较差/mm	基本分划、辅助分划或黑面、红面所测高差较差/mm
四等	DS3	100	5	10	0.2	3.0	5.0
五等	DS3	100	近似相等	—	—	—	—

4)四等水准测量外业

(1)一个测站上的观测程序。在每个测站上先测量前后视距,调整前后视距符合技术要求后才能进行水准观测,所有观测值必须记入四等水准测量的专用记录表格中,如表 3.14 所示。每测站观测程序均采用"后—前—前—后"顺序,具体步骤为:①照准后视尺黑面,精平水准管气泡后读下丝、上丝、中丝,记入表 3.14 中(1)、(2)、(3)位置;②照准前视尺黑面,精平水准管气泡后读中丝、下丝、上丝,记入表 3.14 中(4)、(5)位置;③照准前视尺红面,精平水准管气泡后读中丝,记入表 3.14 中(7)的位置;④照准后视尺红面,精平水准管气泡后读中丝,记入表 3.14 中(8)的位置。每个测站上观测记录完毕后,应立即进行测站计算与检核,符合各项要求后方能迁站。

(2)测站上的记录计算与检核。检核部分计算公式为

$$(9) = (4) + K - (7)$$
$$(10) = (3) + K - (8)$$
$$(11) = (3) - (4)$$
$$(12) = (8) - (7)$$
$$(13) = (10) - (9)$$
$$(14) = [(11) + (12 \pm 0.1)]/2$$

式中,K 是水准尺黑面与红面的常数差,一根标尺的常数为 4 787 mm,另一根为 4 687 mm。

视距部分计算公式为

$$(15) = [(1) - (2)] \times 100 = 后视距$$
$$(16) = [(5) - (6)] \times 100 = 前视距$$
$$(17) = (15) - (16)$$
$$(18) = 前站(18) + 本站(17) = 前后视距累计差$$

高差部分的线路计算公式为

$$S = \Sigma(15) + \Sigma(16)$$

式中,S 为线路长度。

由于一对尺子的红面尺常数之差为 0.1 m,所以两尺的红面中丝读数相减所得的高差与实际高差相差 0.1 m。在高差计算时,以黑面为准,若红面高差大于(或小于)黑面高差,则将红面高差减去(或加上)0.1 m 后,再与黑面高差取平均值作为高差中数。记录计算时,应特别注意数据的单位。

表 3.14　四等水准记录表

观测日期：　　　　年　　月　　日　　　　　　　　　　　　　　观测者：

自　　　　　　　　　测至　　　　　　　　　　　　　　　　　　记录者：

时　刻　始：　　　　时　　　　　　仪器型号：　　　　　　　　天　气：

时　刻　末：　　　　时　　分　　　标尺类型：　　　　　　　　成　像：

测站编号	后尺 下丝 上丝 后视距 视距差	前尺 下丝 上丝 前视距 累计差	方向及尺号	标尺读数 黑面读数	标尺读数 红面读数	K+黑减红	高差中数	备注
	（1）	（5）	后尺	（3）	（8）	（10）		后视标尺 4 687
	（2）	（6）	前尺	（4）	（7）	（9）		
	（15）	（16）	后一前	（11）	（12）	（13）	（14）	
	（17）	（18）						
1	0 474	1 387	后尺	0 727	5 415	−1		
	0 970	1 887	前尺	1 636	6 425	−2		
	49.6	50.0	后一前	−0 909	−1 010	+1	−0.910	
	−0.4	−0.4						
2	1 070	1 569	后尺	1 324	6 112	−1		
	1 573	2 071	前尺	1 821	6 510	−2		
	50.3	50.2	后一前	−0 497	−0 398	+1	−0.498	
	+0.1	−0.3						
3			后尺					
			前尺					
			后一前					

注：括号内数值大小表示记录计算的顺序。表内数值单位为 mm。

（3）水准线路的平差计算。线路闭合差 f_h＝起算点高程＋Σ(14)－终点高程，如果 $f_h \leqslant f_容$，则按测段长 L 或测站数 N 分配闭合差。

改正数计算公式为

$$v_i = -\frac{L_i}{\Sigma L}f_h \quad 或 \quad v_i = -\frac{N_i}{\Sigma N}f_h$$

改正后的高差公式为

$$\hat{h}_i = h_i + v_i$$

改正后的高程公式为

$$H_{i+1} = H_i + \hat{h}_i$$

2. 三角高程测量

当地形复杂、起伏较大，特别是在山区时，用水准测量测定高差难度非常大，这时往往采用电磁波测距三角高程代替水准测量。目前规范规定，三角高程最高能代替四等水准测量。

　1）工具资料

全站仪 1 台、三脚架 3 个（或 1 个三脚架配 2 个对中杆）、棱镜 2 个、小钢尺 3 个、对讲机 3 个、三角高程测量记录手簿、计算器 1 个、《工程测量规范》（GB 50026—2007）标准 1 本等。

2)三角高程路线的布设

三角高程路线与导线测量路线一致。

3)三角高程测量技术指标

三角高程测量主要技术要求应遵循《工程测量规范》（GB 50027—2007）的规定，如表 3.15 所示。

表 3.15　电磁波测距三角高程测量主要技术指标要求

等级	每千米高程全中误差/mm	边长/km	仪器	测距边测回数	垂直角测回数	指标差较差/(″)	垂直角较差/(″)	对向观测高差较差/mm	附合或环线闭合差/mm
四等	≤10	≤1	DJ2	往返各 1	3	≤7	≤7	≤$40\sqrt{D}$	≤$20\sqrt{\Sigma D}$
五等	≤15	≤1	DJ2	往返各 1	2	≤10	≤10	≤$60\sqrt{D}$	≤$30\sqrt{\Sigma D}$
图根	≤20	附合路线长度≤5	DJ2	往返各 1	1	≤25	≤25	≤$80\sqrt{D}$	≤$40\sqrt{\Sigma D}$
			DJ6	往返各 1	2				

注：D 为测距边的长度(km)，路线长度不应超过对应水准路线的长度。

4)三角高程测量外业

测量的野外工作主要有测边、测竖直角（或高差主值）、量取仪器高和觇标高，如图 3.15 所示。在一个测站上，三角高程测量的观测程序如下。

(1)量取仪器高和觇标高。在测站上量取仪器高 i，在目标点上量取立好的觇标高 v，仪器高和觇标高的量取应精确到 1 mm。

(2)测量垂直角及边长。对中整平全站仪，盘左位置用望远镜中横丝精确瞄准棱镜中心，记录竖盘读数（天顶距）、测量斜距 S；进行盘右观测，记录竖盘读数。

(3)测站高差计算。计算往返测高差 h_{AB}、h_{BA} 的公式为

$$H_{AB} = S \cdot \sin a + i - v + f \qquad (3.1)$$

$$f = (1-K)\frac{D^2}{2R} \qquad (3.2)$$

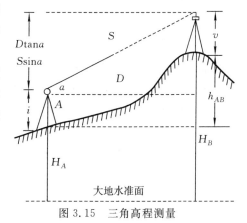

图 3.15　三角高程测量

式中，D 为平距，S 为斜距，f 为曲气差和球气差改正，i 为仪器高，v 为棱镜高，a 为垂直角（$a=90°-$ 天顶距），$S \cdot \sin a$ 为初算高差，K 为大气折光系数。K 是关于太阳日照和气压、地面土质和植被等因素的复杂函数，变化于 $0.08 \sim 0.20$，一般做近似计算时，取 $K=0.14$，如果边长小于 300 m 时，可以不考虑两差改正。

三角高程测量一般要进行对向观测，如果往返测高差较差满足表 3.5 中相应要求时，取其平均值作为两点间的高差往返测高差平均值，即

$$\overline{H}_{AB} = \frac{(H_{AB} + |H_{BA}|)}{2} \qquad (3.3)$$

式(3.3)通过对向观测取平均值可以消除式(3.1)中 f 的影响，因此三角高程直返觇对向观测

时可以不考虑球气差影响。另外,在全站仪参数设置时,也可考虑大气折光系数的影响,这样在单向三角高程测量的高差中也能消除或减弱球气差影响。

(4)线路闭合差计算,即

$$f_h = 起算点高程 + \Sigma h - 终点高程$$

(5)线路闭合差的分配。可按每条边长比例分配,即

$$\Delta H_i = -\frac{D_i}{\Sigma D}f_h \tag{3.4}$$

具体数据处理过程可翻阅测量学教材的相关章节,这里不再细述。

5)高程测量外业资料整理

当一条水准(或三角高程)路线的测量工作完成以后,应对手簿的记录和计算进行详细检查。如果没有错误,即可计算水准(或三角高程)路线的闭合差。若闭合差在规定的限差以内,绘制平差计算草图。

3.1.4 GNSS 测量

1. GPS 测量概述

全球最早的 GNSS 测量系统为 GPS,是美国国防部为满足军事部门对海上、陆地和空中设施进行高精度导航和定位的要求而建立的。GPS 包括卫星星座(空间部分,24 颗工作卫星)、地面监控(地面监控部分,1 个主控站、5 个卫星监控站和 3 个注入站)和用户部分(GPS接收机)三部分。GPS 作为新一代导航与定位系统,不仅具有全球性、全天候、连续的精密三维导航与定位能力,而且具有良好的抗干扰性和保密性。目前,GPS 精密定位技术已经渗透到经济建设和科学技术的许多领域,尤其对经典测量学的各个方面产生了极其深刻的影响。

GPS 测量技术具有定位精度高、传递距离远、观测时间短、测站之间无须通视、外业操作及内业数据处理简便和全天候作业等优点。特别是近几年,随着 GPS 技术发展及设备普及,GPS 静态相对测量、GPS RTK、GPS 网络 RTK 测量技术已经被广泛地应用到控制测量、数字测图等测量领域。平原、丘陵、山区、城市主干道、路口等视野开阔的地区一般都比较适合GPS 测量。测区首级图根控制一般都用 GPS 静态相对定位或 GPS 网络 RTK 测量,加密测量一般采用 GPS RTK 或导线测量。

1)GPS 点位选择要求

(1)点位的选择应符合技术设计要求,且交通便利,并有利于安全作业,以利于其他测量手段进行扩展与联测。

(2)点位的基础应坚实稳定,便于长期保存。

(3)点位应便于安置和操作接收设备,视野应开阔,视场内周围障碍物的高度角一般应小于 15°。

(4)点位应远离大功率无线电发射源(如电视台、微波站等),其距离不得小于 200 m,并应远离高压输电线,其距离不得小于 50 m,以避免周围磁场对卫星信号的干扰。

(5)充分利用符合上述要求的原有控制点及其标石。

综上所述,结合测区的实际情况,GPS 控制点宜布设在较高的永久性建筑物、山顶或已成型的较宽的城市主干道、路口或其他较开阔而又稳固的建(构)筑物上。

2）标石埋设

（1）GPS 点的标石及标志规格应满足 GPS 测量规范要求，标石的中心标志用铜质材料制作，标志中心应刻有清晰、精细的十字丝。

（2）地面 GPS 点标石可用混凝土预先制作，然后运往各点埋设。埋设时，坑底填以砂石，夯实或浇注混凝土底层。楼顶 GPS 点标石应现场浇注，浇注前应将楼面磨出新层，打毛，钉上 3～4 颗钢钉，再套模浇注。

（3）埋石结束后应填写 GPS 点之记。

（4）待标石埋设稳定，没有下沉，或现场浇注的标石凝固 3～5 天后，方可观测。

3）GPS 测量基准

（1）坐标系统。GPS 坐标系尽量与测区原有坐标系一致。同时，还需要确定参考椭球、中央子午线、中心纬度、纵横坐标加常数、坐标系投影方式、测区平均高程、起算点坐标参数。

（2）起算数据选择。联测已知起算点的数量不少于 3 个。

（3）为满足 GPS 控制网高程拟合的需要，GPS 控制点应联测一定比例的四等水准点。联测水准点的 GPS 点应均匀分布在测区，当为线状地区时，应分布在两端及中间，水准路线连接成水准网。网中水准联测点不少于 3 个，且均匀分布在整个测区。

4）GPS 卫星预报和观测调度计划

为保证 GPS 作业观测工作顺利进行，保障观测成果达到预定的精度，提高作业效率，在进行 GPS 外业观测之前，应事先下载最新卫星星历，编制 GPS 卫星可见性预报表。预报表应包括可见卫星数量，如图 3.16 所示，点位的 PDOP 值预计如图 3.17 所示。

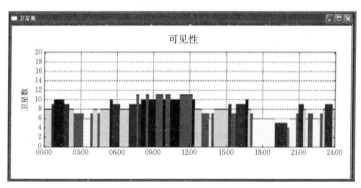

图 3.16　卫星可见性预计

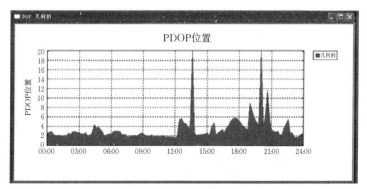

图 3.17　PDOP 值预见

2．静态相对定位测量

1）工具资料

GPS 接收机 4 台、三脚架 4 套；小钢尺 4 把、对讲机 4 部、GPS 记录手簿 4 份、《全球定位系统(GPS)测量规范》(GB/T 18314—2009)、备用电池等。可根据项目大小、工期及单位拥有的设备数来确定数量。

2）静态 GPS 测量技术要求

利用 GPS 静态测量技术测量首级图根控制点时，测量等级应按照《全球定位系统(GPS)测量规范》(GB/T 18314—2009)、卫星定位城市测量技术规范(CJJ/T 73—2010)执行。其中，E 级网的具体技术要求如表 3.16 和表 3.17 所示。

表 3.16 E 级 GPS 网的主要技术要求

级别	平均距离/km	a/mm	b/(1×10^{-6})	最弱边相对中误差	闭合环或附合线路边数
E 级	0.2~5	≤10	≤20	≤1/45 000	≤10

注：当边长小于 200 m 时，边长中误差应小于 20 mm。

表 3.17 E 级 GPS 测量作业的基本技术要求

级别	卫星截止高度角/(°)	有效观测卫星数/颗	平均重复设站数/个	时段长度/分钟	数据采样间隔/秒	PDOP 值
E 级	15	≥4	≥1.6	≥40	15	≤6

注：(1)观测时段长度应视点位周围障碍物情况、基线长短而做调整。

(2)可不观测气象要素，但应记录雨、晴、阴和云等天气状况。

3）静态 GPS 测量网形选择

E 级 GPS 通常用同步图形扩展式布设，即多台接收机在不同测站上进行同步观测，在完成一个时段的同步观测后，接收机迁移到其他的测站再进行同步观测，每次同步观测都可以形成一个同步图形，如图 3.18 所示。其中，N 为接收机台数。在测量过程中，不同的同步图形间一般有若干个公共点相连，整个 GPS 网由这些同步图形构成。这种布网具有扩展速度快、图形强度较高、作业方法简单的优点。根据同步图形连接形式不同，GPS 网又可分为点连式、边连式、网连式、混连式等，如图 3.19 所示。

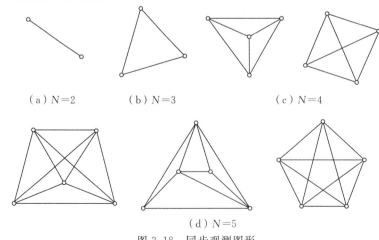

（a）N=2　　（b）N=3　　（c）N=4

（d）N=5

图 3.18 同步观测图形

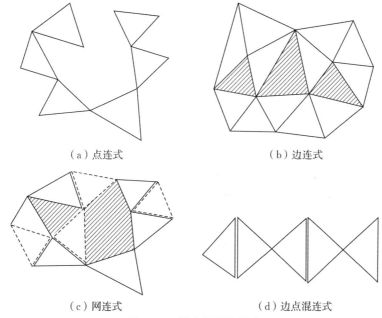

（a）点连式　　　　　　　　（b）边连式

（c）网连式　　　　　　　　（d）边点混连式

图 3.19　同步图形扩展式

4）观测准备

每天出发前应检查电池电量是否充足，仪器及其附件是否携带齐全，机器内存是否充足。天线安置应符合下列要求：

（1）作业员到测站后应先安置好接收机，使其处于静止状态，然后再安置天线。

（2）天线可用脚架直接安置在测量标志中心的铅垂线方向上，对中误差应小于 3 mm。天线应整平，天线基座上的圆水准气泡应居中。

（3）天线定向标志应指向正北，定向误差不宜超过 5°。

5）观测作业要求

（1）观测组应严格按调度表规定的时间进行作业，以保证同步观测同一组卫星。当情况有变化需修改调度计划时，应经作业队负责人同意，观测组不得擅自更改计划。

（2）接收机电源电缆和天线应连接无误，接收机预置状态应正确，方可启动接收机进行观测。

（3）各观测时段的前后各量取天线高一次，两次量高之差不大于 3 mm。取平均值作为最后天线高，记录在手簿上。若互差超限，应查实原因，提出处理意见并记入手簿备注栏中。

（4）接收机开始记录数据后，作业人员应及时查看测站信息、接收卫星数、卫星号、各通道信噪比、实时定位结果及存储介质记录情况等。

（5）仪器工作正常后，作业员及时逐项填写测量手簿中各项内容。

（6）一个时段观测过程中，不得进行关闭接收机以重新观测、自测试（发现故障除外）、改变卫星截止高度角、改变数据采样间隔、改变天线位置、按动关闭文件和删除文件等功能键的操作。

（7）观测员在作业期间不得擅自离开测站，同时要防止仪器受震动和被移动，防止人和其他物体靠近天线，防止卫星信号遮挡。

（8）接收机在观测过程中，不应在接收机近旁使用对讲机和手机等通信设备；雷雨天气时应关机停测,并卸下天线以防雷击。

(9)观测中应保证接收机工作正常,数据记录正确。每日观测结束后必须先关机再收设备,应及时将数据下载到计算机上,确保观测数据不丢失。接收机中的数据最好保存3～5天后再清除,同时确认数据卡是否有足够的记录空间。

6)外业观测记录

(1)记录项目:① 测站名、测站号;② 观测日期、年积日、天气状况、时段号;③ 观测时间,应包括开始与结束记录时间,填写至时分;④ 接收机设备,应包括接收机类型及号码,天线号码;⑤ 近似位置,应包括测站的近似经、纬度和近似高程,经、纬度应取至1′,高程应取至0.1 m;⑥ 天线高,应包括测前、测后量得的高度及其平均值,均取至0.001 m;⑦ 观测状况,应包括电池电压、接收卫星号及其信噪比、故障情况等。具体记录格式如表3.18所示。

表3.18　静态GNSS测量外业记录格式

_____工程GPS外业观测手簿

观测者姓名_____		日　期_____年_____月_____日	
测　站　名_____		测站号_____时段号_____	
天 气 状 况_____			

测站近似坐标: 经度:E_____°_____′ 纬度:N_____°_____′ 高程:_____	本测站为 □_____新点 □_____等大地点 □_____等水准点 □_____

记录时间:□ 北京时间　□ UTC　□ 区时

开录时间_____　　结束时间_____

接收机号_____　　天线号_____

天线高:(m)　　　　　　　　　　　　　　　　　　测后平均值_____

1._____　　2._____　　3._____　　平均值_____

1._____　　2._____　　3._____　　平均值_____

天线高量取方式略图	测站略图及障碍物情况

观测状况记录

1.电池电压_____(块、条)

2.接收卫星号_____

3.信噪比_____

4.故障情况_____

5.备注

(2)记录要求:①原始观测值和记事项目应按规格进行现场记录,字迹要清楚、整齐、美观,不得涂改、转抄;②外业观测记录各时段结束后,应及时将每天外业观测记录结果下载到计算机保存,必要时还要转换成接收机可交换格式(receiver indepedent exchange format,RINEX)

保存;③接收机内存数据文件在下载到存储介质上时,不得进行任何剔除与删改,不得调用任何对数据实施重新加工组合的操作指令,必须确保数据的原始性。

3．GPS RTK 测量

1)GPS RTK 的测量原理

GPS RTK 载波相位实时动态差分测量系统是集计算机技术、数字通信技术、无线电技术和 GPS 测量定位技术为一体的组合系统。用 RTK 测量技术时,将一台接收机安置在基准站上固定不动,另一台或多台接收机安置在运动的载体(称为流动站或移动站)上,基准站与流动站距离一般不超过 7~10 km,接收机同步观测相同的卫星,通过数据链将基准站的相位观测及坐标信息实时传送给流动站,流动站对接收到的基准站数据连同自己采集的相位观测数据进行实时差分处理,从而获得流动站的实时三维位置。在测图时,仅需一人手持带对中杆的接收机天线,在待测图根点或地物地貌碎部特征点上观测 2~3 秒,就可得到精度为 1~2 cm 的平面坐标。

载波相位差分方法分为修正法和差分法两类。前者是基准站将载波相位修正量通过数据链通信发送给流动站,流动站以其改正本站的载波相位观测值,然后求解流动站的坐标。后者是将基准站采集的载波相位观测值通过数据链通信完整地发送给流动站,流动站的工作手簿(控制器)将其与自己同步得到的载波相位观测值求差,并对相位差分观测值进行实时处理,求得流动站的坐标。工作原理流程如图 3.20 所示。

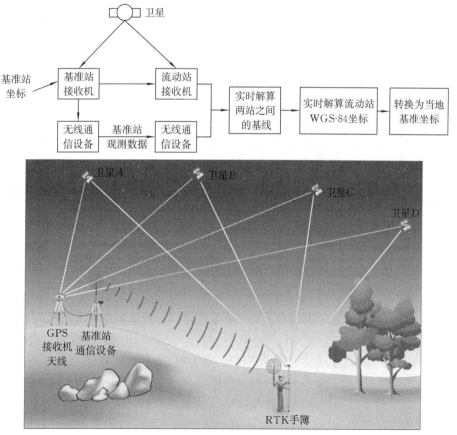

图 3.20　GPS RTK 工作原理流程

2)GPS RTK 的系统组成

RTK 测量可采用单基准站 RTK 和网络 RTK 两种方法进行,在通信条件困难时,也可以采用后处理动态测量模式进行。

单基准站 RTK 只利用一个基准站,并通过数据通信技术接收基准站发布的载波相位差分改正参数进行 RTK 测量。网络 RTK 指在一定区域内建立多个基准站,对该地区构成网状覆盖,并进行连续跟踪观测,通过这些站点组成卫星定位观测值的网络解算,获取覆盖地区和某时间段的 RTK 改正参数,用于该区域内 RTK 用户进行实时 RTK 改正的定位方式,如城市连续运行基准站(continuously operating reference stations,CORS)系统。在有条件采用网络 RTK 测量的地区,宜优先采用网络 RTK 技术测量。

单基准站 RTK 系统由一台基准站(亦称参考站)接收机和一台或多台流动站接收机,以及用于数据实时传输的数据链系统构成。图 3.21 为中海达(V9)GPS RTK 基准站和流动站的主要设备。基准站的设备有 GPS 接收机、GPS 天线(通常与接收机合为一体)、GPS 无线传输电台、数据链发射天线、电瓶(汽车用 12 V 蓄电瓶)、连接电缆等;流动站的设备有 GPS 接收机、GPS 天线(通常与接收机合为一体)、数据链接收台(现在新生产 GPS 接收电台模块都放置在主机内,简称内置电台)、数据链接收天线、工作手簿(控制器)等,流动站的主机与工作手簿之间采用蓝牙通信。单基站 RTK 接收机是接收卫星信号的主要设备,流动站和基准站上的接收机一般是一样的。

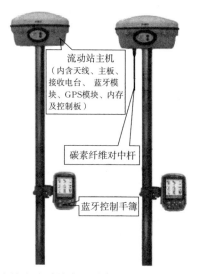

图 3.21 中海达(V9)GPS RTK 基准站和流动站主要设备

工作时,按下电源键即可开机。电源灯指示电池使用状态:电源灯常亮红灯表示当前电池正常供电,并且电量充足;红灯闪烁表示电池电量不足。卫星灯指示接收机接收卫星信号的情况:如果接收到卫星信号,卫星指示灯交替闪烁,每秒闪 1 次,闪烁的次数表示跟踪的卫星数,每次交替闪烁有 5 秒的间隙;如果每个间隔只闪烁 1 次,表示没有跟踪到卫星,或者仅仅跟踪上 1 颗卫星;如果没有闪烁,则表示接收机工作不正常,需要重新开机。无线电指示灯指示电台数据情况,电台指示灯闪烁表示正在接收电台数据。数据采集灯在静态采集模式下,闪烁 1 次表示正在储存 1 个历元数据,闪烁间隔与采集间隔一致。如果采样间隔每次为 15 秒,则存储灯每隔 15 秒亮 1 次。按控制面板上的 F 键根据语音提示可以切换接收机的工作模式。

串口主要用于连接工作手簿或计算机,无线电接口用于连接无线电接收天线。

RTK 工作手簿(控制器)是 GPS 实时数据处理的关键设备。参数设置、基线结算、坐标计算、坐标转换、数据记录、数据格式转换与处理等都在工作手簿中进行。

数据链通信分为电台通信模式和网络通信模式。电台模式是采用无线电通信技术进行数据传递;网络模式是通用分组无线业务,是在现有的 GSM 系统上发展出来的一种新的分组数据承载业务。

3)GPS RTK 作业方法

GPS RTK 测量是在 WGS-84 坐标系中进行的,而测图及工程测量是在国家坐标系或地方坐标系中进行的,二者之间存在坐标转换的问题。GPS RTK 测量的高程是 WGS-84 坐标系的大地高,而工程测量及测图作业通常采用正常高,二者的高程差值为高程异常。当采用 GPS RTK 获得所测点的正常高时,就存在二者之间的转换问题。如果测区没有坐标转换参数和未知高程异常函数,那么在进行 GPS RTK 测量之前,应先测定坐标转换参数和高程异常。要进行图根平面控制测量,在进行 GPS RTK 测量之前应先在已知控制点(一般不得少于3 个)上进行测量,以求解坐标转换参数。对于地形起伏较大的测区,应该在不少于 6 个已知水准点上进行测量,以求得高程异常函数。GPS RTK 方法进行图根测量应满足《全球定位系统实时动态测量(RTK)技术规范》(GB/T 18314—2009)的要求。

(1)RTK 测量卫星状态的基本要求如表 3.19 所示。

表 3.19　RTK 测量卫星状态的基本要求

观测窗口状态	截止高度角 15°以上的卫星个数	PDOP 值
良好	≥6	<4
可用	5	≤6
不可用	<5	>6

(2)RTK 平面控制点测量主要技术要求如表 3.20 所示。

表 3.20　RTK 平面控制点测量主要技术要求

等级	相邻点间边长/m	点位中误差/cm	边长相对中误差	与基准站的距离/km	观测次数	起算点等级
一级	500	≤5	≤1/20 000	≤5	≥4	四等及以上
二级	300	≤5	≤1/10 000	≤5	≥3	一级及以上
三级	200	≤5	≤1/6 000	≤5	≥2	二级及以上

注:(1)点位中误差指控制点相对于最近基准站的误差。

　　(2)采用单基准站 RTK 测量一级控制点需至少更换一次基准站进行观测,每站观测次数不少于 2 次。

　　(3)采用网络 RTK 测量各级平面控制点可不受流动站到基准站距离的限制,但应在网络有效服务范围内。

　　(4)相邻点间距离不宜小于该等级平均边长的 1/2。

(3)RTK 高程控制点测量主要技术要求如表 3.21 所示。

表 3.21　RTK 高程控制点测量主要技术要求

等级	大地高差中误差/cm	与基准站的距离/km	观测次数	起算点等级
五等	≤3	≤5	≥3	四等及以上水准

注:(1)大地高差中误差指控制点大地高相对于最近基准站的误差。

　　(2)网络 RTK 高程控制测量可不受流动站到基准站距离的限制,但应在网络有效服务范围内。

(4)GPS RTK 基准站建立时至少应联测 3 个高级控制点参加点校正(坐标转换),并且所选起算点应分布均匀,能控制整个测区。

(5)高级点所组成的平面图形应有足够控制面积,并对 GPS 基准站坐标系进行有效检核。

(6)进行 GPS RTK 测量时,对每个图根控制点均应独立测定 2 次,点名用字母 A、B 区分,如 $G1A$、$G1B$ 为 $G1$ 点的两次观测成果。2 次测定过程中应重新对中、整平三脚架或对中杆,2 次测定点坐标的点位互差不应大于 5 cm,高程互差不大于基本等高距的 1/10。符合限差要求后,取中数作为图根点坐标测量成果。

当得到测区的坐标转换参数及高程异常函数后,便可进行 RTK 测量。当利用流动站测定图根点坐标时,对中杆必须有辅助支撑设备(三角支架)。由于 GPS RTK 定位不产生误差累积,流动站在 5 km 范围内测定控制点坐标,完全可以满足图根控制点的精度要求。

4)GPS RTK 测量实施

(1)工具资料。GPS RTK 测量使用的工具资料有:GPS 1+2 套、RTK 手簿 2 套、配套备用电池 $N \times 2$ 块、三脚架 2 个、对中杆 2 根、已知控制点坐标数据,外置电台、电瓶、天线、小钢尺各 1。当采用网络进行数据传输时,SIM 卡中要有足够的充值。

(2)基准站选择。GPS RTK 定位的数据处理过程是基准站和流动站之间的单基线处理过程,基准站和流动站的观测数据质量好坏、无线电信号传播质量的好坏对定位结果的影响很大。野外工作时,测站位置的选择对观测数据质量、无线电传播影响很大。但是,流动站作业点只能由工作任务决定观测地点,因此,基准站位置的选择非常重要。

第一,为保证对卫星的连续跟踪观测和卫星信号的质量,要求基准站上空应尽可能开阔,让基准站尽可能跟踪和观测到所有在视野中的卫星;在基准站 GPS 天线的 5°～15°高度角以上不能有成片的障碍物。

第二,为减少各种电磁波对 GPS 卫星信号的干扰,在基准站周围约 200 m 的范围内不能有强电磁场波干扰源,如大功率无线电发射设施、高压输电线等。

第三,为避免或减少多路径效应的发生,基准站应远离对电磁波信号反射强烈的地形、地物,如高层建筑、连片水域等。

第四,为了提高 GPS RTK 作业效率,基准站应选在交通便利、设点方便的地方。

第五,基准站应选择在易于保存的地方,以便日后的应用。

(3)GPS RTK 测量方法。各种类型 GPS RTK 进行控制测量或碎部点测量的通用方法如下。

——准备:①开机,建立作业(项目、任务);②建立作业投影,包括投影类型(高斯投影或横轴墨卡托投影)、投影基准椭球(1954 北京、1980 西安、2000 国家)的长轴及扁率、中央子午线、平均纬度、纵轴加常数、横轴加常数(一般为 500 000 m)、尺度比(等于 1),此项设置为一次设置,长期有效;③建立作业时,投影一般选择以上投影设置,也可以选择无基准(或 WGS-84);④向作业通信或键入已知点坐标(可在室内预先完成)。

——启动基准站:①连接基准站蓝牙;②选择 GPS 接收机类型,进行接收机参数设置(包括接收机类型、接收机型号、高度角(15°)、RTK 数据传输格式(如 CMR、CMR+、RTCM 等)、天线类型、量取天线高方式(倾斜高或垂高)),配置基准站 RTK 测量形式(如电台类型、转播方式、端口、波特率及电台频率、高度截止角、端口、天线高、单位、主机类型、显示内容、测量点精度设置等),设置一次以后,再次使用时一般不再详细设置,直接跳过此步;③启动基准站,配置基准站、自动获取点坐标、获取基准站点名、获取天线高、启动基准站、显示成功。

——启动流动站:①连接流动站蓝牙;②选择 GPS 接收机类型,进行接收机参数设置(包括接收机类型、接收机型号、高度角(15°)、RTK 数据传输格式(如 CMR、CMR+、RTCM 等)、天线类型、天线垂高),配置流动站 RTK 测量形式(如电台类型(内置)及频率、高度角、端口、天线高、单位、主机类型、显示内容、测量点精度设置等),设置一次以后不再详细设置,直接跳过此步;③启动流动站,手簿显示固定后开始测量。

——点校正(坐标转换):测量 3 个以上已知点后进行点校正,查看各项残差及尺度比(必须在 0.999 99~1.000 01)。

——测量碎部点或放样:设置测量点位限差——平面 2 cm,高程 3 cm,然后进入测量菜单进行碎部点采集或放样。

5)GPS RTK 放样

进行 GPS RTK 放样之前,通常在室内先将放样数据传输到 GPS 手簿。外业操作与上述 GPS RTK 数据测量完全相同。放样时,作业员手持流动站对中杆,按照工作手簿的提示,沿着设计线路行进,准确地找到设计点位或线路中线,在确认定位精度满足要求后,记录所测的三维坐标,并在地面上做好标志。

6)GPS RTK 测量注意事项

(1)正确连接各种电缆,注意电瓶与电缆线的正负极连接一定要正确。

(2)应正确设置随机软件中对应的仪器类型、电台类型、电台频率、天线类型、数据端口、蓝牙端口等。正确设置参考站坐标、数据单位、尺度因子、投影参数和接收机天线高度参数。

(3)当长时间不能获得固定解时,应断开通信链路,再次进行初始化操作。工作手簿显示固定解后,才可以进行测量或放样,待显示出固定解后,记录存储点位信息。

(4)基准站一般全天不关机,流动站(手簿或主机)可以随时关机,重新开机后要连接流动站蓝牙,并配置测量模式,便可测量。

(5)点校正时,最好在已知点上多采集几次数据。

(6)有个别 GPS RTK 接收机重新启动手簿后,应重新应用点校正参数,尤其是在放样时必须重新进行点校正。

(7)点校正后注意选择应用对象或数据类型。

(8)用星历预报软件确定最佳观测时段。

(9)基准站测量类型为 RTK,转播方式选择要正确,一般选择 CMR+,电台采用自定义,端口 2,波特率 38 400 bit/s。

(10)流动站与基准站电台频率一致。

(11)PDOP 值小于等于 6。

(12)控制点数据测量或点校正时,流动站对中必须有辅助对中设备。

(13)点校正(坐标转换)后,首先检测就近的已知点,看是否正确或坐标差多少。

(14)每次作业开始与结束前,均应进行一个以上已知点的检核。

(15)RTK 平面控制点测量平面坐标转换残差绝对值应小于等于 2 cm。

(16)采用 RTK 测量平面控制点时,流动站应采用三脚架或带辅助支持的对中杆对中、整平,每次观测历元数应大于 20 个,各次测量的平面坐标较差绝对值应小于等于 4 cm,如满足则取中数作为最终结果。

4. 连续运行基准站

1）连续运行基准站介绍

城市测量利用全球导航卫星系统（GNSS）定位的应用中应设立固定的基准站，全天候进行连续不断的卫星观测，并同时发射观测成果的信号，称为连续运行基准站。城市中其他GNSS测量的接收机随时可以与之进行同步观测，从而获得可靠的相对定位成果。全市由若干个连续运行基准站组成城市 GNSS CORS 系统，如图 3.22 所示，作为城市测量控制网。

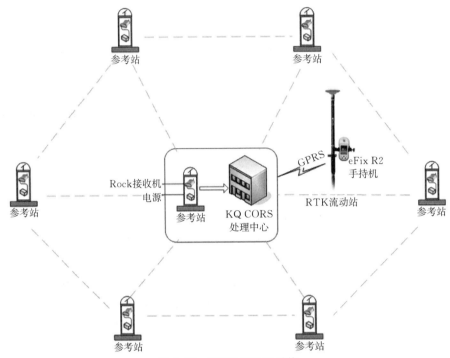

图 3.22 GNSS CORS 系统

系统的控制中心用于接收各基准站数据，进行数据处理，形成多基准站差分定位用户数据，组成一定格式的数据文件，分发给用户。数据处理中心是连续运行基准站的核心单元，也是高精度实时动态定位得以实现的关键所在。数据处理中心 24 小时连续不断地根据各基准站所采集的实时观测数据在区域内进行整体建模解算，自动生成一个对应于流动站点位的虚拟参考站（包括基准站坐标和 GPS 观测值信息）并通过现有的数据通信网络和无线数据播发网，向各类需要测量和导航的用户以国际通用格式提供码相位/载波相位差分修正信息，以便实时解算出流动站的精确点位。

2）连续运行基准站的优势

连续运行基准站系统彻底改变了传统 RTK 测量作业方式，其主要优势体现在：①改进了初始化时间，扩大了有效工作的范围；②采用连续基站，用户随时可以观测，使用方便，提高了工作效率；③拥有完善的数据监控系统，可以有效地消除系统误差和周跳，增强差分作业的可靠性；④用户不需架设参考站，真正实现单机作业，减少了费用；⑤使用固定可靠的数据链通信方式，减少了噪声干扰；⑥提供远程互联网服务，实现了数据的共享；⑦扩大了 GNSS 在动态领域的应用范围，更有利于车辆、飞机和船舶的精密导航；⑧为建设数字化城市提供了新的契机。

5．GPS 静态数据处理(内业)

GPS 静态数据处理就是将 GPS 外业采集的原始数据传输到计算机,然后由 GPS 专用数据处理系统完成数据处理工作。目前,常用的 GPS 静态数据处理软件系统有天宝 GPS 静态数据处理系统 TBC(TGO)、徕卡 GPS 静态数据处理软件 LGO、中海达 GPS 静态数据处理软件 HGO、南方 GPS 静态数据处理软件 GPSAdj。这些软件均能处理各种类型 GPS 接收机采集的静态数据,处理 GPS 静态数据的通用格式为 RINEX,GPS 静态数据处理通用步骤如图 3.23 所示。

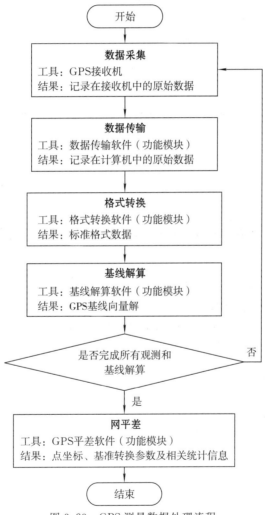

图 3.23　GPS 测量数据处理流程

静态数据处理之前必须建立项目坐标系,建立坐标系的参数包括:①椭球参数,长轴及扁率;②投影方法,我国一般采用高斯-克吕格投影或横轴墨卡托投影;③投影参数,坐标原点经纬度、纵横轴加常数、中央子午线长度投影比;④基准转换参数,三参数或七参数;⑤大地水准面模型参数等。下面以中海达 HGO 软件为例,简单介绍 GPS 静态数据处理流程。

1)新建项目及项目设置

(1)建立项目。点击"项目\新建"选项,输入项目名称、GPS 控制等级等参数,其他参数一般选择默认即可。

（2）项目坐标系建立。项目坐标系建立方法如图 3.24、图 3.25 所示，内容包括椭球参数设置（长半轴及扁率）、投影参数设置。投影参数设置包括投影方式、中央子午线经度、尺度、北方向加常数、东方向加常数、平均纬度、椭球转换、水准面模型等设置，设置完成点确定保存。

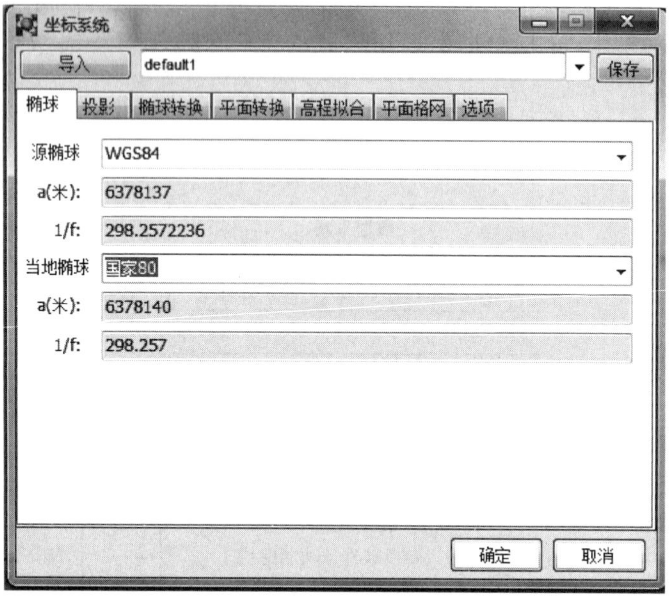

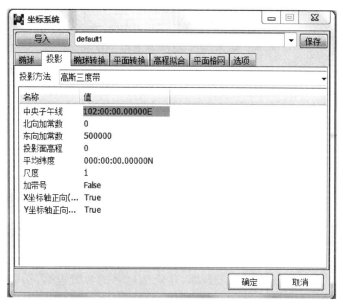

图 3.24　椭球选择

图 3.25　投影参数设置

（3）导入静态测量数据。点击"导入\导入文件"选项或点击快捷工具中的" "。

第一步，导入数据。导入 RINEX 格式文件或其他接收机原始数据。静态 RINEX 格式文件的导入如图 3.26 所示，点击"导入文件"或"导入目录"，选择文件或文件目录即可。

图 3.26 导入 RINIX 格式原始观测数据

第二步,修改天线高及测站点名。在观测数据文件中修改接收机天线高及对应点名。如果 RINEX 格式文件中点名及天线高正确,此时就不用再输入,只有在有错的情况下才修改,如图 3.27 所示。

图 3.27 修改天线高及对应点名

2)基线处理

(1)设置基线处理参数。点击"处理基线\处理选项"选项。基线处理参数设置如图 3.28 所示,一般只需设置卫星截止高度角及数据采样间隔,而电离层参数、对流层参数、观测组合方案等通常用默认设置。

图 3.28 基线处理参数设置

（2）批量基线处理。点击"处理基线\处理全部"选项，处理结果如图 3.29 所示，查看 Ratio 及 RMS 值，Ratio 最小值必须大于 3，越大越好；RMS 值必须小于 0.02 m，越小越好。

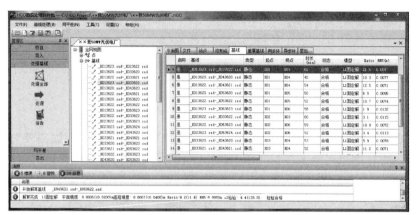

图 3.29　批量基线处理结果

（3）单基线处理（精化处理）。参考基线残差系列图，调整卫星截止角、采样间隔、屏蔽卫星时段等参数，然后单独处理 Ratio 值较小及 RMS 值较大的基线，直到 Ratio 值尽量大、RMS尽量小。

（4）重复基线较差、同步环闭合差、异步环闭合差检查。点击"搜索全部基线闭合环与重复基线"选项，查看基线处理是否符合精度要求，如图 3.30、图 3.31、图 3.32 所示。

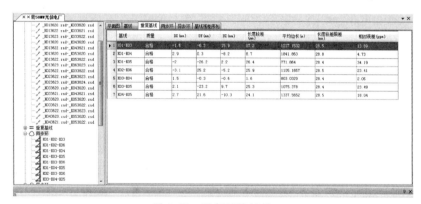

图 3.30　重复基线较差

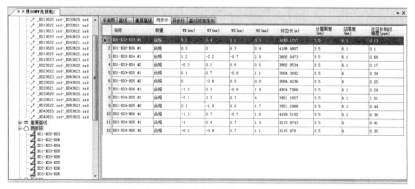

图 3.31　同步环闭合差

图 3.32　异步环闭合差

3）网平差

GPS 网平差分为两步,先进行自由网平差(无约束平差),再进行约束平差。

(1)自由网平差。选择 WGS-84 坐标系,点击"网平差\平差参数设置"选项,如图 3.33 所示。选择三维自由网平差方法,然后点击"网平差\自由网平差"选项进行网平差,如图 3.34 所示,自由网平差结果如图 3.35 所示。

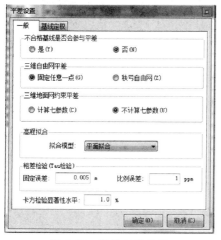

图 3.33　平差参数设置

图 3.34　自由网平差

平差后站点 WGS-84 坐标(XYZ)

站点名	X /m	Y /m	Z /m	中误差 X /mm	中误差 Y /mm	中误差 Z /mm
K01	−1238884.2441	5626453.4220	2731444.4714	0.0	0.0	0.0
K02	−1240149.2692	5625924.0125	2732094.9067	3.6	5.9	3.7
K03	−1240013.3654	5626482.3805	2730939.6979	1.7	2.5	1.6
K04	−1240230.6316	5626808.7628	2730238.8885	2.0	3.0	1.8
K05	−1238995.3300	5626772.6611	2730750.5567	2.3	3.3	2.0
K06	−1239303.3735	5625778.3980	2732791.0715	4.0	6.5	4.0

图 3.35　自由网平差结果

平差后站点 WGS84 坐标(BLH)						
站点名	Lat.	Lon.	H /m	中误差_Lat /mm	中误差_Lon /mm	中误差_H /mm
K01	025:30:54.84146N	102:25:03:92772E	1743.0394	0.0	0.0	0.0
K02	025:31:17.33780N	102:25:52.23674E	1802.2939	3.5	3.2	6.3
K03	025:30:36.24690N	102:25:43.18223E	1770.3739	1.5	1.5	2.7
K04	025:30:10.58518N	102:25:48.26304E	1798.4694	1.8	1.8	3.1
K05	025:30:29.79917N	102:25:05.35394E	1747.1037	1.9	2.0	3.5
K06	025:31:42.28594N	102:25:23.78128E	1809.6816	3.8	3.4	6.9

图 3.35(续)　自由网平差结果

（2）约束平差。

第一步，输入已知点坐标。点击"站点"选项，将已知点转为控制点，再输入已知点的 X、Y、Z 坐标，如图 3.36 所示。

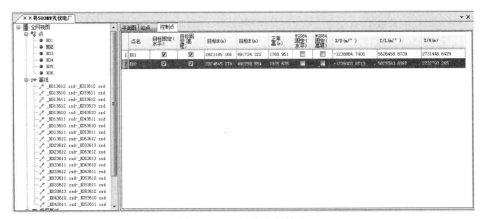

图 3.36　已知点坐标输入

第二步，约束平差。点击"网平差\平差"选项，如图 3.37 所示，平差类型选择二维约束平差与高程拟合，其他参数选择默认。然后，选择"全自动平差"或"单个平差"，约束平差结果如图 3.38 所示。

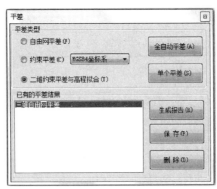

图 3.37　约束平差

平差后站点目标坐标系坐标(NEU)

站点名	N /m	E /m	U /m	中误差_N /mm	中误差_E /mm	中误差_U /mm
K02	2824645.2780	492259.5540	1835.6369	0.0	0.0	0.0
K04	2821822.3678	492942.0347	1824.3981	0.9	1.1	0.0
K05	2822414.3263	491743.7519	1773.0188	0.7	0.6	0.0
K01	2823185.1660	491704.3220	1768.9510	0.0	0.0	0.0
K03	2822612.2916	492800.4987	1796.2864	0.6	0.5	0.0
K06	2823876.9944	493053.9397	1828.2298	0.6	0.5	0.0

基线最弱边和平面最弱点

基线名	中误差_DN/mm	中误差_DE/mm	中误差/mm	相对误差
K043440.zsd-K053440.zsd	1.02	1.19	1.57	1:853508

站点名	中误差_N/mm	中误差_E/mm	中误差/mm
K04	0.89	1.10	1.41

图 3.38　约束平差结果

4)成果报告输出

在"网平差\平差报告设置"中选择需要生成的各种平差报告。

§3.2　碎部点坐标数据采集

3.2.1　全站仪坐标数据采集

1. 设备配置

基本配备为:全站仪 1 台,反射镜及棱镜杆 1~3 套,对讲机 1~4 部,测伞 1 把。棱镜杆套数视测区实际情况而定。一般测通视良好的地区,作业人员技术又熟练的时候,可以配备较多棱镜,反之则配备较少棱镜。

2. 一个小组人员组织

人员配备根据作业模式不同略有差异,基本安排如下:

(1)测记法。观测 1 人,立镜 1~3 人,可以自己绘制草图,或再有 1~3 人记录绘制草图,视作业人员的技术水平而定。

(2)点在平板法。观测 1 人,电子平板操作员 1 人,立镜 1~2 人。

3. 数据采集的作业步骤

(1)设站。对中、整平,建立数据文件,确定本测站坐标(直接输入坐标或选择一个存于机内的坐标点),量仪器高并输入。

(2)定向。瞄准后视控制点,直接输入后视点坐标或选择一个存于机内的坐标点,找准定向点,按"确定"测量。

(3)数据采集。瞄准目标并测量之,输入棱镜高。

经过这些步骤,待测点的坐标和高程就测出来了。具体操作要按仪器提示进行(每一步可能是一个菜单选项,注意要按"确定"或"OK")。测点开始后,观测员要反复照准反射棱镜,在全站仪或电子手簿上按操作键完成测量和记录工作。同时,向棱镜处的记录员报告全站仪按测点顺序自动生成的测点号,记录员记录测点点号及属性信息编码,或通过绘制草图的方法记录所测点与其他碎部点之间的相互关系。

3.2.2　RTK 坐标数据采集

1. 设备配置

1 个基准站(若采用连续运行基准站系统,则不需要基准站),多个流动站,多部对讲机(1 个流动站配 1 部)。

2. 人员组织

人员配备视项目情况而定,每台接收机(包括基准站)至少应配备 1 人,基准站值守可配非专业人员,1 台流动站也配 2 人,其中 1 人记录和绘草图。

3. RTK 坐标数据采集的步骤

1)基准站安装

(1)在基准站架设点上安置脚架,安装基座,再将基准站主机用连接器安置于基座之上,对中整平(如架在未知点上,则大致整平即可)。

需要注意的是:基准站架设点可以架在已知点或未知点上,这两种架法都可以使用,但在求校正参数时操作步骤有所差异。

(2)安置发射天线和电台。将发射天线用撑高杆撑高后安置在另一脚架上,将电台挂在脚架的一侧,将发射天线电缆接在电台上,再用电源电缆将主机、电台和蓄电池接好,注意电源的正负极要正确。

需要注意的是:主机和电台上的接口都是唯一的,在接线时必须红点对红点,拔出连线接头时一定要捏紧线头部位,不可直接握住连线强行拔出。

2)基站主机操作

(1)打开主机。轻按主机电源键打开主机,主机开始自动初始化和搜索卫星,当卫星数和卫星质量达到要求后(大约 1 分钟),主机上的 STA 指示灯开始每秒闪 1 次,表明基准站开始正常工作。

(2)打开电台。在打开主机后,就可以打开电台。轻按电台上的"ON/OFF"按钮,当主机上的 STA 指示灯开始每秒闪 1 次时,电台上的 TX 指示灯会开始每秒闪 1 次。这时,整个基准站部分开始正常工作。电台上的 CHANNEL 按钮用来改变电台通道数,电台有 8 个通道可供任意选择。电台后面有个扳手,是用于转换高低功率的,高功率为 H,低功率为 L。

需要注意的是:为了让主机能搜索到多数量和高质量卫星,基准站一般应选在周围视野开阔的地方,避免在截止高度角 15°以内有大型建筑物,避免附近有干扰源,如高压线、变压器和发射塔等,不要有大面积水域;为了让基准站差分信号能传播得更远,基准站一般应选在地势较高的位置。

3)移动站部分

(1)移动站安装。将移动站主机接在碳纤对中杆上,并将接收天线接在主机底部螺旋接口上,同时将手簿使用托架夹在对中杆的适合位置。

(2)主机与手簿操作。具体步骤为:①打开主机,轻按电源键,主机开始自动初始化和搜索卫星,当达到一定的条件后,主机上的 DL 指示灯开始每秒闪 1 次(必须在基准站正常发射差

分信号的前提下），表明已经收到基准站差分信号；②打开手簿；③操作手簿软件，具体步骤
如下：

——启动手簿软件。

——启动软件后，软件一般会自动通过蓝牙与主机连通。如果没连通，则需要进行蓝牙
设置。

——软件在与主机连通后，首先会让移动站主机自动搜索基准站发射时使用的通道。如
果自动搜频成功，则软件主界面左上角会有差分信号闪动，并在左上角有个电台通道数字显
示，要与基站大电台上显示一致；如果自动搜频不成功，则需要进行电台设置（设置→电台设
置→在"切换通道号"后选择与基准站电台相同的通道数→点击"切换"）。

——在确保蓝牙连通和收到差分信号后，开始新建工程（工程→新建工程），选择向导，依
次按要求填写或选取工程信息，即工程名称、椭球系名称、投影参数设置、四参数设置（未启用
可以不填写）、七参数设置（未启用可以不填写）和高程拟合参数设置（未启用可以不填写），最
后点击"确定"，工程新建完毕。

——进行校正。校正有两种方法。

方法一，利用求转换参数求四参数（设置→求转换参数）。在校正之前，首先，必须采集控
制点坐标，一般大于 2 个以上控制点。采集完成后在求转换参数界面点击"增加"，根据提示依
次增加控制点的已知坐标。当所有的控制点都输入以后，查看并确定无误后，点击"保存"，选
择参数文件的保存路径并输入文件名，建议将参数文件保存在当前工程下文件名 result 文件
夹里面，保存的文件名称最好以当天的日期命名。完成之后点击"确定"。然后，点击"保存成
功"小界面右上角的"OK"，四参数已经计算并保存完毕。最后，点击"应用"，完成求转换参数
操作，四参数会自动启用。

需要说明的是：在求转换参数界面中，如果用 3 个以上的点，则在点坐标的后方会出现水
平精度和高程精度参数，此 2 项参数如果在要求的范围之内则可放心测量。如果用 2 点校正，
则在求完四参数后，一定要查看一下四参数中的比例因子 K，一般 K 的范围保证在 0.999 9～
1.000 0，这样才能确保采集精度。查看四参数的方法为：设置→测量参数→四参数。在测区
选择控制点时，控制点最好能覆盖测区，避免用近距离的已知点控制已知点以外的测区。控制
点选择的好坏直接影响测量精度。

方法二，校正向导（工具→校正向导）。

需要注意的是：此方法只能进行单点校正，一般是在有四参数或七参数的情况下才通过此
方法进行校正。也就是说，在同一个测区，第一次测量时已经求出了四参数，下次继续在这个
测区测量时，必须先套用（在新建工程时选择"套用"）第一次求出的四参数，再做一次单点校
正。此方法还适用于自定义坐标的情况。

参数结算完成，在进行点校验确保结算无误的情况下，即可逐点进行碎部点的测量。

4）数据传输

在野外采集的数据都自动保存在手簿中。需要的测量成果文件是以 dat 为后缀的文
件，此文件自动存储在新建工程名文件下的 DATA 文件夹中。在将手簿中存储的数据传出
到计算机前，需要在手簿软件上转换数据格式，把文件中多余信息过滤掉。输入一个文件
并保存，这个文件名不能与源文件同名，点击"转换"，在提示转换成功后，退出手簿软件。
在电脑上安装手簿与电脑的连通软件 Microsoft Activesync（在配套光盘中有此软件，或在网

上搜索下载）。将手簿通过 USB 电缆接到主机后，Microsoft Activesync 自动启用，点击此软件上的"浏览"按钮即可进入手簿文件中。将转换后保存的数据复制到电脑中，用记事本即可打开。

3.2.3　数字化地形数据采集注意事项

与手工白纸测图一样，数字测图的碎部测量也是采集地物、地形的特征点，但在作业方法上不同，数据采集时也有一些特殊性。

（1）由于采用计算机编辑成图，数字测图软件具有移动、旋转、缩放、复制、镜像、隔点正交闭合等多种图形编辑功能，因而采点时可以考虑这些功能处理地形、地物，有效减少野外采集工作量，提高效率。

（2）在利用全站仪进行数据采集时，在测站点设置、定向操作时要细心，避免出现错误。在利用 RTK 测量时，转换参数的解算过程要认真检查，这些环节一旦出错，会导致整体错位或者缩放。所以在测点过程中，要有一些明显地物点的重合，或者遇到控制点时测一下并记录，一旦出错，可以利用这些已知点校正，避免返工重测。

（3）草图一定要绘好，记清点的属性及与相邻点之间的关系，否则采集到一堆"孤立"的三维坐标点，无法编辑成图。

（4）数字测图测量范围大，特别是利用 RTK 测量，通常可以在离基准站几千米的范围内作业，要以明确的道路、沟渠、输电线等作为分工范围，避免重测或漏测。

（5）作业过程中，由于通视的原因，需要经常变换棱镜高，每次输入棱镜高很麻烦，为了提高效率，也可以统一棱镜高，增加或减少镜站记录。当数据传输出来后，在数据文件里逐一更改。

（6）绘图软件自动绘制等高线所采用的算法是：①在尽可能构成锐角三角形的前提下，将相距最近的三个点作为顶点构成三角形；②若等值点通过三角形的某一边，则按线性内插的方法确定其在该三角形边上的位置。只有当三个点构成的面与地表面符合时，绘制的等高线才是正确的；有陡坎或陡坡时，若坎（坡）顶线上的点和远离坎（坡）底线的点构成三角形，就会使三角平面架空，使等高线反映不出陡峭处较为密集、平缓处较为稀疏的特征，若山脊两侧的点连成三角形的边，则三角形切入山体；若谷底两边的点构成三角形，则三角平面架空在山谷之上，绘制出的等高线与实际不符。因此，测点时要记录好地形特征点。

（7）对于规则地物、地形，要充分使用丈量方法，提高外业效率。

（8）采用 RTK 采集数据时，现在双星或者三星取代了 GPS 单一模式，受系统卫星分布影响大大减少，相对于全站仪，效率大大提高，现已成为外业数据采集的主要手段。但是，RTK 稳定性差，特别是高程，在测量过程中一定要多检查，以便及时发现和纠正错误。目前，外业数据采集的最佳配置模式是 RTK 为主，全站仪为辅。在人难以达到的地方和 RTK 信号较差的地方，使用全站仪测量。

习　题

1. 图根控制网的布设形式有哪些?
2. 简述一级导线测量的步骤及技术要求。
3. 简述三角高程测量的步骤及技术要求。
4. 简述 GPS RTK 的特点。
5. 相对于传统的白纸测图,进行数字测图要注意哪些?

第4章　CASS 9.1 地形地籍成图软件

本章主要学习 CASS 9.1 地形地籍成图软件的使用。学习要求：了解各功能菜单的意义和操作，为数字地形图绘图做准备，并为绘图过程中遇到问题的解决提供参考。

§4.1　计算机辅助制图软件 AutoCAD

计算机绘图指应用绘图软件及计算机硬件（主机、图形输入及输出设备），实现图形显示、辅助绘图与设计的一项技术。计算机绘图的基本过程是：应用输入设备进行图形输入，通过计算机主机进行图形处理，最后用输出设备进行图形显示和绘图输出。目前，在国内外工程上应用较为广泛的绘图软件是 AutoCAD，它是美国 Autodesk 公司开发的一个交互式图形软件系统。该系统自 1982 年问世以来，版本几经更新，功能不断增强，已成为目前最流行的图形处理软件之一，在机械、建筑、电子、石油、化工、冶金、地质、航空、纺织、商业等领域中得到了广泛的应用。

§4.2　CASS 9.1 系统简介

CASS 9.1 地形地籍成图软件是基于 AutoCAD 平台技术的地理信息系统前端数据处理系统，广泛应用于地形成图、地籍成图、工程测量应用、空间数据建库、市政监管等领域，全面面向地理信息系统，彻底打通数字化成图系统与地理信息系统接口，使用了骨架线实时编辑、简码用户化、地理信息系统无缝接口等先进技术。

CASS 9.1 版本相对于以前各版本除了在平台、基本绘图功能上作了进一步升级之外，还根据最新发表的图式、地籍等方面的标准，更新完善了图式符号库和相应的功能。下面以 CASS 9.1 基于 AutoCAD 2006 为例，介绍软件的主界面和基本操作方法。

§4.3　CASS 9.1 的安装

CASS 9.1 适合安装的 AutoCAD 平台为 2002—2010 版本。安装 CASS 9.1 的步骤是：首先，安装 AutoCAD 2006，重新启动电脑，并运行一次；然后，安装 CASS 9.1。在安装 AutoCAD 时，用户可以在典型和自定义两种类型之间选择一种进行安装。典型安装属于较小容量的安装选择，若用户要在 AutoCAD 平台上使用 CASS 9.1 软件，应选择自定义选项，并在此基础上选择所有的安装选项。安装路径可以选择 AutoCAD 给出的默认位置，即 C:\Program Files\Cass90 for AutoCAD 2006。在运行了一次 AutoCAD 后，打开 CASS 9.1 文件夹，找到 setup. exe 文件并双击它。

安装程序启动，用户只需按提示的操作方法操作，即可完成软件安装工作。安装软件给出了默认的安装位置为 C:\Program Files\Cass90 for AutoCAD 2006，用户也可以通过点击"浏览"按钮从弹出的对话框中修改软件的安装路径。要注意,Cass90 for AutoCAD 2006 系统必须装在根目录的 Cass90 for AutoCAD 2006 子目录下。

安装完成后,屏幕会弹出"完成"界面,显示安装成功。点击"完成",即结束 CASS 9.1 的安装。

CASS 系统提供了安全的升级方式,用户可随时在南方公司网站上下载最新的升级软件补丁,补丁程序的安装过程无须人工干预,程序能自动找到当前 CASS 的安装路径并完成升级安装。

§4.4 CASS 9.1 主界面介绍

CASS 9.1 安装完毕后,插上 CASS 9.1 软件加密狗,重启电脑后从桌面双击 CASS 9.1 的快捷图标,即进入 CASS 9.1 软件的主界面,如图 4.1 所示。

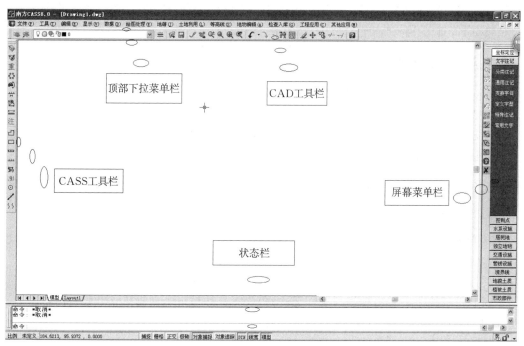

图 4.1 CASS 9.1 主界面

CASS 9.1 窗体的主要部分是图形显示区,操作选项分别位于三个部分,即顶部下拉菜单、右侧屏幕菜单、快捷工具按钮。每一菜单项及快捷工具按钮的操作方法均以对话框或底行提示的形式应答。CASS 9.1 的操作既可以通过点击菜单项和快捷工具按钮完成,也可在底行命令区以命令输入方式进行。

几乎所有的 CASS 9.1 命令及 AutoCAD 2006 的常用图形编辑命令都包含在顶部下拉菜单中,菜单共有 13 个,分别是"文件""工具""编辑""显示""数据""绘图处理""地籍""土地利用""等高线""地物编辑""检查入库""工程应用""其他应用"。

由于顶部下拉菜单中的操作命令涵盖了大部分快捷菜单工具命令功能,因此本章首先介绍屏幕下拉菜单中的一些主要命令,然后再介绍 CASS 9.1 编辑、绘制地形图专用的右侧屏幕菜单。屏幕下拉菜单"等高线"中的内容,则放在第 5 章中介绍。

§4.5　文　件

"文件"菜单主要用于控制文件的输入、输出,以及对整个系统的运行环境进行修改设定等。

4.5.1　新建图形文件

功能:建立一个新的绘图文件。

操作方法:左键点击本菜单后,会弹出一个"选择样板"对话框。若直接回车,则选择默认样本文件 acadiso.dwt。

样板文件的意义在于,包含了预先准备好的设置,设置中包括绘图尺寸、单位类型、线型及其他内容。使用样板文件可避免每次重复基本设置和绘图的操作,快速得到一个标准的绘图环境,从而节省工作时间。

4.5.2　电子传递

功能:将打开的文件连同外部支持文件打包保存。图形包除包含图形文件外,还自动包含全部图形依赖文件,如外部参照和字体文件。

操作方法:左键点击本菜单后,会弹出一个对话框,在对话框中选择保存文件形式(压缩文件、自解压压缩文件、文件夹等)、保存位置、打包文件等选项后,回车确定。

4.5.3　修复破坏的图形文件

功能:无须用户干涉,可自动修复损坏的图形。

操作方法:左键点击本菜单后,会弹出一个对话框,在搜索栏内找到要打开的文件并双击打开;或者在文件名一栏中输入要打开的文件名,然后点击"打开"即可。

需要注意的是:当系统检测到图形已被损坏,并打开损坏文件时,系统会自动启动本项菜单命令对其进行修复。若出现损坏文件无法修复的情况时,可尝试先建立一幅空白新图,然后通过"工具"菜单下的"插入图块"选项将损坏图形插入。

4.5.4　加入 CASS 环境

功能:将 CASS 9.1 系统的图层、图块、线型等加入当前绘图环境中。

操作方法:左键点击本菜单即可。

需要注意的是:当打开一幅由其他软件制作的图后,在进行编辑之前最好执行此项操作方法,否则图层等的缺失可能会导致系统无法正常运行。

4.5.5　清理图形

功能:将当前图形中冗余的图层、线型、字形、块等清除掉。

操作方法:选择相应的图元类别或者某一类别下面需要删除的对象,点击"清除"即可完成对选择对象的清理操作。其中,在选中一类对象进行删除时,系统会提示用户是逐一确认后删除,还是全部一次删除。"清理全部"选项是系统根据图形自己判断并删除冗余的数据,同样系统对该操作也有相应的确认提示。

在此之后,系统会弹出"图层属性管理"对话框,用户可验证修改之后的图层设置及线型变化。

4.5.6　CASS 9.1 参数配置

功能:用户通过 CASS 9.1 参数配置对话框设置 CASS 9.1 的各种参数。

操作方法:左键点击本菜单后,会弹出一个对话框。该对话框内有四个选项卡,即"地物绘制""电子平板""高级设置""图框设置"。

1. 地物绘制

如图 4.2 所示,"高程注记位数"为展绘高程点时高程注记小数点后的位数;"斜坡短坡线长度"为自然斜坡的短线是按新图式的固定 1 mm 长度还是旧图式的长线一半长度;"电杆间连线"为是否绘制电力电信线电杆之间的连线;"围墙是否封口"为是否将依比例围墙的端点封闭;"填充符号间距"为植被或土质填充时的符号间距,缺省为 20 mm;"陡坎默认坎高"为绘制陡坎后提示输入坎高时默认的坎高。

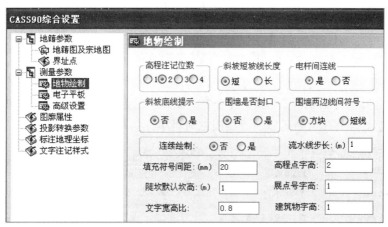

图 4.2　"地物绘制"选项

2. 电子平板

提供"手工输入观测值"和 7 种全站仪,供用户在使用电子平板作业时选用,如图 4.3 所示。

图 4.3　"电子平板"选项

3. 高级设置

如图 4.4 所示,"生成和读入交换文件"为按骨架线还是图形元素生成和读入交换文件;"DTM 三角形最小角"为建三角网时三角形内角可允许的最小角度,系统默认为 10°,若在建三角网过程中发现有较远的点无法连上时,可将此角度改小;"用户目录"为用户打开或保存数据文件的默认目录,"图库文件"为两个库文件的目录位置,注意库名不能改变。

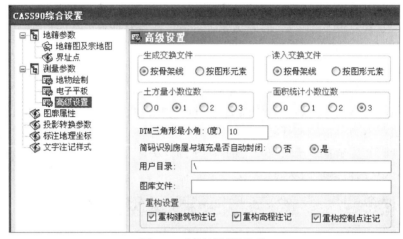

图 4.4 "高级设置"选项

4. 图框设置

依实际情况填写图 4.5 所示"图框设置"选项,则完成图框图角章的自定义。其中,测量员、绘图员、检查员等具体人名可以在绘制图框时再填。

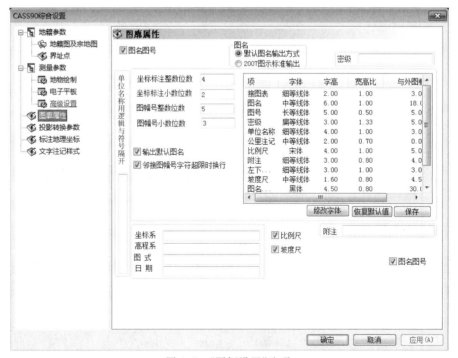

图 4.5 "图框设置"选项

4.5.7　AutoCAD 系统配置

功能：可用于设置 AutoCAD 2006 的各种参数及其外部设备。

操作方法：左键点击本菜单后，会弹出一个"选项"对话框，如图 4.6 所示。

图 4.6　"AutoCAD 系统配置"对话框

该对话框共有 9 个选项，使用者可以在此对 CASS 9.1 的工作环境进行设置。这里仅介绍一些比较常用的选项的设置方法，其余选项请参阅 AutoCAD 的操作方法手册。

1. "文件"选项

"文件"选项可以指定 AutoCAD 搜索支持文件、驱动程序、菜单文件和其他文件的目录，还可以指定一些可选的用户定义设置。例如，用某个目录进行拼写检查，搜索路径、文件名和文件位置。

（1）"支持文件搜索路径"：指定 AutoCAD 搜索支持文件的目录。除了运行 AutoCAD 必须的文件以外，"支持文件搜索路径"中还包括字体文件、菜单文件，以及要插入的图形文件、线型文件和图案填充文件路径。在"支持文件搜索路径"中，也可以包含环境变量。

（2）"工作支持文件搜索路径"：指定 AutoCAD 搜索系统特定的支持文件的活动目录。支持文件列表显示的是"支持文件搜索路径"中的有效路径，这些路径存在于当前目录结构和网络路径中。列在"支持文件搜索路径"中的有效环境变量显示为"工作支持文件搜索路径"中的扩展路径，包含的其他环境变量的子变量也被显示出来，只有父变量显示为扩展目录。

（3）"设备驱动程序文件搜索路径"：指定 AutoCAD 搜索视频显示、定点设备、打印机和绘图仪的设备驱动程序的路径。

（4）"工程文件搜索路径"：指定图形的工程名。工程名应符合与该工程相关的外部参照文件的搜索路径。AutoCAD 可以创建任意数目的工程名和相关目录，但每个图形只能有一个工程名。

（5）"帮助和其他文件名称"：指定各类文件的名称和位置。

（6）"文本编辑器、词典和字体文件名"：指定一系列可选的设置。

（7）"打印文件、后台打印程序和前导部分名称"：指定与打印相关的设置。

（8）"Object ARX 应用程序搜索路径"：指定 Object ARX 应用程序文件的路径。在此选项下可以输入多个 URL 地址（多个 URL 地址应该用分号隔开）。如果不能找着关联的 ObjectARX 应用程序，AutoCAD 将搜索指定的 URL 地址。此选项中只能输入 URL 地址。

（9）"自动保存文件位置"：指定自动保存文件的路径。是否自动保存文件由"打开和保存"选项卡中的"自动保存"选项控制。

（10）"数据源位置"：指定数据库源文件的路径。此设置所做的修改只有在关闭并重启 AutoCAD 之后才能起作用。

（11）"样板设置"：指定启动向导使用的样板文件的路径。

（12）"日志文件"：指定日志文件的路径。是否创建日志文件由"打开和保存"选项卡中的"保持日志文件"选项控制。

（13）"临时图形文件位置"：指定 AutoCAD 用于存储临时文件的位置。AutoCAD 在磁盘上创建临时文件，并在退出程序后将其删除。如果打算从一个写保护的目录中运行 AutoCAD（如正在网络上工作或者打开光盘上的文件），应指定一个替换位置存储临时文件。所指定的目录必须是可读写的。

（14）"临时外部参照文件位置"：指定外部参照文件的位置。当在"打开和保存"选项卡的"按需加载外部参照"列表中选择了"使用副本"时，外部参照的副本将放在这个位置。

（15）"纹理贴图搜索路径"：指定 AutoCAD 用于搜索渲染纹理贴图的目录。

2．"显示"选项

用户可以在"显示"选项中定制 AutoCAD 的显示方式，如图 4.7 所示。该选项中的大多数子选项是以复选框形式出现的，用户在进行配置时只需用鼠标点击一个子选项以确定选中或不选即可。若选中某一子项，该项前面的小方框内将出现"√"标志。下面分别介绍各子选项的作用。

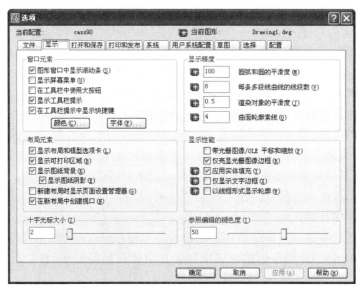

图 4.7　"显示"选项

1）窗口元素

通过设置"窗口元素"下面的子选项可以确定绘制图窗口。

（1）"图形窗口中显示滚动条"：用来确定是否显示绘图窗口右侧和下侧的滚动条。滚动条可以上下左右移动屏幕。

（2）"显示屏幕菜单"：用来确定是否显示右侧的屏幕菜单。对于 CASS 系统，右侧菜单是非常重要的。

（3）"颜色"：点击该项会弹出颜色选择对话框。通过此对话框可设置绘图窗口各要素的颜色。用户在设置颜色时，应先选择要改变颜色的要素，然后再选择相应的颜色。用户在选择窗口要素时，可以在图形框中用鼠标点取该要素，也可以在文字框中选择。

（4）"字体"：用户可在该对话框中选择相应的字形、字体、字号，对命令区文字进行设置。

2）布局元素

用户可以在"布局元素"里设置已有布局和新建布局的控制选项。

（1）"显示布局和模型选项卡"：确定是否显示屏幕底部的布局和模型选项，通过此选项可以很方便地转换布局空间和模型空间。

（2）"显示可打印区域"：确定是否显示布局的边框。如选择此项，布局的边框将以虚线显示，边框以外的图形对象将被剪切掉或在打印时不予打印。

（3）"显示图纸背景"：确定是否在布局中显示所选图纸的背景。图纸背景的大小由打印纸的尺寸和打印比例尺决定。

（4）"显示图纸阴影"：确定是否在布局中图纸背景的周围显示阴影。

（5）"新建布局时显示页面设置管理器"：确定当创建一个新布局时是否显示"页面设置"对话框。用户可以通过该对话框设置图纸尺寸和打印参数。

（6）"在新布局中创建视口"：确定当创建一个新布局时是否创建视口。

3. "打开和保存"选项

"打开和保存"选项用于控制在 AutoCAD 中打开和保存文件的相关设置，如图 4.8 所示。

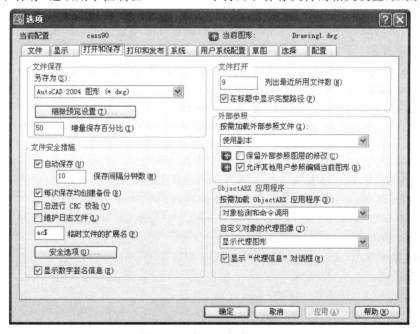

图 4.8　"打开和保存"选项

1) 文件保存

"文件保存"用于控制在 AutoCAD 中保存文件的相关设置。

(1)"另存为":显示用"保存"和"另存为"保存文件时使用的有效文件格式。此选项选择的文件格式是用"保存"或"另存为"保存所有图形时的缺省格式,将 AutoCAD 2006 文件存为任意 dxf 格式将对性能造成影响。将"另存为"选项设置为"AutoCAD 2006 图形"格式可优化保存时的性能。

(2)"缩微预览设置"用于指定图形的图像是否可以显示在"选择文件"对话框的"预览"区域中。

(3)"增量保存百分比":设置图形文件中潜在浪费空间的百分比。当到达指定的百分比时,AutoCAD 执行一次全部保存代替增量保存,全部保存将消除浪费的空间。如果将"增量保存百分比"设置为 0,则每次都执行全部保存。增量保存会增加图形的大小,但不要设置一个很小的增量值,因为这将导致 AutoCAD 过于频繁地执行耗时的全部保存,将明显地降低性能。若要优化性能,可将此值设成 50。如果硬盘空间不足,可将此值设为 25。如果将此值设置为 20 或更小,"保存"和"另存为"命令将明显变慢。

2) 文件安全措施

"文件安全措施"用于帮助避免数据丢失和检测错误。

(1)"自动保存":以指定的时间间隔自动保存图形。可以用系统变量 Save File Path 指定所有"自动保存文件"的位置。

(2)"保存间隔分钟数":指定在使用"自动保存"时多长时间保存一次图形。该值存储在 SAVETIME 中。

(3)"每次保存均创建备份":指定在保存图形时是否创建图形的备份副本。

4."打印和发布"选项

"打印和发布"选项用于控制打印和发布的相关选项。

(1)"新图形均缺省打印设置":控制新图形的缺省打印设置。这同样也用于在以前版本的 AutoCAD 中创建的、没有保存为 AutoCAD 2006 格式的图形。

(2)"基本打印选项":控制常规打印环境(包括图纸尺寸设置、系统打印机警告和 AutoCAD 图形中的 OLE 对象)的相关选项。

5."系统"选项

1) 当前定点设备

"当前定点设备"选项用于控制与定点设备相关的选项。

(1)"当前定点设备":显示可用的定点设备驱动程序的列表。

(2)"当前系统定点设备":将系统定点设备设置为当前设备。

(3)"Wintab Compatible Digitizer":将 Wintab Compatible Digitizer(Wintab 兼容数字化仪)设置为当前设备。

(4)"输入自":指定 AutoCAD 是同时接收来自鼠标和数字化仪的输入,还是忽略鼠标的输入。

2) 基本选项

"基本选项"用于控制与系统设置相关的基本选项。

(1)"单图形兼容模式":指定在 AutoCAD 中启用单图形界面(SDI)还是多图形界面

（MDI）。如果选择此选项，AutoCAD 一次只能打开一个图形；如果清除此选项，AutoCAD 一次能打开多个图形。

（2）"显示'启动'对话框"：控制在启动 AutoCAD 时是否显示"启动"对话框。可以用"启动"对话框打开现有图形，或者使用样板、向导指定新图形的设置或重新开始绘制新图形。

（3）"显示'OLE-特性'对话框"：控制在向 AutoCAD 图形中插入 OLE 对象时是否显示"OLE 特性"对话框。

（4）"显示所有警告信息"：显示所有包含"不再显示此警告"选项的对话框，而所有带有警告信息的对话框都将显示，先前针对每个对话框的设置将被忽略。

（5）"用户输入错误时发声提示"：指定 AutoCAD 在检测到无效条目时是否发出蜂鸣声警告用户。

（6）"每个图形均加载 acad. lsp"：指定 AutoCAD 是否将 acad. lsp 文件加载到每个图形中。如果此选项被清除，那么只把 acaddoc. lsp 文件加载到所有图形文件中；如果不想在特定的图形文件中运行某些 LISP 例程，也可以用系统变量 AcadlspasDOC 控制"每个图形均加载 acad. lsp"。

（7）"允许长文件名"：决定是否允许使用长符号命名，命名对象最多可以包含 255 个字符。名称中可以包含字母、数字、空格和 Windows 及 AutoCAD 中没有其他用途的特殊字符。当选中此选项时，可以在图层、标注样式、块、线型、文字样式、布局、UCS 名称、视图和视口配置中使用长名称。

6．"用户系统配置"选项

"用户系统配置"选项用于控制在 AutoCAD 中优化性能的选项，点击图 4.9 中的"用户系统配置"，将会出现如下功能。

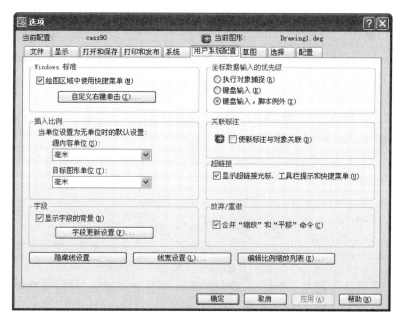

图 4.9　"用户系统配置"选项

1）Windows 标准

"Windows 标准"用于指定是否在 AutoCAD 中应用 Windows 功能。

(1)"Windows 标准"快捷键:用 Windows 标准解释键盘快捷键(如 Ctrl＋C 等于"复制")。如果此选项被清除,AutoCAD 用 AutoCAD 标准解释键盘快捷键,而不是用 Windows 标准(例如,Ctrl＋C 等于"取消",Ctrl＋V 等于"切换视口")。

(2)"绘图区域中使用快捷菜单":控制在绘图区域中单击右键是显示快捷菜单还是发布"回车"命令。

(3)"自定义右键单击":显示"自定义右键单击"对话框。

2)坐标数据输入的优先级

"坐标数据输入的优先级"用于控制 AutoCAD 如何响应输入的坐标数据。

(1)"执行对象捕捉":在任何时候都使用"执行对象捕捉",而不用明确坐标。

(2)"键盘输入":在任何时候都使用所输入的明确坐标,忽略"执行对象捕捉"。

(3)"键盘输入,脚本例外":使用所输入的明确坐标,而不用"执行对象捕捉",脚本除外。

7."草图"选项

"草图"选项用于指定许多基本编辑选项。

1)自动捕捉设置

"自动捕捉设置"用于控制与对象捕捉相关的设置。通过对象捕捉,用户可以精确定位点和平面,包含端点、中点、圆心、节点、象限点、交点、插入点、垂足和切点平面等。

(1)"标记":控制 AutoSnap 标记的显示。该标记是一个几何符号,在十字光标移过对象上的捕捉点时显示对象捕捉位置。

(2)"磁吸":打开或关闭自动捕捉磁吸。"磁吸"将十字光标的移动自动锁定到最近的捕捉点上。

(3)"显示自动捕捉工具栏提示":控制自动捕捉工具栏提示的显示。工具栏提示是一个文字标志,用来描述捕捉到的对象部分。可以在"草图设置"对话框的"对象捕捉"选项中打开或关闭对象捕捉功能。

(4)"显示自动捕捉靶框":控制自动捕捉靶框的显示。当选择一个对象捕捉时,在十字光标中将出观一个方框,这就是靶框。

2)自动捕捉标记颜色

"自动捕捉标记颜色"用于指定自动捕捉标记的颜色。

3)自动捕捉标记大小

"自动捕捉标记大小"用于设置自动追踪标记的显示尺寸,取值范围为 1～20。

8."选择"选项

1)选择集模式

"选择集模式"用于控制与对象选择方法相关的设置。

(1)"先选择后执行":在调用一个命令前先选择一个对象。被调用的命令对先前选定的对象产生影响。

(2)"用 Shift 键添加到选择集":在用户按 Shift 键并选择对象时,向选择集中添加或从选择集中删除对象。若要快速清除选择集,只需在图形的空白区域中绘制一个选择窗口。

(3)"按住并拖动":通过选择一点,将定点设备拖动至第二点来绘制选择窗口。如果未选择此选项,则可以用定点设备选择两个单独的点绘制选择窗口。

(4)"隐含窗口":当在对象外选择了一点时,初始化选择窗口的图形。从左到右地绘制选择窗口可选择窗口边界中的对象,从右到左地绘制选择窗口可选择窗口边界中和与边界相交的对象。

(5)"对象编组":当选择编组中的一个对象时,选择整个"对象编组"。通过 Group,可以创建和命名一组选择对象。

(6)"关联性填充":控制选择关联图案填充时将选定哪些对象。如果选中该选项,那么选择关联填充时还将选定边界对象。将系统变量 Pick Style 设置为 2,也可以设置该选项。

(7)"拾取框大小":控制 AutoCAD 拾取框的显示尺寸。缺省尺寸设置为 3 像素,有效值的范围为 0～20。也可以用系统变量 Pick Box 设置"拾取框大小"。如果在命令区中设置"拾取框大小",则有效值的范围为 0～32 767。

2)控制与夹点相关的设置

在对象被选中后,其上将显示夹点,即一些小方块。

(1)"启用夹点":控制在选中对象后是否显示夹点。通过选择夹点和使用快捷菜单,可以用夹点来编辑对象。在图形中启用夹点会明显降低处理速度,清除此选项可使软件性能得以提高。

(2)"在块中启用夹点":控制在选中块后如何在块上显示夹点。如果选中此选项,AutoCAD 显示块中每个对象的所有夹点;如果清除此选项,AutoCAD 在块的插入点位置显示一个夹点。通过选择夹点和使用快捷菜单,可以用夹点来编辑对象。

(3)"未选中夹点颜色":确定未被选中的夹点的颜色。如果从颜色列表中选择"其他",AutoCAD 将显示"选择颜色"对话框,将未被选中的夹点显示为一个小方块的轮廓。也可以用系统变量 Grip Color 设置"未选中夹点颜色"。

(4)"选中夹点颜色":确定选中的夹点的颜色。如果从颜色列表中选择"其他",AutoCAD 将显示"选择颜色"对话框,将选中的夹点显示为一个填充的方块。

(5)"夹点大小":控制 AutoCAD 夹点的显示尺寸。缺省的尺寸设置为 3 像素,有效值的范围为 1～20。

9. "配置"选项

"配置"选项用于控制 CASS 9.1 和 AutoCAD 之间的切换。如果想在 AutoCAD 2006 环境下工作,可在此界面下选择"unnamed profile"(有时显示"未命名配置"),然后点击"置为当前"按钮;如果要由 AutoCAD 2006 返回 CASS 9.1 环境下工作,选择 AutoCAD 2006"工具"菜单下最后一个子菜单"选项"进入同一界面,选择 CASS 9.1,然后点击"置为当前"即可。

§4.6　工　具

"工具"菜单如图 4.10 所示,本项菜单为编辑图形提供绘图工具。

4.6.1　操作回退

功能:取消任何一条执行过的命令,本操作方法可以无限次回退,直至文件本次打开时的状况。

操作方法:左键点击本菜单即可。

需要注意的是:在底行命令区键入"U",然后回车,与点击菜单效果相同。U 命令可重复

图4.10 "工具"菜单

使用,直到全部操作被逐级取消,还可控制需要回退的命令数,即键入
"UNDO"按回车,再键入回退次数按回车。例如,输入50按回车,则
自动取消最近的50个命令)。

4.6.2 取消回退

功能:"操作回退"的逆操作,取消因"操作回退"而造成的影响。

操作:左键点击本菜单即可,或在底行命令区键入"REDO"后按
回车。在用过一个或多个"操作回退"后,可以无限次取消回退直到最
后一个回退操作。

4.6.3 物体捕捉模式

在绘制图形或编辑对象时,有时需要在屏幕上精确指定一些点。
确定点最直接的办法是输入点的坐标值,但这样又不够简捷快速,而
应用"物体捕捉模式"便可以快速而精确地定点。AutoCAD提供了多
种定点工具,如栅格(grid)、正交(ortho)、物体捕捉(osnap)及自动追
踪(AutoTrack)。而在"物体捕捉模式"中又有圆心点、端点、插入点
等,如图4.11所示。"物体捕捉模式"也可在主界面底部的状态栏右
击"对象捕捉"进行设置(除"四分圆点"外)。

1.圆心点

功能:捕捉弧形和圆的中心点(执行"CEN"命令)。

操作方法:设定圆心点捕捉方式后,在图上选择目标(弧或圆),则
光标自动定位在目标圆心。如捕捉高程点的展点点位,就要选用圆心
点捕捉模式,因为高程点的展点点位是用实心圆圈标志。

2.端点

功能:捕捉直线、多义线、踪迹线和弧形的端点(执行"END"命令)。

操作方法:设定端点捕捉方式后,在图上选择目标(线段),用光标靠近希望捕捉的一端,则
光标自动定位在该线段的端点。

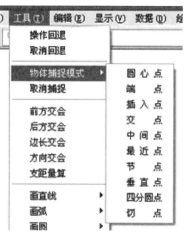

图4.11 "物体捕捉模式"子菜单

3．插入点

功能：捕捉块、形体和文本的插入点（如高程点注记，执行"INS"命令）。

操作方法：设定插入点捕捉方式后，在图上选择目标（文字或图块），则光标自动定位到目标的插入点。

4．交点

功能：捕捉两条线段的交叉点（执行"INT"命令）。

操作方法：设定交点捕捉方式后，在图上选择目标（将光标移至两线段的交点附近），则光标自动定位到该交叉点。

5．中间点

功能：捕捉直线和弧形的中间点（执行"MID"命令）。

操作方法：设定中间点捕捉方式后，在图上选择目标（直线或弧），则光标自动定位在该目标的中点。

6．最近点

功能：捕捉距光标最近的对象（执行"NEA"命令）。

操作方法：设定最近点捕捉方式后，在图上选择目标（用光标靠近希望被选取的点），则光标自动定位在该点。

7．节点

功能：捕捉点实体而非几何形体上的点（执行"NOD"命令）。

操作方法：设定节点捕捉方式后，在图上选择目标（将光标移至待选取的点），则光标自动定位在该点。例如，捕捉展点号所对应的点位，就应使用节点捕捉。

8．垂直点

功能：捕捉垂足（点对线段）（执行"PER"命令）。

操作方法：设定垂直点捕捉方式后，当从一点对一条线段引垂线时，将光标靠近此线段，则光标自动定位在线段垂足上。

9．四分圆点

功能：捕捉圆和弧形的上、下、左、右四分点（执行"QUA"命令）。

操作方法：设定四分圆点捕捉方式后，在图上选择目标（将光标移近圆或弧），则光标自动定位在目标四分点上。

10．切点

功能：捕捉弧形和圆的切点（执行"TAN"命令）。

操作方法：设定切点捕捉方式后，在图上选择目标（将光标移近圆或弧），则光标自动定位在目标的切点上。

有时 AutoCAD 系统会出现显示错误，如圆弧显示为折线段，不同捕捉方式的捕捉位置这时候看起来好像是错误的，但实际上捕捉位置是正确的，用户可以使用"REGEN"命令来恢复线型图形的正确显示。

4.6.4　取消捕捉

功能：取消所有的捕捉功能（执行"NON"命令）。

操作方法：左键点击本菜单即可。

4.6.5　前方交会

功能:用两个夹角交会一点。

操作方法:左键点击本菜单后,看对话框及命令区提示操作。

需要注意的是:根据对话框提示,用光标捕捉已知点 A、B,同时输入两个交会角度(单位为度、分、秒),选择定点位置;点击"计算 p 点",得到交会点坐标;点击"画 p 点",展出交会点。

4.6.6　后方交会

功能:已知 3 个已知点和 2 个夹角,求测站点坐标。

操作方法:左键点击本菜单后,看对话框及命令区提示操作。

4.6.7　边长交会

功能:用两条延长线交会出一点。

操作方法:左键点击本菜单后,看对话框及命令区提示操作。

需要注意的是:两边长之和小于两点之间的距离不能交会;两边太长,即交会角太小,也不能交会。

4.6.8　方向交会

功能:将一条边绕一端点旋转指定角度与另一边交会出一点。

4.6.9　支距量算

功能:已知一点到一条边垂线的长度和垂足到其一端点的距离得出该点。

4.6.10　画直线

功能:在屏幕上画一条多段折线(执行"LINE"命令)。

需要注意的是:用本功能所画折线不是多义线(即不是复合线)。也就是说,其折点处是断开的,即使闭合也不构成整体。

4.6.11　画弧

功能:提供了 10 种绘制小于 $360°$ 的二维弧形的方式(执行"ARC"命令),如图 4.12 所示。

4.6.12　画圆

功能:根据不同的已知条件画圆(执行"CIRCLE"命令),如图 4.13 所示。

图 4.12　"画弧"子菜单

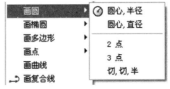

图 4.13　"画圆"子菜单

4.6.13　画椭圆

功能：用两种不同的方法画椭圆(执行"ELLIPSE"命令)。

1. 轴、偏心率

功能：指定两点作为轴，输入偏心率画椭圆。

"轴、偏心率"的操作方法：左键点击本菜单后，看命令区提示操作。

(1)"指定椭圆的轴端点或[圆弧(A)/中心点(C)]"：用光标拾取椭圆主轴上的第一个端点。

(2)"指定轴的另一个端点"：用光标拾取椭圆主轴上的另一个端点。

(3)"指定另一条半轴长度或[旋转(R)]"：输入椭圆另一半轴长度或指定一个旋转角度，回车。

2. 心、轴、轴

功能：指定椭圆中心和其中一个半轴，输入另一轴长画椭圆。

操作方法：左键点击本菜单后，看命令区提示操作。

(1)"指定椭圆的轴端点或[圆弧(A)/中心点(C)]"：用光标拾取椭圆主轴上的第一个端点。

(2)"指定椭圆的中心点"：用光标拾取椭圆中心点。

(3)"指定轴的端点"：用光标拾取主轴端点。

(4)"指定另一条半轴长度或[旋转(R)]"：用光标拾取另一端点，也可输入数字后回车。

4.6.14　画多边形

功能：用三种方法绘制多边形(执行"POLYGON"命令)，如图 4.14 所示。

1. 边长

功能：通过给定多边形的边数和一条边的两个端点画多边形。

操作方法：左键点击本菜单后，看命令区提示操作。

图 4.14　"画多边形"子菜单

(1)"输入边的数目〈4〉"：输入多边形边数，回车。〈4〉的意思是系统默认边数为 4。

(2)"指定边的第一个端点"：用光标拾取多边形一端端点。

(3)"指定边的第二个端点"：用光标拾取多边形另一端端点，确定多边形位置。

2. 外切

功能：通过给定多边形的边数以及圆心和某边的中点画多边形。

操作方法：左键点击本菜单后，看命令区提示操作。

(1)"输入边的数目〈4〉"：输入多边形边数，回车。

(2)"指定正多边形的中心点或[边(E)]"：用光标拾取正多边形的中心点。

(3)"指定圆的半径"：输入半径值或选取点。

3. 内接

功能：通过给定多边形的边数、圆心及多边形某一顶点画多边形。

操作方法:左键点击本菜单后,看命令区提示操作。操作方法与"外切"画多边形类似。

4.6.15　画点

功能:在指定点位置上画一个点(执行"POINT"命令)。

4.6.16　画曲线

功能:绘制曲线拟合的多义线。

操作方法:左键点击本菜单后,看命令区提示操作。

需要注意的是:"输入点"是输入一点或连续输入多个点,回车结束后自动拟合。

4.6.17　画复合线

功能:绘制一条由定宽或变宽的直线或曲线相连接的复杂二维直线(执行"PLINE"命令)。

操作方法:左键点击本菜单后,命令区提示"指定下一个点或[圆弧(A)/半宽(H)/长度(L)/放弃(U)/宽度(W)]",进入圆弧(A)选项绘弧线。命令区选项解释如下:

(1)"角度":表示弧形的圆心角。

(2)"圆心":表示弧形的中心点。

(3)"方向":表示弧形的起始方向。

(4)"半宽":表示弧形的半宽。

(5)"直线":切换回绘制直线菜单。

(6)"半径":表示弧形的半径。

(7)"第二个点":绘制三点式弧形。

(8)"放弃":删除最后绘制的弧形部分。

(9)"宽度":表示弧形的宽度。

绘直线命令区选项如下:

(1)"闭合":使用直线段封闭多义线。

(2)"半宽":表示多义线的半宽。

(3)"长度":绘制与最后绘制的线段相切的多义线。

(4)"放弃":删除最后绘制的线段。

(5)"宽度":表示多义线的宽度。

需要注意的是:复合线整条是一个图形实体,而一般的折线是分段的。

4.6.18　多功能复合线

功能:与"复合线"一样,可绘制由曲线和直线组成的复杂线型,差别在于"多功能复合线"绘制功能更强大,但是在一条复合线内,不可改变线宽。

操作方法:左键点击本菜单后,看命令区提示操作。

(1)"输入线宽输〈0.0〉":输入要画线的宽度,默认的宽度是0.0。

(2)"第一点:〈跟踪 T/区间跟踪 N〉":输入或点取第一点。

(3)"曲线 Q/边长交会 B/跟踪 T/区间跟踪 N/垂直距离 Z/平行线 X/两边距离 L/〈指定点〉""曲线 Q/边长交会 B/跟踪 T/区间跟踪 N/垂直距离 Z/平行线 X/两边距离 L/隔一点 J/

微导线 A/延伸 E/插点 I/回退 U/换向 H⟨指定点⟩"。

命令区选项解释如下：

(1)"Q"：要求输入下一点，然后系统自动在两点间画一条曲线。

(2)"B"：用于进行边长交会。

(3)"C"：复合线将封闭，该功能结束。

(4)"G"：程序将根据给定的最后两点和第一点计算出一个新点。

4.6.19　画圆环

功能：通过输入内径、外径、指定中心点可绘出一个圆环(执行"DONUT"命令)。

操作方法：左键点击本菜单后，看命令区提示操作。

(1)"指定圆环的内径⟨0.5000⟩"：通过键入数字或选取两点确定内径大小。

(2)"指定圆环的外径⟨1.0000⟩"：键入数字或选取两点确定外径大小。

(3)"指定圆环的中心点或⟨退出⟩"：通过键入坐标或选取点确定圆环的中心点，回车退出。

4.6.20　制作图块

功能：把一幅图或一幅图的某一部分以图块的形式保存起来。其中，图块指把一些图形元素捆绑在一块，并锁定其图层和颜色，可以作为一个整体来调用。

操作方法：左键点击本菜单后，会弹出一个对话框，如图 4.15 所示。

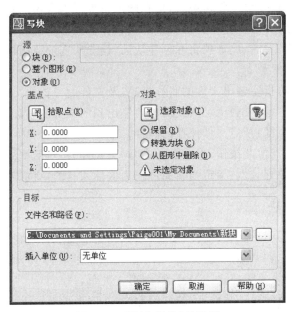

图 4.15　"制作图块"对话框

需要注意的是：根据激活此对话框时的不同情况，对话框将显示不同的默认设置。

"制作图块"对话框主要分为四个区，即"源""基点""对象"和"目标"。

1."源"区

在该区域中，用户可以指定要输入的对象、图块及插入点。"块"单选按钮用于指定要保存到文件中的图块，可从下拉列表框中选择一个图块名称。"整个图形"单选按钮用于选择当前图形作为一个图块。"对象"单选按钮用于指定要保存到文件中的对象。下拉列表框用于选择要输出的图块名称。

2."基点"区

在该区域中,用户可以指定块的插入点。

在创建块定义时指定的插入点就成为该块将来插入的基准点,它也是块在插入过程中旋转或缩放的基点。理论上说,用户可以选择块上的任意一点或图形区中的一点作为基点。但为作图方便,应根据图形的结构选择基点。一般将基点选择在块的中心、左下角或其他有特征的位置。CASS 9.1 默认的基点是坐标原点。

用户可在屏幕上指定插入点,或在相应栏中输入插入点的 X、Y 和 Z 坐标值。如要在屏幕上指定插入点,可点击该区域中的"拾取点",CASS 9.1 暂时关闭对话框并给出提示,即"wblock 指定插入的基点",用于指定要插入的基点。

在用户选择了对象后,又将重新显示制作图块对话框。

3."对象"区

在该区域,用户可以指定包括在新块中的对象,并可以指定是否保留、删除所选的对象或将它们转换成一个块。

(1)"选择对象":点击此选项后,将暂时关闭对话框,提示用户选择要加入到块中的对象,即"选择对象"在这指定要定义为块的对象。选定后回车,将回到制定图块对话框中去。

(2)"快选":点击此选项后,会弹出一个对话框并通过该对话框来构造一个选择集。

(3)"保留":选择此选项将在创建块后,仍在图形中保留构成块的对象。

(4)"转换为块":选择此选项后,将把所选的对象作为图形中的一个块。

(5)"从图形中删除":选择此选项将在创建块后,删除所选的原始对象。

4."目标"区

在该区域中,用户可指定输出文件的名称、位置及文件的单位。

(1)"文件名和路径"编辑框:指定块或对象要输出到的文件的名称。

(2)"路径"下拉列表框:指定文件保存的路径。

(3)"…"图标按钮:点击此按钮,将显示一个"浏览文件夹"对话框。

(4)"插入单位"下拉列表框:指定当新文件作为块插入时的单位。

4.6.21 插入图块

功能:把先前绘制的图形(图形文件、图块)插入到当前图形中(执行"INSERT"命令)。

操作方法:左键点击本菜单后,会弹出一个对话框,如图 4.16 所示。

(1)"名称":可直接填入需插入的"块"或"图形文件"名。

(2)"浏览":通过"驱动器—文件夹"的浏览方法,在图形界面上选择欲插入的图形文件名。

(3)"插入点":可通过输入插入点的坐标,指定插入后图块的基点位置。

(4)"缩放比例":输入 X、Y、Z 方向上的图形比例。

(5)"旋转":输入图形旋转角度,可以确定插入图块相对于基点的缩放和旋转。

(6)若在"在屏幕上指定"栏中打√,则插入基点坐标、图形比例、旋转角等,均在屏幕图形上依命令区提示输入;若在"分解"栏中打√,则插入后图块自动分离,不再作为一个整体存在。

参数设置完毕后,点击"确定"即可。

图 4.16　"插入图块"对话框

4.6.22　批量插入图块

功能:将选定的图块批量地插入到当前图块中来。

操作方法:左键点击本菜单后,会弹出一个对话框,如图 4.17 所示。

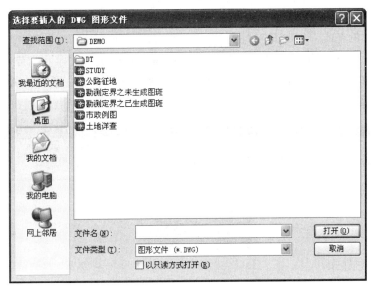

图 4.17　"批量插入图块"对话框

批量选择需要插入的图块,点击"打开"即将图块插入。

4.6.23　光栅图像

功能:将光栅图像插入到当前编辑的图形中,并可对图像进行简单的处理纠正,以便制作矢量化图形或带光栅底图的地图等。将在第 5 章详细介绍。

4.6.24　文字

以可视模式在图形中输入及处理文本,如图 4.18 所示。

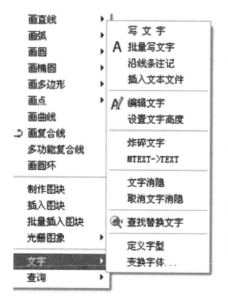

图 4.18 "文字"子菜单

1. 写文字

功能:在指定的位置以指定大小书写文字(执行"DTEXT"命令)。

操作方法:左键点击本菜单后,看命令区提示操作。

(1)"指定高度〈0.200〉":输入注记文字高度。

(2)"指定文字的旋转角度〈0〉":输入注记内容逆时针旋转角度。

(3)"输入文字":输入要注记的内容。

需要注意的是:输入的文本高是绘图输出后的高度,在数字图上,比例尺不同,字高可能不同。例如,1∶500 的图,输入注记字高是 3.0,图形上只有 1.5,出图放大一倍后才有 3.0。

2. 批量写文字

功能:在一个指定写字框中放入文本段落(执行"MTEXT"命令)。

操作方法:左键点击本菜单后,看命令区提示操作。

(1)"指定第一个角点":用光标输入边框另一端点。

(2)"指定对角点或[高度(H)/对正(H)/行距(L)/旋转(R)/样式(S)/宽度(W)]":会出现如图 4.19 所示的对话框。利用对话框可以给新输入及选定的文字指定字体、字体高度、字体颜色、是否粗体等。下拉列表中含有操作方法系统的 TrueType 字体和 AutoCAD 提供的 SHX 字体。当选择了 TrueType 字体时,粗体、斜体才有效。

图 4.19 "批量写文字"对话框

(3)"堆积":将使所选的两部分文字堆叠起来。在使用此选项前,所选文字中必须要有一个"/"符号,用来将所选文字分成两部分,并在上下两部分之间画一条横线。另外,可以用"ˆΦ"符号代替"/"符号,只是在上下两部分之间不画横线。

(4)"插入符号":可在当前光标位置处插入一些特殊符号。AutoCAD 在加入特殊字符时,要用到一些控制字符。"%%p"表示"+、-"号,"%%C"表示直径符号"∅","%%d"表示度"°"。

3. 沿线条注记

功能:沿一条直线或弧线注记文字。

4．插入文本文件

功能：将文本文件插入到当前图形中去（执行"RTEXT"命令）。

5．编辑文字

功能：修改已注记文字的内容（执行"DDEDIT"命令）。

"选择注释对象或［放弃（U）］"：点击本菜单后，用光标点选一个文本实体，则该文字在一个弹出式对话框中呈现编辑状态，改完注记内容后，回车确定即可完成修改。

6．设置支字高度

功能：改变字体高度。

7．炸碎文字

功能：将文字炸碎成一个个独立的线状实体。

8．文字消隐

功能：遮盖图形上穿过文字的实体，如穿高程注记的等高线。

操作方法：左键点击本菜单后，命令区提示"Select text object to mask or ［Masktype/Offset］"，直接在图上批量选取文字注记即可。另外，还可通过 M 参数设置消隐方式，通过 O 参数设置消隐范围。

需要说明的是：如果将用此功能处理过的文字移动到别处，原被遮盖的实体将重新显示出来，而文字新位置下的实体却会被遮盖。

9．取消文字消隐

"取消文字消隐"是"文字消隐"操作的逆操作方法。

10．查找替换文字

功能：在整张图上查找文字或替换图上文字。

11．定义字型

功能：控制文字字符和符号的外观。

需要说明的是：点击"新建"可创建新文字样式，若要给已有样式改名，则点击"重命名"；"SHX 字体"编辑栏中可指定字体；"大字体"编辑栏中可指定汉字字体；"高度"编辑栏中可设置文字的高度；"颠倒"和"反向"分别用来控制文字倒置放置和反向放置；"垂直"用于控制字符垂直对齐的显示；"宽度比例"用于设置文字宽度相对于文字高度之比，如果比例值大于 1，则文字变宽，如果小于 1，则文字变窄；"倾斜角度"用于设置文字的倾斜角度。

12．变换字体

功能：改变当前默认字体。

4.6.25　查询

"查询"的功能：可打开 AutoCAD 的文本窗口，查看当前图形文件的各种信息，如图 4.20 所示。

1．列图形表

功能：列举实体的各项信息（执行"LIST"命令），如线段的起始坐标、线型、图层、颜色等，如果是复合线，还可以查看该复合线的线宽、是否闭合等。

图 4.20　"查询"子菜单

操作方法：左键点击本菜单后，命令区提示"选择对象"，用光标选择待查看的图形实体后，回车即可。

2．工作状态

功能：显示图形当前的总体信息（执行"STATUS"命令）。

操作方法：左键点击本菜单即可。

§4.7 编 辑

CASS 9.1"编辑"菜单主要通过调用 AutoCAD 图形编辑命令，利用其强大丰富、灵活方便的编辑功能来编辑图形，如图 4.21 所示。

4.7.1 编辑文本文件

功能：直接调用 Windows 的记事本来编辑文本文件，如编辑权属引导文件或坐标数据文件。

操作方法：左键点击本菜单后，选择需要编辑的文件即可。

4.7.2 对象特性管理

功能：管理图形实体在 AutoCAD 中的所有属性。

操作方法：左键点击本菜单后，会弹出对象特性管理器，如图 4.22 所示。

图 4.21 "编辑"菜单

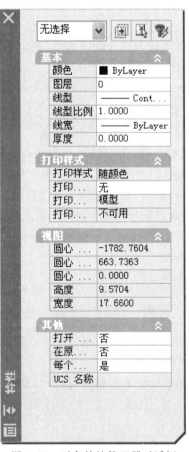

图 4.22 对象特性管理器对话框

对象特性管理器的主要特点如下：

（1）在对象特性管理器中，特性可以按类别排列，也可按字母顺序排列。

（2）对象特性管理器窗口大小可变并可锁定在 AutoCAD 主窗口上。另外，还可自动记忆上一次打开时的位置、大小及锁定状态。

（3）对象特性管理器提供了"QuickSelect"选项，从而可以方便地建立供编辑用的选择集。

（4）在以表格方式出现的窗口中，提供了更多可供用户编辑的对象特性。

（5）选择单个对象时，对象特性管理器将列出该对象的全部特性；选择多个对象时，对象特性管理器将显示所选择的多个对象的共有特性；未选择对象时，将显示整个图形的特性。

（6）双击对象特性管理器中的特性栏，将依次出现该特性所有可能的取值。

（7）改变所选对象特性时可用的方式为：输入一个新值，从下拉列表中选择一个值，用"拾取"按钮改变点的坐标值。

（8）不管选择任何对象，AutoCAD 都将在对象特性管理器中列出对象的通用特性以供编辑者进行相应设置。通用特性包括颜色、图层、线型、线型比例、线宽、厚度、打印样式、超级链接。

利用对象特性管理器可通过屏幕点击，或者在对话框中输入选择对象属性值的方法，选中符合某些特性的多个元素，对其属性值进行统一的编辑、修改，或执行"制作成图块"等操作方法。对象特性管理器是图形编辑中一个非常重要的快速搜索查询工具。

4.7.3　图元编辑

功能：对直线、复合线、弧、圆、文字、点等各种实体进行编辑，修改它们的颜色、线型、图层、厚度等属性（执行"DDMODIFY"命令）。

操作方法：左键点击本菜单后，命令区提示。"Select one object to modify"，用光标选择目标后（如一段多义线），会弹出一个对话框，如图 4.23 所示。选中不同类型的图形实体就会弹出相应的对话框，对话框的基本选项包括颜色、图层、线型、厚度、线型比例，以及图形实体的其他信息。可按需要选择合适的项目对对象特性进行编辑。

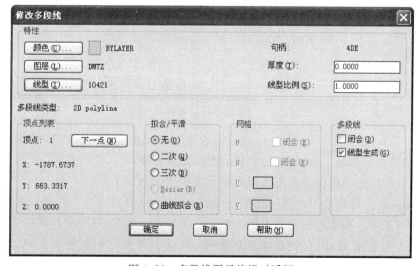

图 4.23　多段线图元编辑对话框

不同于对象特性管理器,"图元编辑"命令只能通过屏幕点击选中编辑目标,并且每次只能对一个图形元素进行编辑。

4.7.4 图层控制

功能:控制图层的创建和显示,如图 4.24 所示。

需要说明的是:图层是 AutoCAD 中用户组织图形最有效的工具之一,用户必须安装了 AutoCAD 的"EXPRESS"工具才能正常使用菜单项的命令。用户可以利用图层来组织、管理图形的关闭、删除、转移等操作。

操作方法:左键点击"图层设定"菜单后,会弹出"图层特性管理器"对话框,如图 4.25 所示。对话框中包含了图层的名称、颜色、线型、线宽等特性,可以点击选中这些特性进行修改或对图层执行创建、删除、锁定/解锁、冻结/解冻、禁止某图层打印等操作,也可直接在工具栏上点击相关按钮。

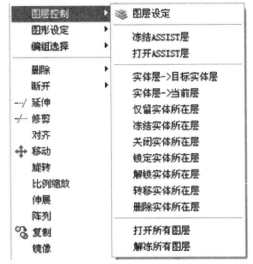

图 4.24 "图层控制"子菜单

图 4.25 "图层特性管理器"对话框

利用此对话框,编辑者可以方便、快捷地设置图层的特性及控制图层的状态。但要指出,对话框中线型特性的修改,只对修改后绘制的图形元素有效,而其余特性,如颜色、可视性等特性的修改,则立即对所选择图层或图层内图形元素生效。

如图 4.25 所示,常用的三个图层控制开关的含义是:

(1)"打开/关闭":用于控制图层的可见性。当关掉某一层后,该层上所有对象就不会在屏幕上显示,也不会被输出,但它仍存在于图形中,只是不可见。在刷新图形时,还是会计算它们。

（2）"解冻/冻结"：用户可以冻结一个图层而不用关闭它，被冻结的图层也不可见。冻结与关闭的区别在于在系统刷新时，关闭的图层在系统刷新时仍会刷新，而冻结后的图层在屏幕刷新时将不被考虑。但以后解冻时，屏幕会自动刷新。

（3）"锁定/解锁"：已锁定的图层上的对象仍然可见，仍可在该图层上绘制对象、改变线型和颜色、冻结它们及使用"对象捕捉模式"，但不能用"修改"命令来改变图形或删除。

为了编辑者更易理解图层控制过程及意义，CASS 9.1 专门定制了图层控制子菜单，使图层控制更直观、快捷。图层控制子菜单包括 14 项菜单，除"图层设定"子菜单用左键点击后会弹出图层特性管理器对话框（图 4.25）供编辑者进行各种设置外，其他 13 项子菜单的作用都可按其字面意思直接点击进行操作。

4.7.5　图形设定

功能：对屏幕显示方式及捕捉方式进行设定，如图 4.26 所示。

1. 坐标系标记

当设定为"ON"时，屏幕上显示坐标系标记；设定为"OFF"时，取消显示。

2. 点位标记

当设定为"ON"时，光标进行的点击操作都会在屏幕上留下十字标记；设定为"OFF"时，点击操作不会留下痕迹。

图 4.26　"图形设定"子菜单

3. 物体捕捉

功能：用于设定捕捉方式。

操作方法：左键点击本菜单后，会弹出一个对话框，如图 4.27 所示。可在"捕捉和栅格""极轴追踪""对象捕捉"和"动态输入"四个页面中进行"物体捕捉"的有关设置。

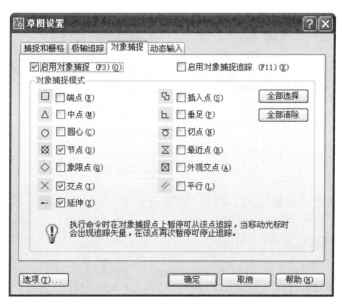

图 4.27　设定"物体捕捉"对话框

需要说明的是："外观交点"可用来捕捉所有的外观交点,不管它们在立体空间中是否相交,在捕捉诸如等高线与公路的交点时,此捕捉方式会很有效。"延伸点"可用来捕捉直线或圆弧延长线上的点。

4. 图层叠放顺序

操作方法:左键点击本菜单后,看命令区提示操作。

(1)"选择对象":选择要修改的实体。

(2)输入对象排序选项"[对象上(A)/对象下(U)/最前(F)/最后(B)]〈最后〉":选择要叠放的位置,若选 F/B 直接改变其顺序,若选 A/U 则有提示:"选择参照对象",即选择一个参考图层的实体。

4.7.6　编组选择

功能:编组开关关闭后可以单独编辑骨架钱或填充边界。

当设定为"ON"时,表示编组开关打开;设定为"OFF"时,表示编组开关关闭。

4.7.7　删除

功能:提供 10 种方式指定删除对象,如图 4.28 所示。

10 种删除对象的含义明确,分别是:选择多重目标并删除,选择单个目标并删除,删除上个选定目标(最后生成的一个目标),删除实体所在的编码,删除特定文字,删除实体所在的图层,删除实体所在图元的名称,删除实体所在的线型,删除实体所在的(图)块名,删除实体所在的符合地物。

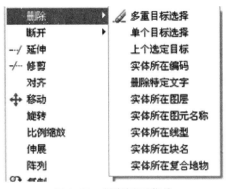

图 4.28　"删除"子菜单

4.7.8　断开

功能:通过指定断开点把直线、圆(弧)或复合线断开,并删除断开点之间的线段(执行"BREAK"命令)。

"断开"的操作方法有两种。

1. 选物体,第 2 点

左键点击本菜单后,按命令区提示选择目标(注意:选定的目标点即作为第一点),再按提示输入第二点,然后就会自动删除线上两点之间的部分。

2.选物体,定 2 点

左键点击本菜单后,先选择目标,然后在线上选择两点,则自动删除所选两点间的线段。与第 1 种方法不同的是,执行此菜单时,不把选择目标时定的点作为断开的第一点。

4.7.9　延伸

功能:将直线、圆弧或多义线延伸到一个边界上(执行"EXTEND"命令)。

操作方法:左键点击本菜单后,看命令区提示操作。

(1)"选择对象或〈全部选择〉":选择要延伸到的边界,回车确认。

(2)单击右键,显示"[栏选(F)/窗交(C)/投影(P)/边(E)/放弃(U)]"。

(3)"选择对象":选择要被延伸的线条,可多次选取,回车结束选取。

4.7.10　修剪

功能:以指定边界(剪切边)对直线、圆(弧)线或多义线进行修剪(执行"TRIM"命令)。

操作方法:左键点击本菜单后,看命令区提示操作。

(1)"选择对象或〈全部选择〉":先选择剪切边界线。

(2)"选择对象":继续选择剪切边界线。

(3)单击右键,显示"[栏选(F)/窗交(C)/投影(P)/边(E)/删除(R)/放弃(U)]",选定要剪掉的部分。可多次选取,回车结束选取。

4.7.11　对齐

功能:将调入的栅格图像定位至与实地坐标一致的位置。

操作方法:左键点击本菜单后,看命令区提示操作。

(1)"选择对象":选择要定位的图像,可多次选取,回车结束选取。

(2)"指定第一个源点":选取图像上第一个点。

(3)"指定第一个目标点":选取第一个点目标位置。

(4)"指定第二个源点":选取图像上第二个点。

(5)"指定第二个目标点":选取第二个点目标位置。

(6)"指定第三个源点或〈继续〉":直接回车。

需要注意的是:图形矢量化时,可自动移动、旋转和缩放图像至所需位置。

4.7.12　移动

功能:将一组对象移到另一位置(执行"MOVE"命令)。

操作方法:左键点击本菜单后,看命令区提示操作。

(1)"选择对象":光标选取要被移动的目标。

(2)"指定基点或[位移(D)]〈位移〉":指定移动基点。

(3)"指定第二个点或〈使用第一个点作为位移〉":指定基点移动的目标点。

4.7.13　旋转

功能:相对于指定基点对指定的实体进行旋转(执行"ROTATE"命令)。

操作方法:左键点击本菜单后,看命令区提示操作。

(1)"选择对象":选定要旋转目标,可多次选取,回车结束选取。

(2)"指定基点":给定对象旋转所绕的基点。

(3)"指定旋转角度,或[复制(C)/参照(R)]〈0〉":可以直接用鼠标拖动旋转,也可以输入正负旋转角或键入"R"选择"Reference"选项。

技巧:如果对象必须参照当前方位来旋转,可以用"Reference"选项。指定当前方向作为参考角或通过指定要旋转直线的两个端点,指定参考角,然后指定新的方向。系统会自动计算转角并相应地旋转对象。

4.7.14　比例缩放

功能:相对于指定基点改变所选目标的大小(执行"SCALE"命令)。

操作方法:左键点击本菜单后,看命令区提示操作。

(1)"选择对象":选定要比例缩放的对象,回车结束选取。

(2)"指定基点":给定操作方法基点。

(3)"指定比例因子或[参照(R)]":输入比例因子。

需要说明的是:要放大一个对象,可输入大于1的比例因子;要缩小一个对象,可用0~1的比例因子,比例因子不能用负值。例如,比例因子为0.25时,所选定的对象将缩小到当前的1/4大。

如果要将对象参照某一图上尺寸进行缩放,可以用"参照"选项。在缩放对象上指定一参照长度,然后在参照图形上指定新长度,系统会自动计算缩放比例并相应地缩放对象。

"比例缩放"功能可以选择多个图元进行缩放,但只能针对一个基点。

4.7.15　伸展

功能:伸展图形的指定部分,而不会影响其他不进行改变的部分(执行"STRETCH"命令)。

操作方法:左键点击本菜单后,看命令区提示操作。

(1)"选择对象":选定要伸展的对象。

(2)"指定基点或[位移(D)]":给定基点或回车。

(3)"指定第二个点或〈使用第一个点作为位移〉":指定位移的第二点或回车。

需要注意的是:要拉伸的对象必须用交叉窗口或交叉多边形的方式来选取。在使用此命令时,与对象选取窗口相交的对象会被拉伸,完全在选取窗口外的对象不会有任何改变,而完全在选取窗口内的对象将发生移动。

4.7.16　阵列

功能:将所选定的对象生成矩形或环形的多重复制(执行"ARRAY"命令)。

操作方法:左键点击本菜单后,选定各选项后确定或直接回车。

需要注意的是:行列间距为正数时,对象将沿右上方排列;为负数时,对象则沿左下方排列。

4.6.17　复制

功能:将选中的实体复制到指定位置上(执行"COPY"命令)。

操作方法:左键点击本菜单后,看命令区提示操作。

(1)"选择对象":选择要被复制的对象,回车结束选取。

(2)"指定基点或〔位移(D)〕〈位移〉""指定第二个点或〈使用第一个点作为位移〉":可重复进行复制,回车结束。

4.6.18　镜像

功能:根据镜像线以相反的方向对指定实体进行复制(执行"MIRROR"命令)。

操作方法:左键点击本菜单后,看命令区提示操作。

(1)"选择对象":选择需镜像复制的实体,回车结束选取。

(2)"指定镜像线的第一点":给定一点以确定镜像线的第一个点。

(3)"指定镜像线的第二点":给定一点以确定镜像线的第二个点。

(4)"要删除源对象吗?〔是(Y)/否(N)〕〈N〉":是否删除源对象。

4.7.19　圆角

功能:将直线与直线、直线与圆弧、圆弧与圆弧之间,按指定的半径,绘制一条平滑的圆弧曲线连接起来(执行"FILLET"命令)。

操作方法:左键点击本菜单后,看命令区提示操作。

(1)"请输入圆角半径(0.000)":输入圆角半径,括号内为默认值。

(2)"请选择第一条边":选择第一条边。

(3)"请选择第二条边":选择第二条边。

4.7.20　偏移拷贝

功能:生成一个与指定实体相平行的新实体(执行"OFFSET"命令)。

操作方法:左键点击本菜单后,看命令区提示操作。

(1)"指定偏移距离或〔通过(T)/删除(E)/图层(L)〕〈通过〉":指定偏移距离或输入"T"来选择"Through"选项。

(2)"选择要偏移的对象,或〔退出(E)/放弃(U)〕〈退出〉":选取偏移对象。

(3)"指定要偏移的那一侧上的点,或〔退出(E)/多个(M)/放弃(U)〕〈退出〉":确定偏移的方向,回车结束选取。

需要注意的是:有效对象包括直线、圆弧、圆、样条曲线和二维多义线。如果选择了其他类型的对象(如文字),将会出现错误信息。

4.7.21　批量选目标

功能:通过指定对象类型或特性(如颜色、线型等)作为过滤条件来选择对象。

操作方法:先运行一个编辑命令,当提示选择实体时,左键点击本菜单后,看命令区提示操作。

(1)"输入过滤属性序号〔(1)块名/(2)颜色/(3)实体/(4)图层/(5)线型/(6)选取/(7)样式/(8)厚度/(9)向量/(10)编码〕"：选择图层。

(2)"输入图层添加过滤条件〈回车删除过滤条件〉"：选择等高线为选取对象。

需要说明的是：在使用其他编辑命令时，可加入此命令，以所需要的条件从当前图形中过滤出对象。例如，当使用了"删除"命令后，再使用"批量选目标"命令来选择要删除的对象。若输入多个过滤条件，各条件之间是"与"的关系。此功能适用于目标离散且较多具有相同属性时，可一次性准确选择多个目标。

4.7.22　修改

功能：提供对点、线等实体的特性修改。

1．性质

修改选中实体的图层、线型、厚度等特性（执行"CHANGE"命令），左键点击本菜单后，看命令区提示操作。

(1)"选择对象"：选取需改变性质的对象，回车结束选取。

(2)"指定修改点或〔特性(P)〕"：键入"P"后回车。

(3)"输入要修改的特性〔颜色(C)/标高(E)/图层(LA)/线型(LT)/线型比例(S)/线宽(LW)/厚度(T)〕"：输入要改变的特性。

2．颜色

直观修改选中实体的颜色，左键点击本菜单后，会弹出一个对话框，如图4.29所示。

选择所需的颜色，点击"OK"，命令区提示"选择对象"，选取需改变颜色的对象，回车结束选取。

图4.29　修改颜色对话框

4.7.23　炸开实体

功能：将图形、多义线等复杂实体分离成简单线型实体。

操作方法：左键点击本菜单后，再选择要炸开的实体。

§4.8 显 示

在 CASS 9.1 中观察一个图形可以有许多方法,掌握好这些方法,将提高绘图的效率。与以前版本特别不同的是,CASS 9.1 利用 AutoCAD 2006 的新功能,为用户提供了对象的三维动态显示,使视觉效果更加丰富多彩。"显示"菜单如图 4.30 所示。

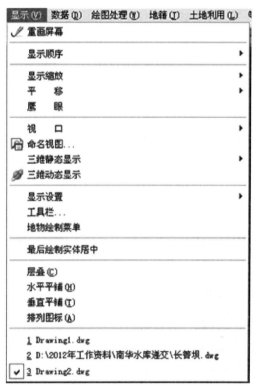

图 4.30 "显示"菜单

4.8.1 重画屏幕

功能:用于清除屏幕上的定点痕迹。

操作方法:左键点击本菜单即可。

需要说明的是:当所见的图形不完整时,可以使用此命令。例如,如果在同一地方画了两条线并擦去了一条,好像两条线都被擦去,这时激活此命令,第二条线就会再次显现。重画屏幕命令也可用于去除屏幕上无用的标记符号。

4.8.2 显示缩放

功能:通过局部放大,使绘图更加准确和详细。菜单选项解释如下:

(1)"窗口":执行此命令后,用光标在图上拉一个窗口,则窗内对象会被尽可能放大以填满整个显示窗口。

(2)"前图":执行此命令后,显示上一次显示的视图。

（3）"动态"：执行此命令后，可以见到整个图形，然后通过简单的鼠标操作就可确定新视图的位置和大小。当新视图框中央出现"×"符号时，表示新视图框处于平移状态。点击左键后，"×"符号消失，同时在新视图框的右侧出现一个方向箭头，表示新视图框处于缩放状态。只需按左键就可在平移状态与缩放状态之间切换，按右键表示确认显示。

（4）"全图"：使用这个命令可以看到整个图形。如果图形延伸到图限之外，则将显示图形中的所有实体。实际作业时，有时使用此命令后，屏幕上好像什么都没有，这是因为图形实体间相距过远，使得整个图形缩小以显示全图。

（5）"尽量大"：使用此命令也可在屏幕上见到整个图形。与"全图"命令不同的是，该命令用到的是图形范围而不是图形界限。

4.8.3　平移

功能：使用此命令在屏幕上移动图形，观看在当前视图中图形的不同部分，而无须缩放。
操作方法：左键点击本菜单后，屏幕上会出现一个手形符号，按住左键拖动即可。

4.8.4　鹰眼

功能：辅助观察图形，为可视化地平移和缩放提供了一个快捷的方法。
操作方法：左键点击本菜单后，会弹出一个对话框，如图 4.31 所示。

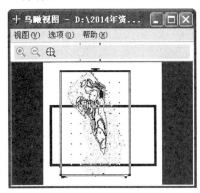

图 4.31　鸟瞰视图对话框

需要说明的是：新视图框的大小和位置可由鼠标来控制。当新视图框中央出现"×"符号时，表示新视图框处于平移状态。按一下左键后，"×"符号消失，同时在新视图框的右侧出现一个方向箭头，表示新视图框处于缩放状态。只需标左键就可在平移状态与缩放状态之间切换。

4.8.5　三维静态显示

功能：提供多种静态显示三维图形的方法，如图 4.32 所示。

图 4.32　"三维静态显示"子菜单

菜单选项解释如下：

(1)"视点预置"：激活此命令，会弹出一个对话框，如图 4.33(a)所示。用户使用此对话框，通过指定视点与 X 轴的夹角及与 XY 平面的夹角便可确定三维视图观察方向。可以在对话框中的图像上直接指定观察角度或者在编辑框中输入相应的数值。点击"设置为平面视图"可以设置观察角度，以显示相对于所选择坐标系的平面图。

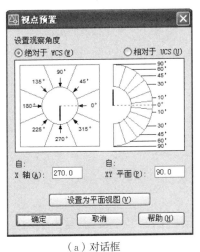

(a)对话框   (b)视点罗盘和三维坐标架

图 4.33 视点预置对话框

(2)"视点"：用户观察图形或模型的方向称为视点。激活此命令后，看命令区提示操作，只确定一个视点的位置。默认选项为显示坐标球和三轴架，此选项将在屏幕上显示一个罗盘标志和三维坐标架。

在图 4.33(b)中，圆形罗盘是地球的二维表示，中心点代表北极(0,0,1)，内圆表示赤道，外圆表示南极(0,0,−1)。小十字显示在罗盘上，可用鼠标移动。如果十字在内圆里，就是在赤道上向下观察模型；如果十字在外圆里，就是从图形的下方观察。移动小十字，三维坐标架便旋转，以显示在罗盘上的视点。当获得满意的视点后，按下鼠标左键或回车，图形将重新生成，体现新视点的位置。

"东北角""东南角""西北角""西南角"：用户通过这些选项，无须再使用"坐标轴"命令，即可快捷方便地从各种角度对图形进行观察。

4.8.6 三维动态显示

功能：使用户可以实时地、交互地、动态地操作三维视图。这是 AutoCAD 2006 新提供的一组命令。

操作方法：左键点击本菜单后，CASS 9.1 将进入交互式的视图状态中，如图 4.34 所示。当进入交互式视图状态后，用户可以通过鼠标操作动态地操纵三维对象的视图。当以某种方式移动光标时，视图中的模型将随之动态地发生变化。用户可以直观、方便地操纵视图中的对象，直到得到满意的视图为止。

当进入交互式视图状态中时，视图将显示一个分为四个象限的轨迹圆。当光标移动到轨迹圆的不同部分时，将显示为不同的光标形状，表明视图不同的旋转方向。当光标处在轨迹圆内外、轨迹圆的上下两个象限点及轨迹圆的左右两个象限点上时，光标的形状是不一样的。

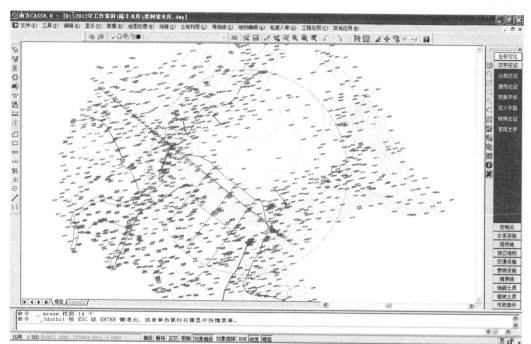

图 4.34　交互式视图状态

用户此时还可以从右键快捷菜单中访问"三维动态显示"命令的附加选项。点击"三维动态显示"，在当前视图下单击右键，在弹出菜单上选择"其他/连续观察"，再选"动态观察"。当在图形区中单击鼠标左键并朝任何方向拖动光标时，图形中的对象将沿光标拖动的方向开始移动或转动；松开鼠标左键后，对象将继续自动沿指定的方向移动或转动。光标移动的速度决定了视图中模型转动的速度。用户可通过重新单击并拖动鼠标来改变图形连续旋转的方向。

4.8.7　多窗口操作

"层叠""水平平铺""垂直平铺""排列图标"等都是为用户在进行多窗口操作时所提供的窗口排列方式。

§4.9　数　据

"数据"菜单包括了大部分 CASS 9.1 面向数据的重要功能，如图 4.35 所示。

4.9.1　查看实体编码

功能：显示所查实体内部代码及属性文字说明。

操作方法：左键点击本菜单后，命令区提示"选择图形实体"，用光标选取待查实体。

4.9.2　加入实体编码

功能：为所选实体加上 CASS 9.1 内部代码（赋属性）。

操作方法:左键点击本菜单后,看命令区提示操作。

(1)"输入代码(C)/〈选择已有地物〉":这时用户有两种输入代码方式。

(2)"指定修改点或[特性(P)]":加入特性。

(3)"输入要修改的特性[颜色(C)/标高(E)/图层(LA)/线型(LT)/线型比例(S)/线宽(LW)/厚度(T)]":若输入代码"C"回车,则依命令栏提示输入代码后,选择要加入代码的实体即可;默认方式下为"选择已有地物",即直接在图形上拾取具有所需属性代码的实体,将其赋予要加属性的实体。首先,用鼠标拾取图上已有地物(必须有属性),则系统自动读入该地物属性代码。此时,依命令区提示选择需要加入代码的实体(可批量选取),则先前命令得到的代码便会被赋给这些实体。系统根据所输代码自动改变实体图层、线型和颜色。

图 4.35　数据菜单

4.9.3　生成用户编码

功能:将 index.ini 文件中对应图形实体的编码写入该实体的厚度属性。此项功能主要为用户使用自己的编码提供可能。

4.9.4　编辑实体地物编码

功能:相当于"属性编辑",用来修改已有地物的属性及显示的方式。

操作方法:首先,点击"数据"下的"编辑实体地物编码";然后,选择地物实体。

当选择的是点状地物时,弹出如图 4.36 所示对话框。当修改对话框中的地物分类和编码后,地物会根据新的编码变换图层和图式;修改符号方向后,点状地物会旋转相应的方向,也可以点击"…"通过鼠标自行确定符号旋转的角度。

当选择的地物实体是线状地物时,弹出如图 4.37 所示的对话框,可以在其中修改实体的地物分类、编码和拟合方式,复选框"闭合"决定所选地物是否闭合,"线型生成"相当于"地物编辑"→"复合线处理"→"线性规范化"。

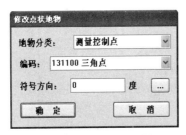

图 4.36　修改点状地物

图 4.37　修改线状地物

4.9.5　生成交换文件

功能：将图形文件中的实体转换成 CASS 9.1 交换文件。

操作方法：左键点击本菜单后，会弹出一个对话框，如图 4.38 所示。在文件名栏中输入一个文件名保存即可。

图 4.38　"生成交换文件"对话框

4.9.6　读入交换文件

功能：将 CASS 9.1 交换文件中定义的实体画到当前图形中和"生成交换文件"是一对相逆过程。

操作方法：左键点击本菜单后，会弹出一个对话框。在文件名栏中点击"打开文件"即可。

4.9.7　导线记录

功能：生成一个完整的导线记录文件用于进行导线平差。

操作方法：左键点击本菜单后，会弹出一个对话框，如图 4.39 所示。

(1)"导线记录文件名"：将导线记录保存到一个文件中。点击"…"，会弹出一个对话框，如图 4.40 所示，新建或选择一个导线记录文件(扩展名为 sdx)后保存。

图 4.39　"导线记录"对话框

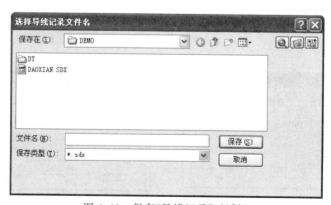

图 4.40　保存"导线记录"对话框

(2)"起始站":输入导线开始的测站点和定向点坐标及高程,点击"图上拾取"可直接在图上捕捉相应的测站点或定向点。

(3)"终止站":输入导线结束的测站点和定向点坐标及高程,点击"图上拾取"可直接在图上捕捉相应的测站点或定向点。

(4)"测量数据":输入外业测得每站导线记录的数据,包括斜距、左角、垂直角、仪器高和棱镜高。每输完一站后点"插入",若要更改或查看某站数据可点"向上"或"向下",若要删除某站数据,找到该站后点"删除"。记录完一条导线之后存盘退出。

4.9.8　导线平差

功能:对导线记录进行平差计算。

操作方法:左键点击本菜单后,会弹出一个对话框,如图 4.41 所示。选择导线记录文件,点击"打开",系统自动处理后给出精度信息如图 4.42 所示。如果符合要求,则点击"是"后系统提示如图 4.43 所示,提示将坐标保存到文件中。

图 4.41　"导线平差"对话框

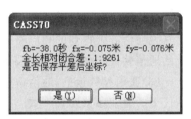

图 4.42　显示平差精度

图 4.43　保存坐标数据对话框

需要注意的是:本功能只能处理单一导线平差。

4.9.9　读取全站仪数据

功能:将电子手簿或全站仪内存中的数据导入 CASS 9.1 中,并形成 CASS 9.1 专用格式的坐标数据文件。

操作方法:左键点击本菜单后,会弹出数据转换对话框,如图 4.44 所示。

(1)"仪器":在仪器栏选项中点击右边下拉箭头,可选择仪器类型或电子手簿,CASS 9.1 支持的仪器类型及数据格式如图 4.45 所示。

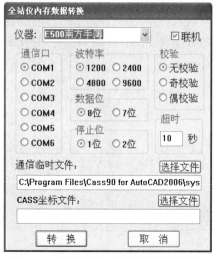

图 4.44 "全站仪内存数据转换"对话框

图 4.45 仪器类型选择下拉列表

(2)"联机":若选中复选框,则直接从仪器内存中(否则就在通信临时文件栏中)选择一个由其他通信方式得到的相应格式的数据文件(一般是由读取相应格式的数据文件、各类仪器自带的通信软件转换或超级终端传输得到的数据文件)。

(3)通信参数包括"通信口""波特率""数据位""停止位"和"校检"等几个选项设置,应与全站仪上的通信参数设置一致。

(4)"超时":若软件没有收到全站仪的信号,则在设置好的时间内自动停止,系统默认的时间是 10 秒。

(5)"通信临时文件":打开由其他通信传输方式得到的相应格式的数据文件(一般是由各类仪器自带的通信软件转换或超级终端传输得到的数据文件)。

(6)"CASS 坐标文件":将转换得到的数据保存为 CASS 9.1 的坐标数据格式。

4.9.10 坐标数据发送

功能:将 CASS 中的坐标数据直接发送到电子手簿或带内存的全站仪中去。发送目标共6 类,如图 4.46 所示。

图 4.46 "坐标数据发送"子菜单

（1）"微机→E500"：将微机的坐标数据文件传输到 E500 中去。设置好 E500 后回车，再在计算机上回车，则开始传送坐标数据，每传输一个点的坐标，E500 会鸣一声。

（2）"微机→南方 NTS-320"：将微机的数据文件传输到带内存全站仪中去。与全站仪向E500 传输操作方法类似，按提示操作即可。

4.9.11　坐标数据格式转换

功能：本选项可将南方 RTK 和海洋成图软件 S-CASS 的坐标数据转换成 CASS 9.1 格式，也可把各种全站仪的坐标数据文件转换成 CASS 9.1 的坐标数据文件，如图 4.47 所示。

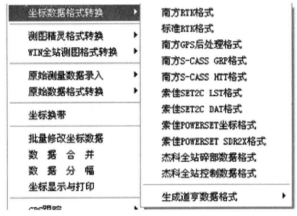

图 4.47　"坐标数据格式转换"子菜单

操作方法：以索佳 SET 系列为例说明，当选择了此菜单后，会弹出一个对话框，在文件名栏中输入相应的索佳 SET2100 坐标数据文件名后，点击"打开"，又弹出一个对话框；输入要转换的 CASS 9.1 数据文件名后，点击"保存"，格式转换即完成。

4.9.12　原始测量数据录入

功能：此项菜单和下一项菜单主要是为使用光学仪器的用户提供一个将原始测量数据向CASS 9.1 格式数据转换的途径。

4.9.13　原始数据格式转换

功能：将原始测量数据转换为 CASS 9.1 格式的坐标数据。现支持测距仪和经纬仪视距法两种操作方式。

4.9.14　坐标换带

功能：可进行 1954 北京坐标系和 1980 西安坐标系的高斯坐标换带计算。

操作方法：左键点击本菜单后，会弹出一个对话框，如图 4.48 所示。首先，选择是单点转换还是批量转换；然后，选择椭球基准、新老投影带的中央子午线等参数；在输入了源坐标后，点击"坐标转换"，即可得到转换后的目标坐标。若点击"图形转换"，则将图形实体全部由源坐标位置转换至换带后的目标坐标位置。

4.9.15　批量修改坐标数据

功能:可改通过加固定常数、乘固定常数、X 和 Y 交换三种方法批量修改所有数据或高程为 0 的数据。

操作方法:左键点击本菜单后,会弹出一个对话框,如图 4.49 所示。首先,填写"原始数据文件名""更改后数据文件名""选择需要处理的数据类型"和"修改类型";然后,在相应的方框内输入改正值,点击"确定"即完成"批量修改坐标数据"功能。

图 4.48　"坐标换带"对话框

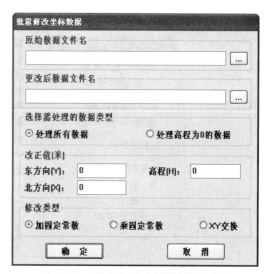

图 4.49　"批量修改坐标数据"对话框

4.9.16　数据合并

功能:将不同观测组的测量数据文件合并成一个坐标数据文件,以便统一处理。

操作方法:左键点击本菜单后,会依次弹出多个对话框,根据提示(对话框左上角)依次输入坐标数据文件名一、坐标数据文件名二和合并后的坐标数据文件名。

需要说明的是:数据合并后,每个文件的点名不变,以确保与草图对应,所以点名可能存在重复现象。

4.9.17　数据分幅

功能:将坐标数据文件按指定范围提取生成一个新的坐标数据文件。

操作方法:左键点击本菜单后,会弹出一个对话框,要求输入"待分幅的坐标数据文件名",输入后点击"打开";随即又会弹出一个对话框,要求输入"生成的分幅坐标数据文件名",输入后点击"保存";然后,命令区提示"选择分幅方式:(1)根据矩形区域;(2)根据封闭复合线〈1〉",如选(1),系统将提示输入分幅范围西南角和东北角的坐标;如选(2),应先在图上用复合线绘出分幅区域边界,用鼠标选择此边界后,即可将区域内的数据分出来。

4.9.18　坐标显示与打印

功能:提供对坐标数据文件的查看与编辑。

操作方法:左键点击本菜单后,会弹出一个对话框,选择文件打开后如图 4.50 所示。此对话框是一个电子表格,它支持电子表格的各种功能,用户可以在此对话框对坐标数据文件进行各种编辑,包括修改或删除现有数据、增加新的点数据。编辑完成之后,按“保存”就可以将修改结果写进数据文件中了。

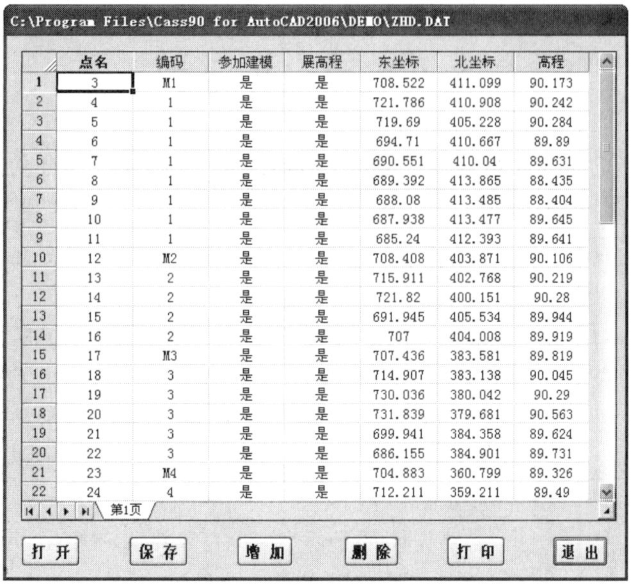

C:\Program Files\Cass90 for AutoCAD2006\DEMO\ZHD.DAT

	点名	编码	参加建模	展高程	东坐标	北坐标	高程
1	3	M1	是	是	708.522	411.099	90.173
2	4	1	是	是	721.786	410.908	90.242
3	5	1	是	是	719.69	405.228	90.284
4	6	1	是	是	694.71	410.667	89.89
5	7	1	是	是	690.551	410.04	89.631
6	8	1	是	是	689.392	413.865	88.435
7	9	1	是	是	688.08	413.485	88.404
8	10	1	是	是	687.938	413.477	89.645
9	11	1	是	是	685.24	412.393	89.641
10	12	M2	是	是	708.408	403.871	90.106
11	13	2	是	是	715.911	402.768	90.219
12	14	2	是	是	721.82	400.151	90.28
13	15	2	是	是	691.945	405.534	89.944
14	16	2	是	是	707	404.008	89.919
15	17	M3	是	是	707.436	383.581	89.819
16	18	3	是	是	714.907	383.138	90.045
17	19	3	是	是	730.036	380.042	90.29
18	20	3	是	是	731.839	379.681	90.563
19	21	3	是	是	699.941	384.358	89.624
20	22	3	是	是	686.155	384.901	89.731
21	23	M4	是	是	704.883	360.799	89.326
22	24	4	是	是	712.211	359.211	89.49

图 4.50　编辑坐标数据对话框

需要说明的是:

(1)“点名”:每个地物点的点名或者是点号。

(2)“编码”:指地物点的地物编码,主要用于自动绘制平面图。

(3)“参加建模”:此项的值是“是”则此点将参加三角形建网,如是“否”则不参与三角形的建网。

(4)“展高程”:此项的值是“否”则此点将在展高程点时不展绘出来,如是“是”则展绘出来。

(5)“东坐标”:测量坐标的 Y 值。

(6)“北坐标”:测量坐标的 X 值。

(7)“高程”:地物点的高程。

4.9.19　GPS 跟踪

功能:用于 GPS 移动站与 CASS 9.1 的连接。

1. GPS 设置

功能:GPS 移动站与 CASS 9.1 连接工作时,设置 GPS 信号发送间隔,一般选 1～10 秒,默认值是 3 秒。

操作方法:左键点击本菜单后,命令区提示“输入 GPS 发送间隔:(1—10 s)〈3 s〉”后,输入发射间隔时间。

2. 实时 GPS 跟踪

功能:将装有 CASS 9.1 的便携机与 GPS 移动站相连,每隔一个时间间隔(如 3 秒)接收一次 GPS 信号,并将其自动解算成坐标数据,在地形图上以一个小十字符号实时表示当前所处的位置。同时,可选择将坐标数据存入 CASS 9.1 的数据格式文件中。另外,本功能还可以实时算出一个区域的面积、周长、线长。

操作方法:左键点击本菜单后,会弹出一个对话框,输入要保存坐标的数据文件名,再根据命令区提示输入中央子午线经度即可。

§4.10 绘图处理

"绘图处理"菜单的主要功能是展绘处理碎部点,进行代码转换、自动绘图,以及对绘图区域进行加框整饰,如图 4.51 所示。

图 4.51 "绘图处理"菜单

4.10.1 定显示区

功能:通过给定坐标数据文件定出图形的显示区域。

操作方法:左键点击本菜单后,会弹出一个对话框,要求输入测图区域的野外坐标数据文件,计算机并自动求出该测区的最大、最小坐标。然后,系统自动将坐标数据文件内所有的点都显示在屏幕显示范围内。

需要说明的是:这一步工作并非必须做,可随时点击快捷菜单中"缩放全图"按钮实现全图显示。

4.10.2 改变当前图形比例尺

功能:CASS 9.1 可根据输入的比例尺调整图形实体,实质是修改地图符号和注记文字的大小、齿状线型的齿距等,并且会根据骨架线重构复杂实体。

操作方法:左键点击本菜单后,看命令区提示操作。

"输入新比例尺 1":按提示输入新比例尺的分母后回车,此时命令区提示"是否自动改变符号大小?",根据需要可选择"Y"或者"N"。

需要注意的是:有时带线型的线状实体,如陡坎,会显示成一根实线,这并不是图形出错,而只是显示的原因,要想恢复线型的显示。只需输入"REGEN"命令即可。

另外,线型符号的显示错误,如圆弧显示为折线段,也可以用"REGEN"命令来恢复。

4.10.3 展高程点

功能:批量展绘高程点。

操作方法:左键点击本菜单后,会弹出一个对话框,输入待展高程点坐标数据文件名后点击"打开"。

"注记高程点的距离(米)":输入注记的间隔距离。

需要注意的是：注记的距离指展绘的任意两高程点间的最小距离，此距离决定了点位密度。

4.10.4　高程点建模设置

功能：设置高程点是否参加建模。

操作方法：左键点击本菜单后，选择参与设置的高程点。

4.10.5　高程点过滤

功能：从图上过滤掉距离小于给定条件的高程点，用于高程点过密时删除一部分高程点的操作。

4.10.6　高程点处理

1．打散高程注记

功能：使高程注记时的定位点与注记数字分离。

操作方法：左键点击本菜单后，选择需要打散高程注记的高程点。

2．合成打散的高程注记

功能：与"打散高程注记"功能互为逆过程。

操作方法：左键点击本菜单后，选择需要合成高程注记的高程点。

4.10.7　展野外测点点号

功能：展绘各测点的点号及点位，供交互编辑时参考。

操作方法：与展高程点相同。

4.10.8　展野外测点代码

功能：展绘各测点编码及点位（在简码坐标数据文件或自行编码的坐标数据文件里有），供交互编辑时参考。

操作方法：与展高程点相同。

4.10.9　展野外测点点位

功能：仅展绘各测点位置（用点表示），供交互编辑时参考。

4.10.10　切换展点注记

功能：用户在执行"展野外测点点号""展野外测点代码""展野外测点点位"后，可以执行本菜单，使展点的方式在"点""点号""代码"和"高程"之间切换，做到一次展点、多次切换，满足成图出图的需要。

4.10.11　水上成图

功能：批量展绘水上高程点，与展高程点不同之处在于所展高程点位是小数点位。因水上成图与地面成图有一定差别，为此特别定制了 8 个子菜单。具体使用请参照 CASS 说明书。

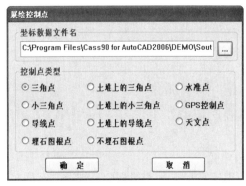

图 4.52　"展控制点"对话框

4.10.12　展控制点

功能:批量展绘控制点。

操作方法:左键点击"绘图处理\展控制点"选项,会弹出一个对话框,如图 4.52 所示。首先,点击"…"选择控制点的坐标数据文件或者直接输入坐标文件名及所在路径;然后,选择所展控制点的类型。

当数据文件中的点有特殊编码时,按照特殊编码展为与编码相对应的控制点类型;当没有特殊编码时,则按照选定的"控制点类型"展绘出来。

4.10.13　编码引导

功能:根据编码引导文件和坐标数据文件生成带简码的坐标数据文件。

操作方法:左键点击本菜单后,会依次弹出几个对话框,根据提示(弹出对话框的左上角)分别输入编码引导文件名、坐标数据文件名及此两个文件合并后的简编码坐标数据文件名(这时需要给一个新文件名,否则原有同名文件将被覆盖掉)。

需要注意的是:使用该项功能前,应该先根据草图编辑生成引导文件。

4.10.14　简码识别

功能:将简编码坐标数据文件转换为 CASS 9.1 交换文件及一些辅助数据文件,供"绘平面图"命令用。

操作方法:左键点击本菜单后,会弹出一个对话框,要求输入带简码的坐标数据文件名,输入后点击"打开",此时在命令区提示栏中会不断显示正在处理实体的代码。

4.10.15　图幅整饰

功能:对已绘制好的图形进行分幅、加图框等工作,如图 4.53 所示。

图 4.53　输入图幅信息对话框

1. 图幅网格(指定长宽)

功能:在测区(当前测图)形成矩形分幅网格,使每幅图的范围清楚地展示出来,便于用"地物编辑"菜单的"窗口内的图形存盘"功能;还能用于截取各图幅(给定该图幅网格的左下角和右上角即可)。

操作方法:左键点击本菜单后,看命令区提示操作。按提示操作,系统将在测区自动形成分幅网格。

(1)"方格长度(mm)":输入方格网的长度。

(2)"方格宽度(mm)":输入方格网的宽度。

(3)"用鼠标器指定需加图幅网格区域的左下角点":指定左下角点。

(4)"用鼠标器指定需加图幅网格区域的右上角点":指定右上角点。

2. 加方格网

功能:在所选图形上加绘方格网。

3. 方格注记

功能:将方格网中的十字符号注记上坐标。

4. 批量分幅

功能:将图形以 50 cm×50 cm 或 50 cm×40 cm 的标准图框切割分幅成一个个单独的磁盘文件,而且不会破坏原有图形。

操作方法:左键点击本菜单后,看命令区提示"请选择图幅尺寸:(1)50 * 50 (2)50 * 40 (3)自定义尺寸〈1〉",若选(3)则要求给出图幅的长宽尺寸。

5. 批量倾斜分幅

(1)"普通分幅":将图形按照一定要求分成任意大小和角度的图幅。

(2)"700 m 公路分幅":将图形沿公路以 700 m 为一个长度单位进行分幅。

6. 标准图幅(50 cm×50 cm)

功能:给已分幅图形加 50 cm×50 cm 的图框。

操作方法:左键点击本菜单后,会弹出一个对话框,如图 4.53 所示。按对话框输入图纸信息后,点击"确定",并确定是否删除图框外实体。

需要注意的是:单位名称和坐标系、高程系可以在加图框前定制。图框定制可方便地在"CASS 9.1 参数设置\图框设置"中设定或修改各种图框的图形文件,这些文件放在"\cass90\cass90tk"目录中,用户可以根据自己的情况编辑,然后存盘。50 cm×50 cm 图框文件名是 AC50TK. dwg,50 cm×40 cm 图框文件名是 AC45TK. dwg。

7. 标准图幅(50 cm×40 cm)

功能:给已自动编成 50 cm×40 cm 的图形加图框,命令区提示和操作方法与"标准图幅"相同。

8. 任意图幅

功能:给绘成任意大小的图形加图框。

操作方法:左键点击本菜单后,按图 4.53 的对话框输入图纸信息,此时"图幅尺寸"选项区域变为可编辑,输入自定义的尺寸及相关信息即可。

9. 小比例尺图幅

功能:根据输入的图幅左下角经纬度和中央子午线生成小比例尺图幅。

操作方法:左键点击本菜单后,命令区提示"请选择:(1)三度带(2)六度带〈1〉",然后会弹出一个对话框,如图 4.54 所示,输入图幅中央子午线、左下角经纬度、参考椭球、图幅比例尺等信息,系统自动根据这些信息求出国标图号并转换图幅各点坐标,再根据输入的图名信息绘出国家标准小比例尺图幅。

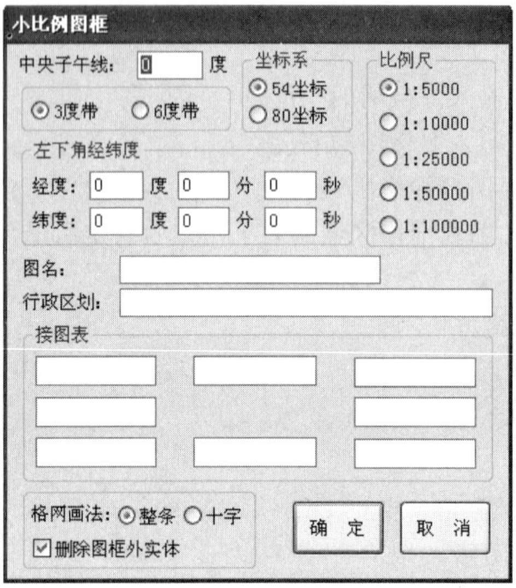

图 4.54　输入小比例尺图幅坐标信息

10.　倾斜图幅

功能:为满足公路等工程部门的特殊需要,提供任意角度的倾斜图幅。

操作方法:左键点击本菜单后,按图 4.53 所示的对话框输入图纸信息,此时"图幅尺寸"选项区域变为可编辑,输入自定义的尺寸及相关信息确定后,会出现提示"输入两点定出图幅旋转角,第一点,第二点"。

需要注意的是:执行此功能前一般要执行"加方格网"命令。

11.　工程图幅

功能:提供 0、1、2、3、4 号工程图框。

操作方法:左键点击本菜单后,看命令区提示操作。

(1)"用鼠标指定内图框左卜角点位":此时给出内图框放置的左下角点。

(2)"要角图章,指北针吗〈N〉":键入"Y"或"N",选择是否在图框中画出角图章、指北针。

12.　图纸空间图幅

功能:将图框画到布局里,分为 50 cm×50 cm、50 cm×40 cm、任意图幅三种类型。命令区提示和操作方法与"标准图幅"相同。

4.10.16　图形梯形纠正

如果所用的是 HP 或其他系列的喷墨绘图仪,在用它们出图时,所得到图形图框的两条竖边可能不一样长,这项菜单的主要功能就是对此进行纠正。

先用绘图仪绘出一幅 50 cm×50 cm 或 40 cm×50 cm 的图框,并量取右竖直边的实际长度和理论长度的差值,然后按命令区提示得到边长度和理论长度的差值。

需要说明的是：如果差值大于零，则说明右竖直边的实际长度大于理论长度，输入改正值的符号为"＋"，以便压缩；反之，为"－"时，扩大。

§4.11　地　籍

"地籍"菜单是为地籍测量/地籍图编辑及地籍数据统计专门定制的，其中包含的子菜单如图4.55所示。

4.11.1　绘制权属线

功能：直接绘制具有宗地号、权利人、土地利用类别属性的宗地界线。

操作方法：左键点击本菜单后，看命令区提示操作。

（1）"第一点：〈跟踪 T/区间跟踪 N〉"：输入第一点位置。

（2）"曲线 Q/边长交会 B/跟踪 T/区间跟踪 N/垂直距离 Z/平行线 X/两边距离 L/〈指定点〉"：继续输入其他点位置。

系统会弹出一个对话框，如图4.56所示，提示输入宗地号、权利人和土地利用类别。用鼠标直接指定或坐标指定注记位置。

图 4.56　宗地属性输入对话框

4.11.2　复合线转为权属线

功能：将封闭的复合线转换为权属线。

操作方法：左键点击本菜单后，选择封闭的符合线，会弹出一个对话框，如图4.56所示，输入权属信息。

图 4.55　"地籍"菜单

4.11.3　权属文件生成

功能：生成地籍图成图所需的权属信息文件。生成权属信息文件有如图4.57所示的四种方法。

图 4.57　"权属文件生成"子菜单

1. 权属合并

将权属引导文件和与界址点对应的坐标数据文件结合,生成地籍图成图所需的权属信息文件。左键点击本菜单后,会依次弹出三个对话框,根据提示分别输入权属引导数据文件名、坐标点(界址点)数据文件名及这两个文件合并后的地籍权属信息文件名即可。

2. 由图形生成

通过手工定界址点生成权属信息文件,结果与"权属合并"生成的文件一样。左键点击本菜单后,看命令区提示。

(1)"是否绘出界址线?(1)否(2)是〈1〉":选"是"的话,则在点取界址点的同时画出界址线,如果未曾给出图形比例尺,则命令区提示输入比例尺;如果选"否"的话,则点取界址点的同时不画出界址线。

(2)"请选择:(1)界址点号按序号累加(2)手工输入界址点号〈1〉":选择定义界址点号的方式。如果需要按自己的要求定义界址点号的话,则必须选"(2)"。然后会弹出一个对话框,在文件名栏中输入想保存的权属信息数据文件名后,点击"保存"即可,再根据命令区提示操作。如果此文件名已存在,则会提示"文件已存在,请选择:(1)追加该文件(2)覆盖该文件〈1〉"。若选"(1)",则新建文件内容将追加在原有文件之后;若选"(2)",则新文件会将原有文件覆盖掉。

(3)"输入宗地号":输入宗地号。

(4)"输入权属主":输入权属主名称。

(5)"输入地类号":输入该宗地的地类号。

(6)"输入点":指定该宗地的起点。

(7)"输入代码":输入指定点的代码,不输入则直接回车(只有选手工输入界址点号时,才有此项提示出现)。

(8)重复执行"输入点"操作方法,直到在"输入点"处键入空回车表示结束。

(9)"请选择:(1)继续下一宗地(2)退出〈1〉":如果继续下一宗地,输入后回车;如果想退出,输入"2"后回车。

3. 由复合线生成

通过闭合的复合线生成权属信息文件。左键点击本菜单后,看命令区提示操作。

(1)"输入界址号前缀字母:〈不要前缀〉":通过此选项可根据需要在界址点号前加上前缀字母,直接回车则表示不要前缀。然后,会弹出一个对话框,在文件名栏中输入想保存的权属信息数据文件名后,点击"保存"即可。如此文件已存在,则会提示"文件已存在,请选择(1)追加文件(2)覆盖文件〈1〉":若选"(1)",则新建文件内容将追加在原有文件之后;若选"(2)",则新文件会将原有文件覆盖掉。

(2)"选择复合线":取需要生成权属文件的复合线。

(3)"输入宗地号":输入宗地号。

(4)"输入权属主":输入权属主名称。

(5)"输入地类号":输入该宗地的地类号,或出现"该宗地已写入权属信息文件!"的提示。

(6)"选择复合线(回车结束)":上一宗地的权属文件已生成完毕,开始进行下一宗地的复合线选取。直接回车结束选取。

需要注意的是:最后生成的是一个包含所有选择的权属信息文件。

4. 由界址线生成

通过选择闭合界址线生成权属信息文件。左键点击本菜单后,会弹出一个对话框,输入想保存的权属信息数据文件名后,点击"保存"即可。再根据命令区提示选择界址线,可重复选择界址线,回车结束。最后生成一个包含所有界址线的权属信息文件。

需要注意的是:本功能要求所选的界址线必须是加过地籍号、权利人、地类编码等属性的。CASS 9.1 在绘出界址线后就会提示输入以上信息。如果在提示时没有输入这些属性信息,则可以通过修改宗地属性来加入这些属性信息。

5. 权属信息文件合并

将几个权属文件合并为一个整体,左键点击本菜单后,会弹出一个对话框,在右边的选项框中给出源文件的路径(注意源文件要放到同一个文件夹中),确定后提示保存的文件名,给出新的文件名即可。

4.11.4　依权属文件绘权属图

功能:依照权属信息文件绘制权属图。

操作方法:左键点击本菜单后,会弹出一个对话框,按要求输入权属信息数据文件名后,再点击"打开"即可,命令区提示"输入范围(宗地号.街坊号或街道号)〈全部〉",直接回车默认全部。如果想绘制某一宗地、某一街坊或某一街道的权属图,只需输入对应的宗地号、街坊号或街道号。例如,输入"001"将选中以"001"开头的所有宗地。

需要注意的是:所生成权属图中的注记内容种类可通过"地籍参数设置"来确定。

4.11.5　修改界址点号

功能:将原来老的界址点的编号改为新的编号。

操作方法:左键点击本菜单后,命令区提示选择界址点圆圈,可单个选取,也可拉框选取,回车后在界址点旁出现一个修改框,回车可在所有界址点间切换,如图 4.58 所示。

图 4.58　"修改界址点号"操作框

4.11.6　重排界址点号

功能:改变界址点的起点号,使本宗地其他界址点号依次改变。

操作方法:左键点击本菜单后,命令区提示"(1)手工选择按生成顺序重排(2)区域内按生成顺序重排(3)区域内按从上到下从左到右顺序重排(4)界址点定向重排〈1〉",根据需要选择。

4.11.7　设置最大界址点号

功能:设置当前最大的界址点号,则下一宗地的起始界址点号为当前最大界址点号加1。也就是说,不论当前的最大界址点号是多少,可以设置任何一个数作为下一宗地界址点号的起始值的参照(在新设置的最大值上加1)。例如,要下一宗地的起始界址点号为1,则可设置当前最大界址点号为0。

4.11.8　修改界址点号前缀

功能:批量修改界址点号的前缀。

操作方法:左键点击本菜单后,看命令区提示操作。

(1)"请输入固定界址点号前缀字母〈直接回车去除前缀〉":确定界址点号前缀。

(2)"请选择要修改固定点号前缀的界址点":选择需要修改的界址点。

4.11.9　删除无用界址点

功能:删除没有界址线连接的界址点。

4.11.10　注记界址点点名

(1)"注记":将图上的界址点注记其界址点名。

(2)"删除":去掉界址点的点名注记。

4.11.11　界址点圆圈修饰

界址点圆圈修饰子菜单如图4.59所示。

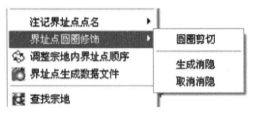

图4.59　"界址点圆圈修饰"子菜单

1. 圆圈剪切

功能:根据出图需要,对界址点圆圈进行修饰以使其符合出图标准。

操作方法:左键点击本菜单后,看命令区提示操作。

(1)"执行本功能后不可存盘!":在出图时才用此命令。

(2)"是否继续?(1)否(2)是〈1〉":因为修饰后会使界址线断开,所以用户应只在出图时应用此功能,且应用完后不要存盘。

2. 生成消隐

消隐与剪切的目的是一样的,但是剪切会剪断界址线,而消隐则不会。

4.11.12　调整宗地内界址点顺序

功能:调整界址点成果输出时的顺序。图面上的界址点号不变,但在界址点成果输出中,界址点的前后顺序会发生改变。

操作方法:左键点击本菜单后,看命令区提示操作。

(1)"选择宗地":选择要调整界址点顺序的宗地。

(2)"请选择指定界址线起点方式:(1)西北角(2)手工指定〈1〉":输入界址点新的起始位置。

(3)"请选择界址点排列方式:(1)逆时针(2)顺时针〈1〉":选择新的界址点排列方式。

4.11.13　界址点生成数据文件

功能:根据图上已有界址点生成界址点数据文件。

操作方法:左键点击本菜单后,给出一个用来保存数据的文件名(文本文件),再依提示选择指定的界址点或相应的宗地即可。

4.11.14　查找宗地

功能:可以输入单个条件进行指定查询,也可输入多个条件进行组合查询,默认的是进行宗地号的查询,执行完毕,将自动定位到查询得到的第一个宗地,如图 4.60 所示。其中,"宗地号"查询栏支持模糊查询,这样,当没有符合条件的查询结果时,程序将尽量返回与查询条件最接近的宗地号。

图 4.60　"查找宗地"对话框

操作方法:输入相应的查询条件,如输入宗地号 0010200004;点击"查找",如果查询结果不为空,则图面定位到宗地号为 0010200004 的宗地,当查询结果超过一个,则程序自动将结果显示在浮动的列表框中,双击即可实时定位;否则,显示如图 4.61 所示的对话框。

4.11.15　查找界址点

功能:在当前的地籍图中查找指定的界址点。

操作方法:左键点击本菜单后,会弹出一个对话框,如图 4.62 所示,然后在对话框中输入查找的条件,若找到则将结果显示在屏幕中央;若找不到,则提示"没有找到界址点××"。

图 4.61 "没有找到符合
要求的宗地"对话框

图 4.62 "查找界址点"对话框

4.11.16 宗地加界址点

功能:在已有宗地上添加界址点。

操作方法:左键点击本菜单后,按命令区提示依次选择要插入点和新界址点的位置,即"指定插入点位置""指定添加点的新位置:〈原位置〉"。

4.11.17 宗地合并

功能:将相邻且具有至少一条公共边的两块宗地合并为一块宗地。

操作方法:左键点击本菜单后,按提示依次选择要合并的宗地即可,即"选择第一宗地""选择第二宗地"。

需要注意的是:合并后的宗地面积、建筑物面积分别累加,合并后宗地号、权利人、地类与所选的第一宗地相同,但可利用"修改宗地属性"命令来修改这些信息。另外,宗地合并每次只能合并两块宗地,若有多块宗地需合并则可以重复执行该命令两两合并。

4.11.18 宗地分割

功能:将一块宗地依公共边分割成两块宗地。

操作方法:先用复合线画出分割这块宗地的分界线,然后左键点击本菜单后,看命令区提示操作。

需要注意的是:分割之后的两块宗地属性相同,需用"修改宗地属性"来修改。

4.11.19 宗地重构

功能:根据图上界址线重新生成一遍图形,当宗地界址点或边发生移动时,可通过该菜单实时调整宗地面积。

操作方法:左键点击本菜单后,选取需重构的宗地即可。

4.11.20 修改建筑物属性

"修改建筑物属性"子菜单如图 4.63 所示。

1. 设置结构和层数

功能:设置和改变建筑物结构及层数。

操作方法:左键点击本菜单后,看命令区提示操作。

2．注记建筑物边长

功能：自动将所选建筑物所有边长计算出来并自动注记在各边上。

操作方法：左键点击本菜单后，会弹出一个对话框，输入权属信息文件名后点击"打开"即可。

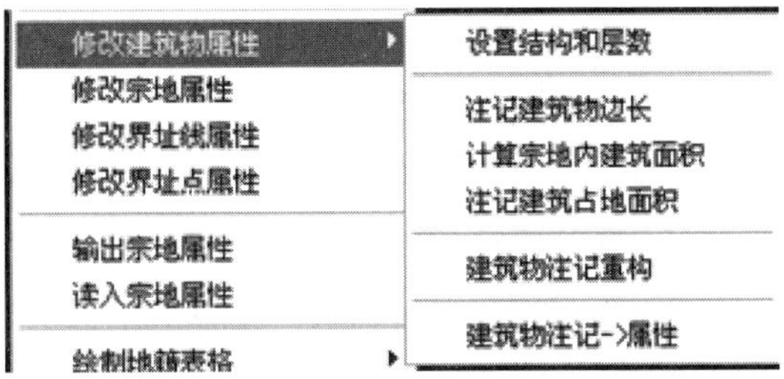

图 4.63　"修改建筑物属性"子菜单

3．计算宗地内建筑面积

功能：计算单块宗地内建筑物的总面积。

操作方法：左键点击本菜单后，再选择相应宗地即可。

4．注记建筑占地面积

功能：将宗地内建筑物加上面积和边长注记，该面积为建筑物首层面积。

操作方法：左键点击本菜单后，看命令区提示操作。

5．建筑物注记重构

功能：重新生成宗地内建筑物注记。

操作方法：左键点击本菜单后，看命令区提示操作。

4.11.21　修改宗地属性

功能：为宗地提供一个属性管理器，可方便地查询、修改、添加宗地的属性。

操作方法：左键点击本菜单后，会弹出一个对话框，如图 4.64 所示，然后可根据实际情况来添加或修改相应的内容。

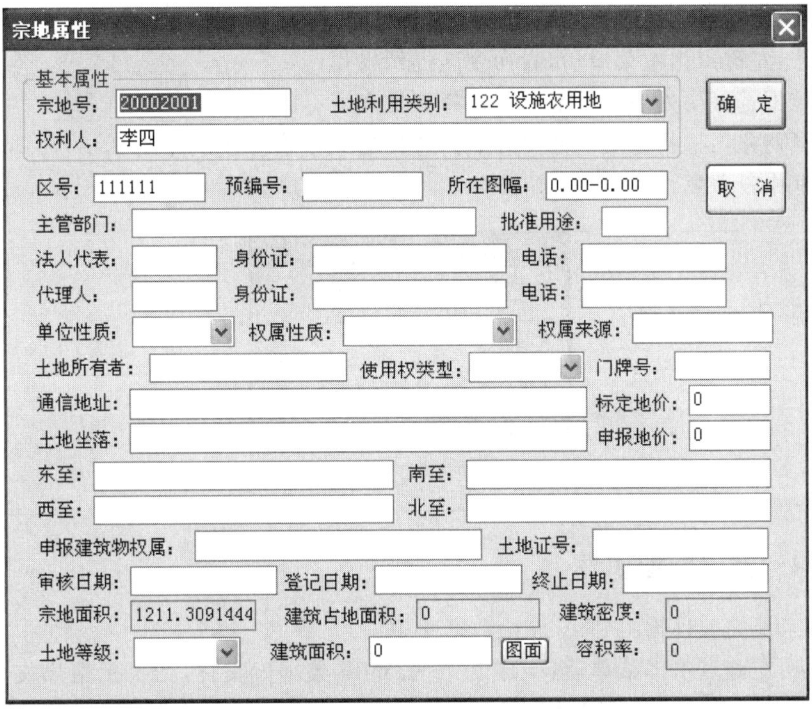

图 4.64　"修改宗地属性"对话框

4.11.22   修改界址线属性

功能:编辑界址线的属性。

操作方法:左键点击本菜单后,看命令区提示操作。

(1)"选择界址线所在宗地":择一块宗地。

(2)"指定界址线所在边":选择本宗地上需编辑属性的界址线,选择后系统会弹出一个对话框,如图 4.65 所示,即可在对话框中设置属性值。

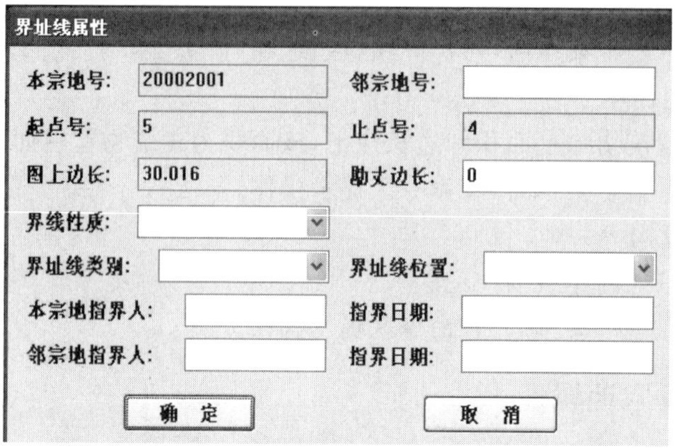

图 4.65   "修改界址线属性"对话框

4.11.23   修改界址点属性

功能:编辑界址点的属性。

操作方法:左键点击本菜单后,看命令区提示操作。

(1)"请拉框选择要处理的界址点":选择界址点。

(2)"选择对象":选择需编辑的界址点。选择后系统会弹出一个对话框,如图 4.66 所示,即可在对话框中设置属性值。

图 4.66   "修改界址点属性"对话框

4.11.24   输出宗地属性

功能:将宗地的属性输出到 Access 数据库中。

操作方法:左键点击本菜单后,生成一个 *.mdb 数据库文件,依提示给出文件名保存即可。此文件可直接在 Access 数据库中打开。

4.11.25　读入宗地属性

功能:把宗地的属性(* . mdb)调入当前图形。

4.11.26　绘制地籍表格

功能:根据有关地籍测量规范的要求标准,提供多种地籍表格的绘制输出。其子菜单如图 4.67 所示。

图 4.67　"绘制地籍表格"子菜单

1.界址点成果表

功能:依据权属信息文件,绘制界址点成果表,包含宗地号、宗地面积、界址点坐标及界址线边长。

操作方法:左键点击本菜单后,看命令区提示操作。

(1)"用鼠标指定界址点成果表的点":指定成果表的左下角。

(2)"(1)手工选择宗地(2)输入宗地号〈1〉":直接回车默认手工选择,如果想绘制某一宗地界址点成果表,只需输入对应的宗地号。

2.界址点成果表(Excel)

功能:依据权属信息文件,绘制界址点成果表并直接输入到 Excel 表中,包含宗地号、宗地面积、界址点坐标及界址线边长。

操作方法:左键点击本菜单后,看命令区提示"(1)手工选择宗地(2)输入宗地号〈1〉",直接回车默认手工选择,如果想绘制某一宗地界址点成果表,只需输入对应的宗地号。

3.界址点坐标表

功能:通过鼠标定点或选取已有封闭复合线,生成界址点坐标表。

操作方法:左键点击本菜单后,看命令区提示操作。

(1)"请指定表格左上角点":指定成果表的左上角。

(2)"请选择定点方法:(1)选取封闭复合线(2)逐点定位〈1〉":选"(1)"则提示"选择复合线",选"(2)"则提示"用鼠标指定界址点(回车结束)"。

4. 以街坊为单位界址点坐标表

功能:得到一个街坊的界址点坐标表。

操作方法:左键点击本菜单后,看命令区提示操作。

(1)"(1)手工选择宗地(2)输入宗地号〈1〉":选择获取界址点的方式。选"(2)"则提示:"请指定表格左上角点",即指定表格插入点。

(2)"输入每页行数:(20)":输入表格每页的行数。

5. 以街道为单位宗地面积汇总表

功能:依据权属信息数据文件,生成指定街道的宗地面积汇总表。

操作方法:左键点击本菜单后,会弹出一个对话框,要求输入权属信息数据文件名,输入后点击"打开",看命令区提示操作。

(1)"输入街道号":输入所要汇总的街道号。

(2)"输入面积汇总表左上角坐标":用鼠标指定表格左上角点。

6. 城镇土地分类面积统计表

功能:根据土地类别,生成城镇土地分类面积统计表。

操作方法:左键点击本菜单后,看命令区提示操作。

(1)"请输入最小统计单位:(1)街道(2)街坊〈1〉":表格每一行代表一个街道,统计范围为整个权属信息文件。

(2)"输入面积汇总表左上角坐标":指定表格左上角点。

7. 城镇土地分类面积统计表(Excel)

功能:根据土地类别,生成城镇土地分类面积 Excel 统计表。

操作方法:与"城镇土地分类面积统计表"相同。

8. 街道面积统计表

功能:统计权属信息文件中各街道的面积。

操作方法:左键点击本菜单后,会弹出一个对话框,输入权属信息文件名后点击"打开",命令区提示"输入面积统计表左上角坐标",指定表格左上角点。

9. 街坊面积统计表

功能:依据权属信息文件,统计指定街道中各街坊的面积。

操作方法:左键点击本菜单后,看命令区提示操作。

(1)"输入街道号":输入想要统计的街道号,如"001"。

(2)然后,会弹出一个对话框,输入权属信息文件名后点击"打开"即可。

(3)"输入面积汇总表左上角坐标":指定表格左上角点。

10. 面积分类统计表

功能:依据权属信息文件,统计文件中各地类的面积。

操作方法:左键点击本菜单后,会弹出一个对话框,输入权属信息文件名后点击"打开",命令区提示"输入面积汇总表左上角坐标",指定表格左上角点。

11. 街道面积分类统计表

功能:依据权属信息文件,统计指定街道中各地类的面积。

操作方法：左键点击本菜单后，看命令区提示操作。

(1)"输入街道号"：输入想要统计的街道号，如"002"。

(2)然后，会弹出一个对话框，输入权属信息文件名后点击"打开"即可。

(3)"输入面积汇总表左上角坐标"：指定表格左上角点。

12.街坊面积分类统计表

功能：依据权属信息文件，统计指定街坊中各地类的面积。

操作方法：与"街道面积分类统计表"类似，只是输入街坊号即可。

4.11.27　绘制宗地图框

功能：给已作的宗地图加绘相应的图框，并将图形进行适当比例的缩放以适应指定图框的尺寸。

需要注意的是：在普通情况下，宗地图在比例缩放后，大小会发生变化，这时界址线的宽度、界址点圆圈的半径及文字、符号的大小会与要求不符，而用本菜单画宗地图可自动调整实体的大小粗细，使最后出来的图面符合图式要求。

菜单内给出了不同大小的宗地图框供用户选择，用户也可以自定义宗地图框。方法是：建立自己的宗地图框文件，并且填写"地籍参数设置"中"自定义宗地图框"栏的宗地图框文件名、尺寸及文字大小、注记位置等相关内容。下面以 32 开宗地图框为例说明。

1.单块宗地

功能：用鼠标划出包含某界址线的矩形区域，加 32 开的宗地图框，并适当缩放图形。

操作方法：左键点击本菜单后，看命令区提示操作。

(1)"用鼠标器指定宗地图范围——第一角"：会弹出一个对话框，如图 4.68 所示。

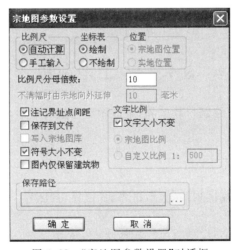

图 4.68　"宗地图参数设置"对话框

(2)"用鼠标器指定宗地图框的定位点"：选择图框定位点。

(3)"请选择宗地图比例尺：(1)自动确定(2)手工输入"：如选自动确定比例尺，系统对指定区域进行自动缩放以便最大限度地适应图框，但缩放后的比例尺分母固定为 10 的倍数；如选手工输入比例尺，将会提示"请输入宗地图比例尺分母＝1"，用户可输入任意整数，不一定是10 的倍数，如输入的比例尺分母不恰当的话，图形缩放后有可能超出图框。

（4）"是否将宗地图保存到文件？（1）否（2）是〈1〉"：如选"（2）"，生成的宗地图会被切割出来存放在磁盘文件内，并且还会提示"是否按实地坐标保存宗地图？（1）否（2）是〈1〉"，由于宗地经过了缩放平移，在宗地图内的坐标和比例都与实际不符。如选"（2）"，宗地图会被平移缩放回原来的位置再存到磁盘文件中，但该图在打印输出时要注意算一下出图比例，打出来才有实际的 32 开大小。

（5）"请输入宗地图目录名"：宗地图将存放在这个目录里，图形文件名就是宗地号。

CASS 9.1 还会自动在宗地图上注记本宗地的界址点号、界址线长度、宗地面积、建筑物占地面积、地类编号、邻宗地地类和地号。

需要注意的是：注记的界址点号是以界址线绘制的顺序来画，建筑物占地面积是统计"JMD"层的封闭复合线的面积之和。如果在指定宗地图范围时，所拉对角方框内没有完整的宗地，作出的宗地图里会缺少一些注记；如方框内有丙宗以上的宗地，系统会随机挑选一宗处理。因此，这种情况下应该用"批量处理"获得宗地图。

2. 批量处理

功能：单块宗地处理一次只能绘一幅宗地图，如一幅地籍图里有成百上千的宗地，处理起来会很麻烦，这时就可以用鼠标在图上批量选取界址线，只要选中的界址线加过属性，就可以一次性画出排成一排的多幅宗地图。

操作方法：与"单块宗地"相同，只是界址线外切割的范围是程序自动确定的，与要处理宗地的大小有比例关系。

如地籍图较大，生成的宗地图很可能与地籍图叠在一起，看起来很混乱，但这没有关系，宗地图保存到文件的时候会自动过滤不属于宗地图的实体。

4.11.28　界址点点之记图

功能：绘制界址点的点之记图，并生成表页。

§4.12　土地利用

通过"土地利用"菜单可绘制行政区界，生成图斑等地类要素，对土地利用情况进行统计计算，如图 4.69 所示。

4.12.1　面状行政区

功能：主要用于绘制行政区划线，包括村界、乡镇界、县区界。"属性修改"用来修改行政区的属性。

操作方法：选择区划线种类，如村界。命令区提示"第一点：〈跟踪 T/区间跟踪 N〉""曲线 Q/边长交会 B/跟踪 T/区间跟踪 N/垂直距离 Z/平行线 X/两边距离 L/圆 Y/内部点 O〈指定点〉"。最后，键入"C"让行政区划线闭合。内部点生成是在一个封闭的区域里点取一点，于是将这个封闭的区域生成一个行政区。之后系统会弹出一个行政区属性对话框，在其中输入区划代码和行政区名。确定之后，系统提示选择注记的位置，完成绘制。

若要对行政区进行属性修改，选择属性修改后系统会提示"选择需要修改的行政区边线"。

4.12.2　村民小组

功能：主要用于绘制小组界。

4.12.3　图斑

功能：主要用于绘制土地利用图斑、生成图斑并赋予图斑基本属性、统计图上图斑面积。

操作方法：选择"绘图生成"，操作与画多功能复合线的方法相同。之后系统弹出对话框，如图 4.70 所示。

录入基本信息之后按"确定"即可。属性修改对话框与图 4.70 所示相同，主要用于后期对图斑信息的更改。还有一种生成图斑的方法就是内部点生成，使用该方法命令区提示：

(1)"输入地类内部一点"：在所需区域内点击一下。

(2)"是否正确？（Y/N）〈Y〉"：系统会覆盖所选区域，若与所需区域相同则回车确定，否则键入"N"，退出并重新操作。

需要说明的是：图斑计算面积、线状地类面积和点状地类面积的计算值都是由系统在图形上直接读取的。线状地类面积和点状地类面积的实际值是丈量面积。

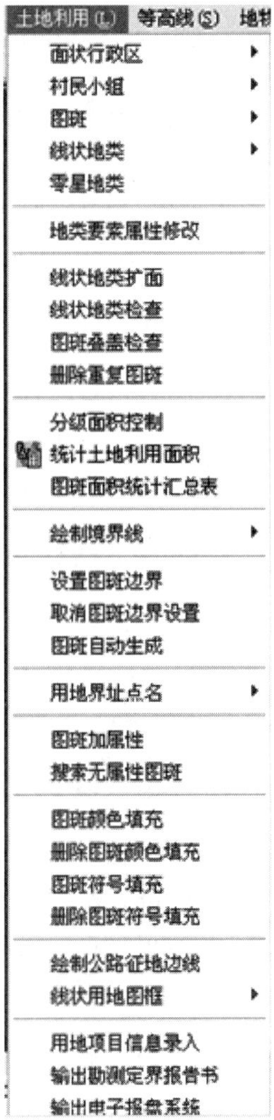

4.12.4　线状地类

功能：绘制线形地类并赋予相关的属性数据。

操作方法：绘图方法与绘制复合线的方法相同。绘制完成后，弹出线状地类属性对话框，录入相关属性值，点击"确定"完成操作。属性修改是按提示选中某线状地类，在图 4.71 所示的对话框中修改。

需要说明的是：线状地类宽度指的是丈量宽度。

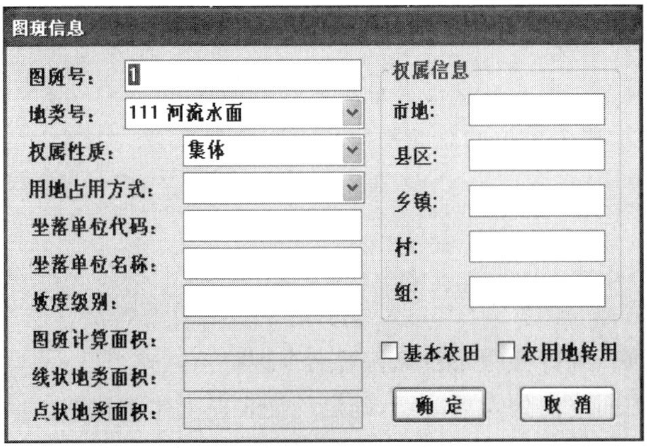

图 4.69　"土地利用"菜单栏

图 4.70　"图斑信息"对话框

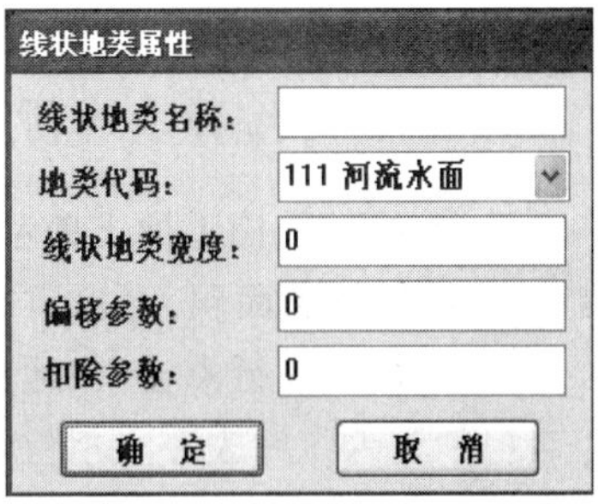

图 4.71　"线状地类属性"对话框

4.12.5 零星地类

功能:绘制零星地类并赋予相关的属性数据。

操作方法:左键点击本菜单后,命令区提示"输入零星地类位置",即鼠标点击图面或者是输入坐标值(格式:X,Y,高程);完成后会弹出"零星地类属性"对话框,录入相关属性值,点击"确定"完成操作。属性修改是按提示选中某点状地类,在弹出的对话框中修改属性值。

4.12.6 地类要素属性修改

功能:修改已有图斑的属性内容。

操作方法:左键点击本菜单后,点取图斑实体,点击"确定"后,会弹出相应的地类属性对话框,对图斑属性进行编辑。

4.12.7 线状地类扩面

功能:将已有的线状地类,按照其宽度属性数据进行扩面,生成面状图斑实体。

操作方法:左键点击本菜单后,点取线状图斑实体,确定后即完成线状地类扩面。通过地类要素属性修改,可以给新生成的面状图斑赋予属性。

4.12.8 线状地类检查

功能:检查图面上是否有跨越图斑的线状地类,并提示是否纠正。

操作方法:左键点击本菜单后,如果图面存在跨越图斑的线状地类,则在弹出的对话框中点击"是",程序自动以图斑边线切割所有跨越图斑的线状地类;点击"否",则取消本次操作方法。如果图面不存在跨越图斑的线状地类,命令区提示"图形中不存在跨越图斑的线状地类"。

4.12.9 图斑叠盖检查

功能:检查图面上是否有相互叠盖的面状图斑,并提示叠盖的位置。

4.12.10 分级面积控制

功能:检查上下级行政区的面积统计情况。

操作方法:左键点击本菜单后,点取上一级行政区线。如果各级行政区与其下一级的各子面积之和都不相等,则弹出的对话框提示哪个单位的总面积与子面积之和不等。

4.12.11 统计土地利用面积

功能:统计图面上的土地利用情况。

1. 统计图斑面积

操作方法:左键点击"土地利用\图斑\统计面积"菜单后,看命令区提示操作。

(1)"输入统计表左上角位置":在图面空白处点取一点,确定统计表左上角的位置。

(2)"(1)选目标(2)选边界〈1〉":第一种方式是直接选取要统计的图斑,第二种方式是选取要统计图斑的边界,默认选项是直接框选统计图斑。

执行完上一步操作方法后,回车或右键("确定"),程序自动在刚才点取的位置输出土地分类面积统计表。

2. 统计土地利用面积

操作方法：左键点击"土地利用\统计土地利用面积"菜单后，看命令区提示操作。

(1)"选择行政区或权属区"：在图面上选取要统计土地利用面积的行政区或权属区。

(2)"输入每页行数〈20〉"：输入每页的行数，默认为 20。

(3)"输入分类面积统计表左上角坐标"：在图面空白处点取统计表的左上角坐标。

执行完上一步操作后，程序自动在刚才点取的位置输出城镇土地分类面积统计表。

4.12.12　图斑面积统计汇总表

功能：生成图斑面积的统计汇总报表。

4.12.13　绘制境界线

功能：绘制各种境界线。

操作方法：选择境界线种类，如省界，键入"C"使参政区划线闭合。

4.12.14　设置图斑边界

功能：特各种复合线实体设置为图斑边界。

操作方法：左键点击本菜单后，选择需要设置为图斑边界的复合线实体即可。

4.12.15　取消图斑边界设置

功能：取消已经设置为图斑边界的线实体的图斑边界设置。

操作方法：左键点击本菜单后，选择需要取消设置为图斑边界的复合线实体即可。

4.12.16　图斑自动生成

功能：按照境界线、行政区界、图斑边界围成的封闭区域，生成用地地界及用地界址点，并将相应小区块生成面状图斑，如图 4.72 所示。

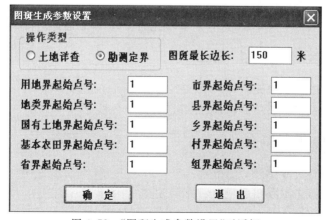

图 4.72　"图斑生成参数设置"对话框

4.12.17 用地界址点名

功能:修改注记、取消注记。修改界址点点名、注记界址点点名、取消界址点名称注记。

4.12.18 图斑加属性

功能:给生成的图斑加属性。

操作方法:左键点击本菜单后,点取图斑内部一点,会弹出"图斑信息"对话框,如图4.73所示。

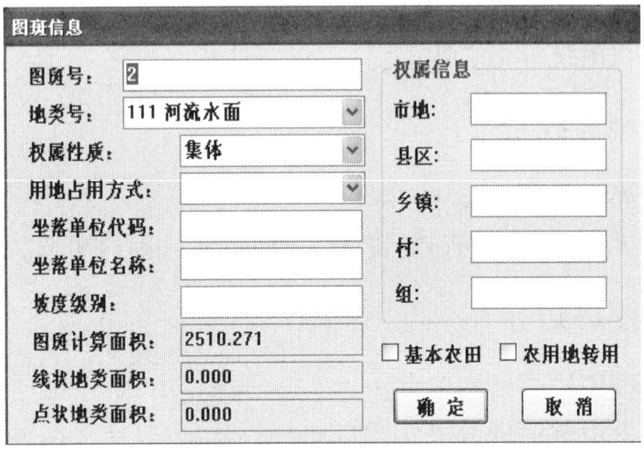

图4.73 "图斑信息"对话框

4.12.19 搜索无属性图斑

功能:搜索并定位到没有赋予属性图斑。

操作方法:左键点击本菜单后,直接定位到图斑,将图斑居中放大,然后可以通过"图斑加属性",对该图斑赋予属性内容。

4.12.20 图斑颜色填充

功能:对图斑进行颜色填充。

操作方法:左键点击本菜单后,选择需要填充的图斑,确定后即对图斑进行填充。

4.12.21 删除图斑颜色填充

功能:删除图斑的颜色填充。

操作方法:左键点击本菜单后,直接删除图斑的颜色填充。

4.12.22 图斑符号填充

功能:对图斑进行符号填充。

操作方法:左键点击本菜单后,直接对图斑进行符号填充。

4.12.23 删除图斑符号填充

功能:删除图斑的符号填充。

操作方法:左键点击本菜单后,直接删除图斑的符号填充。

4.12.24　绘制公路征地边线

功能:绘制公路的征地边线。

操作方法:首先,要在"工程应用"菜单栏里通过"公路曲线设计",设计出一条道路中心线;然后,左键点击本菜单后,会弹出一个对话框。

1. 逐个绘制

如图 4.74 所示,填入相关的参数,如"桩间隔""桩号""边宽"等,点击"绘制",程序绘完一个桩,桩号自动累加,准备下一个桩的绘制。其中,在拐弯的地方可适当减小桩间隔,保证边线尽量逼近实际位置。点击"回退",可以撤销最后绘制的桩。点击"关闭",退出对话框,结束征地边线绘制。

2. 批量绘制

如图 4.75 所示,同样填入相关参数,必须要填"起点桩号"和"终点桩号",点击"绘制",程序根据用户所填的参数,批量绘制出涉及的所有的桩。点击"回退",撤销上一次批量绘制的桩。点击"关闭",退出对话框,结束征地边线绘制。

图 4.74　"逐个绘制"对话框　　　图 4.75　"批量绘制"对话框

如果没有设计出道路,左键点击本菜单后,会弹出一个对话框,提示"图形里没有设计中线"。

4.12.25　线状用地图框

线状用地图框的菜单如图 4.76 所示。

图 4.76　"线状用地图框"菜单

1．单个加入图框

操作方法：左键点击"土地利用\线状用地图框\单个加入图框"菜单后，命令区提示"请输入图框左下角位置"，沿公路设计中线，点取图框的左下角位置，屏幕会显示要加入的图框，并确定图框的旋转方向，如图 4.77 所示。

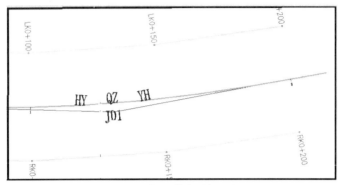

图 4.77　"加入单个图框"界面

2．单个剪切图框

操作方法：左键点击"土地利用\线状用地图框\单个剪切图框"菜单后，命令区提示"请输入图框左下角位置"，确定图框的旋转方向、公路设计中线，点取图框的左下角位置，屏幕会显示要加入的保存路径对话框；选择图框文件的保存路径，点击"确定"，如果不保存，则点击"取消"；接着程序在刚才指定的图框定位点绘出完整的图框内容。

3．批量加入图框

操作方法：左键点击"土地利用\线状用地图框\批量加入图框"菜单后，看命令区提示操作。

(1)"选择道路中线"：选择要批量加入图框的公路设计中线，点取图框的左下角位置，屏幕会显示要加入的图框，并确定图框的旋转方向。

(2)"请输入分幅间距(米)：〈800〉190"：输入分幅的间距，默认是 800。在本节例子中，输入 190。程序根据相关参数，沿公路设计中线批量加入图框。

4．批量剪切图框

功能：能批量进行图框剪切。

操作方法：与"单个剪切图框"相同。

4.12.26　用地项目信息录入

功能：输入当前图的用地信息情况。

操作方法：左键点击本菜单后，会弹出一个对话框，如图 4.78 所示。

将某一项目土地利用图用地项目的信息情况填写到相应的栏目里，保存这幅图后，这幅图将永远保存该项目信息。

4.12.27　输出勘测定界报告书

功能：生成勘测定界报告。

操作方法：左键点击"土地利用\输出勘测定界报告书"菜单后，会弹出"生成土地勘测定界报告书"对话框,如图 4.79 所示。填写相关参数,点击"确定",程序生成勘测定界报告书,并保存在对话框填写的报告书保存路径中。

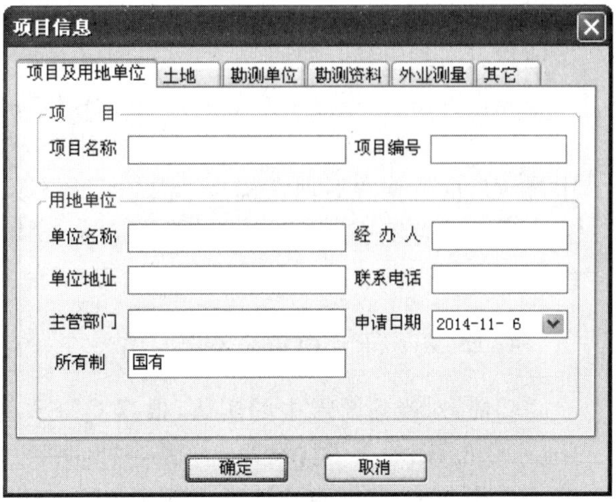

图 4.78　"项目信息"对话框

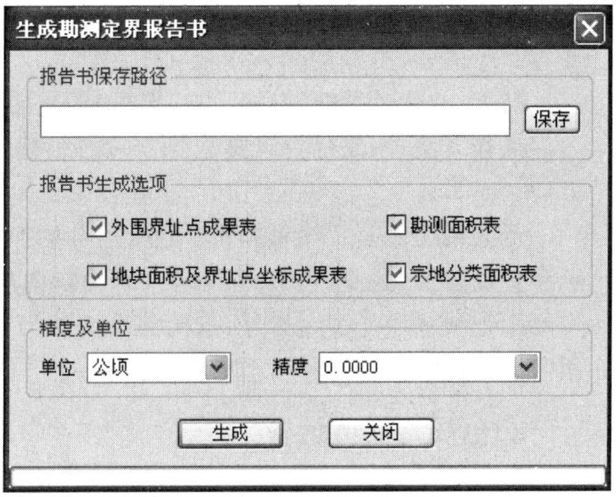

图 4.79　"土地勘测定界报告书"对话框

4.12.28　输出电子报盘系统

功能:生成电子报盘系统。

操作方法:左键点击"土地利用\输出电子报盘系统"菜单后,会弹出"选择报盘系统数据库文件"对话框。选择目标文件,点击"打开",程序将把当前图面上的土地勘测定界信息导入报盘系统数据库文件中;点击"取消",放弃本次操作方法,退出对话框。

§4.13　地物编辑

本节主要讲述对地形、地物图形元素加工编辑的方法。作为专业的地形、地籍成图软件,CASS 9.1 提供了内容丰富、手段多样的地形图编辑方法。"地物编辑"菜单内容如图 4.80 所示。

图 4.80　"地物编辑"菜单

4.13.1　重新生成

功能:根据图上骨架线重新生成一遍图形。通过该功能,编辑复杂地物只需编辑其骨架线。

操作方法:左键点击本菜单后,看命令区提示操作。

"选择需重构的实体:/手工选择实体(S)/〈重构所有实体〉":选中修改后的骨架线后回车确定,系统即按修改后的骨架线重新生成复杂线型。若不选择而直接回车,则系统重构全部含骨架线的复杂线型。

4.13.2　符号重置

功能:对当前图形中的实体,根据 CASS 编码和其定义文件,对图层、线型、图块等进行设置。这是一种纠错手段。

操作方法:左键点击本菜单后,程序自动检查当前图形中的实体,按编码进行重置,并在命令区提示重置的实体数目。

4.13.3　线型换向

功能:改变各种线型(如陡坎、栅栏)的方向。

操作方法:用鼠标指定要改变方向的线型实体,则立即改变线型方向。

需要说明的是:"线型换向"实际是将要换向的线按相反的结点顺序重新连接,因此,没有方向标志的线换向后虽然看不出变化,但实际上连线顺序变了。另外,依比例围墙的骨架线换向后,会自动调用"重新生成"功能将整个围墙符号换向。

4.13.4　修改墙宽

功能:依照围墙的骨架线来修改围墙的宽度。

操作方法:左键点击本菜单后,看命令提示操作。

(1)"选择依比例围墙或 U 形台阶骨架线":选择待修改围墙骨架线。

(2)"输入围墙调整后宽度":输入新宽度。

4.13.5　修改拐点

功能:当骨架线不是两边平行时,修改桥梁等 10 类地物符号的骨架线拐点。

4.13.6　电力电信

功能:画出电杆附近的电力电信线,如图 4.81 所示。

操作方法:如果选择输电线、配电线、通信线,看命令区提示操作。

(1)"请选择:(1)通信线(2)配电线(3)输电线〈1〉":输入"(1)"(选择"是")画出电杆,如已画好了电杆,则输入"(2)"。

(2)"是否画电杆? (1)是(2)否〈1〉":默认选"(1)"。

(3)"给出起始位":点取起始位。

(4)然后会连续两次提示"给一方向终止点"。

分别给出两个方向的电线终止点,将会在两个方向上分别绘出箭头符号。当电力线多于两根时,请使用加线功能,如加输电线、加配电线、加通信线。

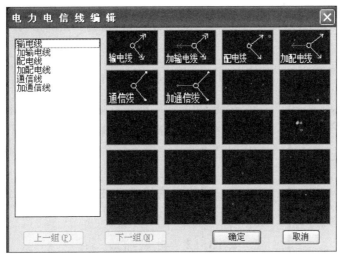

图 4.81　"电力电信线编辑"对话框

4.13.7　植被填充

功能:在指定区域内填充植被。

操作方法:以稻田为例,左键点击本菜单后,看命令区提示操作。

(1)"输入区域编码":填入区域的编码。

(2)"输入线上编码":填入区域的编码。

(3)"请选择要填充的封闭复合线":选择需要填充稻田符号区域的边界线,所选择封闭区域内将填充稻田符号。填充密度可由"CASS 9.1 参数配置"功能设置。

需要注意的是:选取的复合线必须是封闭的。

4.13.8　土质填充

功能:在指定区域内进行各种土质的填充。

操作方法:与"植被填充"相同。

4.13.9　突出房屋填充

功能:填充突出房屋斜线。

操作方法:左键点击本菜单后,看命令区提示操作。

(1)"输入区域编码":填入区域的编码。

(2)"输入线上编码":填入线上的编码。

（3）"请选择要填充的封闭复合线"：选择填充区域。

4.13.10　图案填充

功能：把指定封闭的复合线区域填充成指定的图案，颜色为当前图层颜色。

操作方法：左键点击本菜单后，看命令区提示操作。

（1）"请选择填充图案：(1)实心(2)右斜线(3)左斜线(4)横线(5)竖线(6)斜方格(7)正方格〈1〉"：按需要选择图案。

（2）"请选择：(1)选择封闭复合线(2)手工定点〈1〉"：请选择要填充的封闭复合线，选择填充区域。

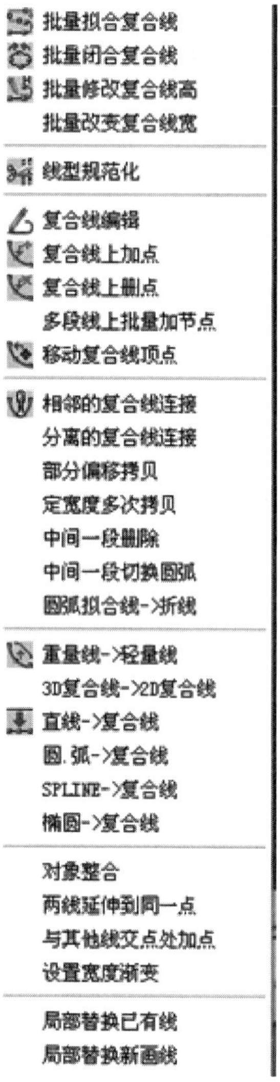

图 4.82　"复合线处理"子菜单

批量拟合复合线
批量闭合复合线
批量修改复合线高
批量改变复合线宽

线型规范化

复合线编辑
复合线上加点
复合线上删点
多段线上批量加节点
移动复合线顶点

相邻的复合线连接
分离的复合线连接
部分偏移拷贝
定宽度多次拷贝
中间一段删除
中间一段切换圆弧
圆弧拟合线->折线

重量线->轻量线
3D复合线->2D复合线
直线->复合线
圆.弧->复合线
SPLINE->复合线
椭圆->复合线

对象整合
两线延伸到同一点
与其他线交点处加点
设置宽度渐变

局部替换已有线
局部替换新画线

4.13.11　符号等分内插

功能：在两相同符号间按设置的数目进行等距内插。

操作方法：左键点击本菜单后，看命令区提示操作。

（1）"请选择一端独立符号"：点取一端的独立符号。

（2）"请选择另一端独立符号"：点取另一端的独立符号。

（3）"请输入内插符号数"：10。在两个独立地物间等距插入 10 个独立符号。

4.13.12　批量缩放

1. 文字

功能：对屏幕上的注记文字进行批量放大、缩小或者位移。

2. 符号

功能：在屏幕上批量地放大或缩小选中的符号。

3. 圆圈

功能：按比例或固定半径缩放圆圈。

4.13.13　复合线处理

功能：提供对地物线型的批量处理，其子菜单如图 4.82 所示。

1. 批量拟合复合线

功能：对选中的复合线进行批量拟合或取消拟合。

操作方法：左键点击本菜单后，看命令区提示操作。

（1）"D 不拟合/S 样条拟合/F 圆弧拟合〈F〉"：选择拟合方法，S 拟合是样条拟合，线变化小，但不过点；F 拟合是曲线拟合，过点，但线变化大。对密集的等高线一般选前者（输入 S），其他选后者（输入 F 或直接回车）。

（2）"空回车选目标/〈输入图层名〉"：若输入图层名，将对该图层内所有的复合线进行操作。若空回车，则提示"选择目标"，可用点选或窗选等方法选择复合线。

2．批量闭合复合线

功能：将选定的未闭合复合线闭合。

3．批量修改复合线高

功能：CASS 9.1 中的复合线，如等高线，都是带有高度的，用本项功能可以改变此高度。

4．批量改变复合线宽

功能：批量修改多条复合线的宽度。

5．线型规范化

功能：控制虚线的虚部位置以使线型规范。

6．复合线编辑

功能：对复合线的线型、线宽、颜色、拟合、闭合等属性进行修改。

7．复合线上加点

功能：在所选复合线上加一个顶点，选择线的位置即为加点处。

8．复合线上删点

功能：在复合线上删除一个顶点，直接选中顶点的蓝色节点即可。

9．移动复合线顶点

功能：可任意移动复合线的顶点。

10．相邻的复合线连接

功能：将首尾不相接的两条复合线连接为一体。

11．分离的复合线连接

功能：将首尾相接但不是同一个实体的复合线连接为一体。

12．部分偏移拷贝

功能：对复合线的上一段进行偏移拷贝。

13．定宽度多次拷贝

功能：将对象按一定的宽度拷贝排列。

14．中间一段删除

功能：在选择对象中间选择两点之间部分删除。

15．中间一段切换圆弧

功能：将多点复合线转换成圆弧。

16．圆弧拟合线→折线

功能：将圆弧或拟合线按一定角度转换成折线。

17．重量线→轻量线

功能：将重量线转化成轻量线。

18．3D 复合线→2D 复合线

功能：将三维复合线转换成二维复合线。

19．直线→复合线

功能：将直线转换成复合线。

20．圆、弧→复合线

功能：将圆弧转换为复合线。

21．SPLINE→复合线

功能：将样条曲线转换为复合线。

22．椭圆→复合线

功能：将椭圆转换为复合线。

4.13.14　图形接边

功能：两幅图进行拼接时，存在同一地物错开的现象，可用此功能将地物的不同部分拼接起来形成一个整体。

操作方法：左键点击本菜单后，会弹出一个对话框，如图 4.83 所示。

图 4.83　"图形接边"对话框

(1)"操作方法方式"：手工、全自动、半自动三种。手工是每次接一对边；全自动是批量接多对边；半自动是每接一对边前提示"是否连接"。

(2)"接边最大距离"：设定能连接的两条边的最大距离，大于该值不可连接。

(3)"无结点最大角度"：当参与接边的一对线交角不超过所设置的角度时，相接后变成一条在相接处无结点的复合线；若超过该值则生成一条折线，相接处有结点。

设置好"操作方式""接边最大距离"和"无结点最大角度"后，点击"开始"，再看命令区提示操作。

若选手工方式则命令区提示：

(1)"选择图形实体一〈回车退出〉"：选择第一条边。

(2)"选择图形实体二〈回车退出〉"：选择要连接的另一条边。

(3)"连接成功！"。

另两种方法略。

4.13.15　求中心线

功能：求两条复合线之间的中心线。

操作方法：左键点击本菜单后，命令区提示"请选择第一根复合线""选择第二根复合线""请输入中线滤波参数"，其中滤波参数的默认值为 0.2。确定后，即绘制出两条复合线之间的中心线。

4.13.16　图形属性转换

功能:如图 4.84 所示,共有 15 种转换方式,每种方式都有"单个"和"批量"两种处理方法。

操作方法:以"图层→图层"为例,"单个"处理时,左键点击本菜单,看命令区提示操作。

图 4.84　"图形属性转换"子菜单

(1)"转换当前图层":输入转换前图层。

(2)"转换后图层":输入转换后图层。

系统会自动将要转换图层的所有实体变换到要转换到的图层中。

如果要转换的图层很多,可采用"批量处理",但是要在记事本中编辑一个索引文件,格式为

转换前图层1,转换后图层1

转换前图层2,转换后图层2

转换前图层3,转换后图层3

⋮

END

其他功能索引文件格式与"图层→图层"一样,格式为

转换前××1,转换后××1

转换前××2,转换后××2

转换前××3,转换后××3

⋮

END

4.13.17　坐标转换

功能:将图形或数据从一个坐标系转到另外一个坐标系(只限于平面直角坐标系)。

操作方法:左键点击本菜单后,会弹出一个对话框,如图 4.85 所示。用户拾取两个或两个

以上公共点就可以进行转换。

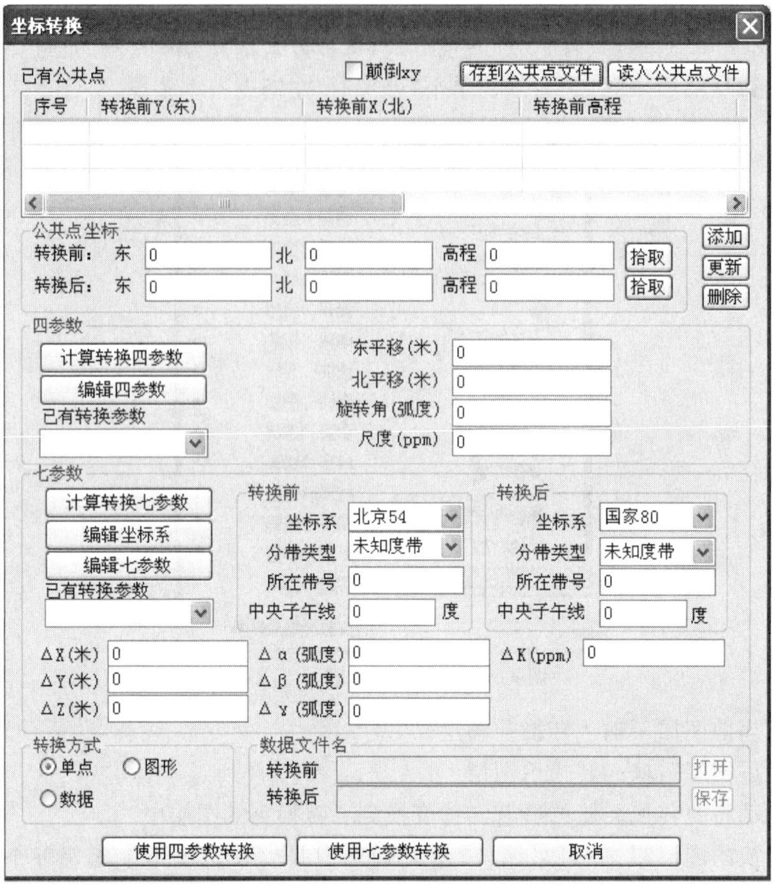

图 4.85　"坐标转换"对话框

　　需要说明的是：此转换功能只是对图形或数据进行一个平移、旋转、缩放，而不是坐标的换带计算。

4.13.18　测站改正

　　功能：如果用户在外业搞错了测站点或定向点，或者在测量控制点前先测了碎部点，可以应用此功能进行纠正。

　　操作方法：左键点击本菜单后，看命令区提示操作。

　　(1)"请指定纠正前第一点"：输入改正前测站点，也可以是某已知正确位置的特征点，如房角点，指图上位置。

　　(2)"请指定纠正前第二点方向"：输入改正前定向点，也可以是另一已知正确位置的特征点，指图上位置。

　　(3)"请指定纠正后第一点"：输入站点或特征点的正确位置。

　　(4)"请指定纠正后第二点方向"：输入定向点或特征点的正确位置。

　　(5)"请选择要纠正的图形实体"：用鼠标选择图形实体。

　　系统将自动对选中的图形实体进行旋转平移，使其调整到正确位置，之后系统提示输入需要调整和调整后的数据文件名,可自动改正坐标数据,如不想改正,按"Esc"键即可。

4.13.19　二维图形

功能:删除图形的高程信息。

4.13.20　房檐改正

功能:对测量过程中没有办法测到的房檐进行改正。

操作方法:左键点击本菜单后,看命令区提示操作。

(1)"选择要改正的房屋":选取需要进行改正的房檐。

(2)"(1)逐个修改每条边(2)批量修改所有边〈1〉":输入房檐需要改正的距离,如果是向房外改正则输入正数,如果是向房内改正则输入负数。

(3)"房檐改正边长是否改变(1——不改变,2——改变)〈2〉":输入在进行房檐改正后,改正的边长是否改变。

4.13.21　直角纠正

功能:将多边形内角纠正为直角。

操作方法:左键点击本菜单后,看命令区提示操作。

(1)"请输入屋角偏离直角的最大允许角度:(度)〈15.0〉":输入限制。

(2)"(1)逐个选择 (2)批量选择〈1〉":选择纠正方式。

(3)"选择要纠正的房屋":选择纠正的房屋。

需要说明的是:多边形的边数必须是偶数才能执行本操作,系统将尽量使各顶点纠正前后位移最小。

4.13.22　批量删剪

1.窗口删剪

功能:删除窗口内或窗口外的所有图形,如果窗口与物体相交,则会自动切断。

2.依指定多边形删剪

功能:删除并修剪掉多边形内或外的图形。

4.13.23　批量剪切

1.窗口剪切

功能:如果窗口与物体相交,则会自动切断。

操作方法:左键点击本菜单后,看命令区提示操作。

(1)"窗口修剪——第一角":选取窗口一点。

(2)"另一角":选取窗口第二点。

(3)"用一点指定剪切方向":图上点取一点。

2.依指定多边形剪切

功能:删除并剪切与窗口相交的图形。

4.13.24　局部存盘

1. 窗口内的图形存盘

功能:将指定窗口内的图形存盘,主要用于图形分幅。

操作方法:左键点击本菜单后,看命令区提示操作。

(1)"窗口内图形存盘—左下角":选取一点。

(2)"右上角":选取另一点,将窗内图形存于此文件中。

2. 多边形内图形存盘

功能:将指定多边形内的图形存盘,而多边形区域应先用复合线画好。

操作方法:左键点击本菜单后,看命令区提示操作。

(1)"(1)多边形存盘(2)窗口存盘":选择存盘方式。

(2)"选择多边形边界":选定多边形。

(3)"输入文件名":键入文件名。

需要说明的是:可用"U(回退)"命令将消失的图形找回。水利、公路和铁路测量中的"带状地形图"可用此法截取。

4.13.25　地物特征匹配

功能:将一个实体的地物特征匹配给另一个实体。

操作方法:左键点击本菜单后,命令区提示"选择源对象[设置(S)]",输入"S"后"确定",弹出"特征匹配"学习对话框。在相应的需要刷的属性内容的复选框里打钩后"确定",然后按照提示选择源对象;再提示选择对象,选择被刷的对象实体,确定后就完成对象的特征匹配了。

本功能包含了单个刷和批量刷两种方式。

(1)"单个刷":指一个个地选择被刷的实体对象。

(2)"批量刷":指选择需要被刷的其中一个对象实体后,一次性把同一类型的对象全部刷成功。

4.13.26　地物打散

1. 打散独立图块

功能:把图块、多义线等复杂实体分离成简单实体,分离一级复杂实体,以便按要求编辑或修改。一次只能分离一级复杂实体。

操作方法:左键点击本菜单后,选择要分离的对象。可多次选取,回车结束。

2. 打散复杂线型

功能:将 CASS 9.1 中特有的复杂线型打散,以便在 AutoCAD 中显示。CASS 9.1 中定义了大量测量规范图式中特有的复杂线型,而由这些线型生成的实体在 AutoCAD 中无法显示,故调入 AutoCAD 之前将复杂线型打散成 AutoCAD 可识别的简单线型。

§4.14　检查入库

"检查入库"菜单可以进行图形的各种检查及图形格式转换,如图 4.86 所示。

4.14.1　地物属性结构设置

CASS 9.1 的"属性结构设置"窗口如图 4.87 所示,用户可以不必理会几个配置文件间的复杂关系,直接在同一个界面上就能完成定制入库接口的所有工作,并易于查看、检核数据库表结构,极大地方便了地理信息系统建库。

需要说明的是:对话框左边的树状图中,"Tables"根目录下的名称是符号(地物、地籍)所属实体层名,对应到数据库中,就是该数据库的表名;要增加或删除数据表,可以在树状图的任意位置点击右键,弹出"删除/添加",选择菜单后,执行相应操作。

在对话框中上部的下拉框中选择地物类型,选取具体的地物添加到当前层中,表明当 *.dwg 文件转出成 *.shp 文件时,该地物就放在当前层上。对话框右下角方框为"表定义",可以对当前的表进行相应的修改,如更改表类型、表说明、增加字段、更新字段等。对话框中间的窗口对应的是相应实体层所对应的没有被赋予属性表的地物实体。对话框右边的窗口对应的是相应实体层所对应的被赋予了该属性表的地物实体。

图 4.86　"检查入库"菜单

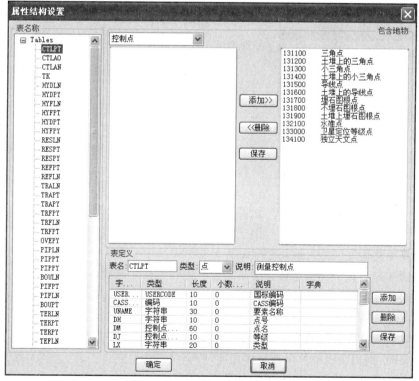

图 4.87　"属性结构设置"对话框

（1）"字段名称"：为该字段所对应的英文代码，用户可以自定义，如层高可以表示为"CG"。

（2）"字段类型"：填写该字段的数据类型，有整型、字符串型等。

（3）"长度"：该字段填写内容的长度，如字符串类型字段，长度是10，那么就只能填10个字符，整型只能填写10位数字。

（4）"小数位数"：指浮点型数据类型，即该保留的小数位。如是3位有效数字，那么该字段是0.000。

（5）"说明"：属性名称所对应的内容，如权利人、层数。

（6）"字典"：填写该字段的数据字典，如果没有就空着。

需要注意的是：修改之后要实时保存。

4.14.2 复制实体附加属性

功能：已经赋予了属性内容的实体，把该实体的属性信息复制给同一类型的其他实体。如已经把一个一般房屋添加了附加属性内容，就可以通过此命令将附加属性内容复制给图面上其他一般的房屋。

操作方法：左键点击本菜单后，命令区提示"选择被复制属性的实体"，选择"要复制的源实体"后，命令区提示"选择对象"，再选择要被赋予该属性内容的实体即可。

4.14.3 图形实体检查

"图形实体检查"对话框如图4.88所示。检查结果放在记录文件中，可以逐个或批量修改检查出的错误。

图4.88 "图形实体检查"对话框

（1）"编码正确性检查"：检查地物是否存在编码，类型是否正确。

（2）"属性完整性检查"：检查地物的属性值是否完整。

（3）"图层正确性检查"：检查地物是否按规定的图层放置，防止误操作方法。例如，一般房屋应该放在"JMD"层的，如果放置在其他层，程序就会报错，并对此进行修改。

（4）"符号线型线宽检查"：检查线状地物所使用的线型是否正确。例如，陡坎的线型应该是"10421"，如果用了其他线型，程序将自动报错。

（5）"线自相交检查"：检查地物之间是否相交。

（6）"高程注记检查"：检核高程点图面高程注记与点位实际的高程是否相符。

（7）"建筑物注记检查"：检核建筑物图面注记与建筑物实际属性是否相符，如材料、层数。

（8）"面状地物封闭检查"：此项检查是面状地物入库前的必要步骤，用户可以自定义"首尾点间限差"（默认为0.5 m），程序自动将没有闭合的面状地物强行进行首尾闭合：当首尾点的距离大于限差时，则用新线将首尾点直接相连，否则尾点将并到首点，以达到入库的要求。

（9）"复合线重复点检查"：旨在剔除复合线中与相邻点靠得太近又对复合线的走向影响不大的点，从而达到减少文件数据量、提高图面利用率的目的。用户可以自行设置"重复点限差"

（默认为 0.1 m），执行"检查"命令后，如果相邻点的间距小于限差，则程序报错，并自行修改。

4.14.4 过滤无属性实体

功能：过滤图形中无属性的实体。

操作方法：绘制完图形后，左键点击本菜单后，在对话框中选择文件保存的路径，点击"确定"进行过滤。

4.14.5 删除伪结点

功能：删除图面上的伪结点。

操作方法：左键点击本菜单后，命令区提示"请选择：(1)处理所有图层(2)处理指定图层"，如果选择"(1)"，会删除所有图层上的伪结点；如果选择"(2)"，则出现"请输入要处理的图层"的提示，输入图层名后，会删除所选择图层的伪结点。

4.14.6 删除复合线多余点

功能：删除图面中复合线上的多余点。

操作方法：左键点击本菜单后，看命令区提示操作。

(1)"请选择：(1)只处理等值线 (2)处理所有复合线〈1〉"：默认选"(1)"。

(2)"请输入滤波阀值〈0.5 米〉"：默认直接回车，或输入其他值。

(3)"请选择要进行滤波的复合线"：选取要处理的等值线，回车。

(4)"选择对象"：找到 1 个。

4.14.7 删除重复实体

功能：删除完全重复的实体。

操作方法：左键点击本菜单后，会弹出一个对话框，如图 4.89 所示，确定是否继续。

图 4.89 "删除重复实体"对话框

4.14.8 等高线穿越地物检查

功能：检查等高线是否穿越地物。

操作方法：左键点击本菜单后，系统自动检查等高线是否穿越地物。

4.14.9 等高线高程注记检查

功能：检查等高线高程注记是否有错。

操作方法：左键点击本菜单后，系统自动检查等高线高程注记是否有错误。

4.14.10 等高线拉线高程检查

功能:检查拉线后检查线所通过等高线是否有错。

操作方法:左键点击本菜单后,看命令区提示操作。

(1)"指定起始位置":点取复合线起点。

(2)"指定终止位置":点取复合线终点。

(3)"所拉线与等高线共有3个交点,没有发现错误"。

定起始位置和终止位置后,命令区会显示所拉线与等高线有多少个交点,是否存在错误。

4.14.11 等高线相交检查

功能:检查等高线之间是否相交。

操作方法:左键点击本菜单后,看命令区提示操作。

(1)"请选择要检查的等高线":框选要检查的范围。

(2)"选择对象":选择完成后命令栏会显示等高线之间是否相交。

4.14.12 坐标文件检查

功能:自动检查草图法测图模式中的坐标文件(*.dat),不仅对dat数据中的文件格式进行检查,还对点号、编码、坐标值进行类型、值域检查并报错,显示在文本框中,以便于修改。

操作方法:左键点击本菜单后,会弹出一个对话框,如图4.90所示。选择文件名后,会弹出所检查的坐标数据文件是否出错,弹出一个对话框,如图4.91所示。

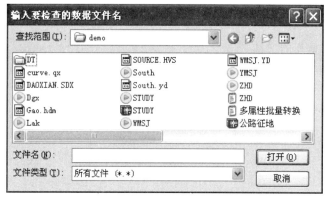

图4.90 "坐标文件检查"选择文件对话框

图4.91 CASS坐标数据文件检查结果

4.14.13　点位误差检查

功能:检查点位精度。通过重复设站,测定地物点的坐标,与图上相同位置的地物点进行比较,得到点位中误差,以此确定地物点的定位精度。一般每幅图采点 30~50 个,计算模型为

$$
\begin{aligned}
\delta_x^2 &= \frac{1}{n}\sum_{i=1}^{n}\Delta x_i^2 \\
\delta_y^2 &= \frac{1}{n}\sum_{i=1}^{n}\Delta y_i^2 \\
\delta &= \pm\sqrt{\delta_x^2 + \delta_y^2}
\end{aligned}
\right\}
\tag{4.1}
$$

操作方法:左键点击本菜单后,会弹出一个对话框,如图 4.92 所示,打开文件进行点位误差的检查。

4.14.14　边长误差检查

功能:检查边长精度。根据数据采集的点位反算出的边长与原边长之差或人工实际量距与原边长的差,得到边长的中误差。计算模型为

$$
\delta_L = \sqrt{\frac{1}{n}\sum_{i=1}^{n}\Delta L_i^2}
\tag{4.2}
$$

操作方法:左键点击本菜单后,会弹出一个对话框,如图 4.93 所示,打开文件进行边长误差的检查。

图 4.92　"点位误差检查"对话框

图 4.93　"边长误差检查"对话框

4.14.15　手动跟踪构面

功能:将断断续续的复合线连接起来构成一个面,如花坛、道路边线、房屋边线等断开的线,可以通过手动构面,把它们围成的面域构造出来。

操作方法:左键点击本菜单后,命令区提示"选取要连接的一段边线:〈直接回车结束〉",然后依次选择需要进行构面的复合线边线,当最后出现"需要闭合的时候"的提示时,直接回车,闭合结束。

4.14.16　搜索封闭房屋

功能:自动搜索某一图层上复合线围成的面域,并自动生成房屋面。

操作方法:左键点击本菜单后,命令区提示"请输入旧图房屋所在图层",然后出现"输入需要搜索封闭房屋面的图层"的提示,确定后即将该图层上复合线围成的面域生成一般房屋。

4.14.17　导出 Google 地球格式

功能:将当前图形导出 *.kml 文件。

4.14.18　输出 ArcInfo SHP 格式

功能:将 CASS 作出的图转换成 shp 格式的文件。

操作方法:左键点击本菜单后,会弹出一个对话框,如图 4.94 所示。首先,选择无编码的实体是否转换、弧段插值的角度间隔、文字是转换到点还是线,然后选择生成的 shp 格式的文件保存在哪一个文件夹内(可以直接输入文件路径),完成 shp 格式文件的转换。

图 4.94　"生成 SHAPE 文件"对话框

4.14.19　输出 MapInfo MIF/MID 格式

功能:用来将 GASS 作出的图转换成 mif/mid 格式的文件。

操作方法:左键点击本菜单后,会弹出一个对话框。选择生成的 mif/mid 格式文件保存在哪一个文件夹内(可以直接输入文件路径)。点击"确定",完成 mif/mid 格式文件的转换。

4.14.20　输出国家空间矢量格式

功能:将 CASS 作出的图转换成国家空间矢量格式的文件。

操作方法:左键点击本菜单后,会弹出一个对话框。选择生成的国家空间矢量文件保存在哪一个文件夹(可以直接输入文件路径)。点击"确定",完成国家空间矢量格式文件的转换。

§4.15　其他应用

"其他应用"菜单用来建立地形图数据库,进行图纸管理、数字市政监管和符号自定义,菜单内容如图 4.95 所示。

4.15.1　图幅信息操作

功能:打开地名库、图形库、宗地图库,对地名、图幅、宗地图的相关信息进行操作。

操作方法:左键点击本菜单后,弹出如图 4.96 所示对话框,可在此对话框内进行如下操作。

图 4.95　"其他应用"菜单

图 4.96　"地名库"管理对话框

1. 地名库管理

(1)"添加":当想要输入新的地名时,用鼠标点击"添加",在记录里就增加一条与最后一条记录相同的记录;然后,右键点击该记录修改成要添加的地名及左下角的 X 值和 Y 值、右下角的 X 值和 Y 值;点击"确定"将输入的地名自动记录到地名库中;如果取消操作方法,则点击"取消"。

(2)"删除":当想要删除已有地名时,选中要删除的对象,点击"删除",则删除选中的对象。

(3)"查找":当地名比较多时(为了查找的方便),在地名文本框中输入要查找的地名后,点击"确定",否则点击"取消",则查找到的对象以高亮显示,否则提示未找到。

2. 图形库管理

操作方法:左键点击"图形库"标签,可在如图 4.97 所示的对话框中进行下列操作。

图 4.97　"图形库"管理对话框

（1）"添加"：当想要增加新图幅信息时使用，具体操作方法参照"地名库"的操作方法。

（2）"删除"：当想要删除已有图幅信息时使用，具体操作方法参照"地名库"的操作方法。

（3）"查找"：当图幅信息比较多时使用（为了查找的方便，CASS 9.1 系统提供了图名和图号两种查询方法），具体操作方法参照"地名库"操作方法。

3. 宗地图库管理

操作方法：左键点击"宗地图库"标签，会弹出一个对话框，可进行如下操作。

（1）"添加"：当想要增加宗地信息时使用，具体操作方法参照"地名库"的操作方法。

（2）"删除"：当想要删除宗地信息时使用，具体操作方法参照"地名库"的操作方法。

（3）"查找"：当宗地信息比较多时使用，系统可根据用户输入的宗地号搜索整个图库内的宗地图，具体操作方法参照"地名库"的操作方法。

4.15.2　图幅显示

功能：在图形库中选择一幅或几幅图在屏幕上显示，如图 4.98 所示。

图 4.98　图幅选择

1. 按地名选择图幅

在"地名选取"下拉框中选择要调出的地名，在已选图幅中就会显示调出的图幅和地名，点击"调入图幅"就可以将图在 CASS 9.1 中打开，如图 4.98 所示。

2. 按点位选取的方式

在"点位选取"的文本框中输入用户需求范围的左下点和右下点 (X, Y) 坐标值，也可以点击"框选图面范围"在图上直接点取，然后点击"按范围选取图幅"，在已选图幅框中显示需要的图幅，点击"调入图幅"，打开该图。

3. 手工选取图幅的方式

如果对图幅的连接情况比较熟悉则可采用手工选取图幅的方式。

首先，在"图幅名称"框中选择所要的第一幅图的图幅名，在已选取图幅框中就会出现该图的图幅名，则表示第一幅图已经成功选取；然后，加入第二幅、第三幅图。如果图幅选取错误，则可以在已选取图幅框中选择该图幅名，然后点击"删除"即可。点击"清除"，则可以把已选取图幅框中所有的图幅名清除。点击"调入图幅"，可以把已选取图幅框中所有的图幅调入。

点击"退出",则退出图纸显示对话框,取消所有操作方法。

4.15.3　图幅列表

功能:以树结构的形式在表中显示"图名库"和"宗地图库"。

操作方法:左键点击本菜单后,系统在界面左边打开表,点击"十"字就可以看到"图名库"或"宗地图库"下的所有图形列表,双击所需图幅,就可将该图打开。

4.15.4　绘超链接索引图

功能:直接根据超链接绘制链接的图形。

4.15.5　市政监管信息

"市政监管信息"菜单如图 4.99 所示。

1. 设置市辖区码

功能:设置所绘图形区域内的市辖区码。

城市管理部件代码共有 16 位数字,分为四部分,即市辖区代码、大类编码、小类编码、流水号。市辖区代码为 6 位,按照《中华人民共和国行政区划代码》(GB/T 2260—2007)标准执行;大类编码为 2 位,表示城市管理部件大类,具体划分为 01~06 分别表示公用设施类、道路交通类、环卫环保类、园林绿化类、房屋土地类及其他类;小类编码为 2 位,表示城市管理部件小类,县体编码方法为依照城市管理部件小类从 01~99 由小到大顺序编写;流水号为 6 位,表示城市管理部件流水号,具体编码方法为依照城市管理部件定位标图顺序从 000001~999999 由小到大编写。

图 4.99　"市政监管信息"菜单

2. 市政信息列表

功能:显示所选部件的详细信息。

3. 街道办事处

功能:绘制封闭街道办事处范围。

4. 社区

功能:绘制封闭的社区范围。

5. 单元网格

功能:绘制单元网格。

6. 市政要素属性修改

功能:修改单个城市部件的属性信息。

7. 单元网格叠盖检查

功能:检查当前图形范围内是否存在网格叠盖。

8. 各级市政要素编号检查

功能:检查部件要素编码的正确性。

9．城市部件自动排序

功能：将全图范围内的部件按坐标位置自动排序。

10．单元网格自动排序

功能：以地理坐标将单元网格自动排序。

11．查找单元网格

功能：查找指定的单元网格。

12．查找城市部件

功能：以一定的条件查找指定的部件。

13．统计城市部件

功能：统计当前图形中所有的城市部件种类、数量。

4.15.6 屏幕菜单编辑

功能：编辑自定义符号在 CASS 9.1 屏幕菜单中的位置，如图 4.100 所示。

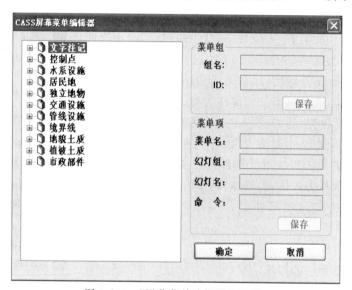

图 4.100 "屏幕菜单编辑器"对话框

4.15.7 添加新点状符号

功能：自定义点状符号。

4.15.8 添加新线状符号

功能：自定义线状符号，所用线型必须是 CASS 已有的。

4.15.9 导出符号库

功能：将自定义的符号库导出，用于备份或者共享。

操作方法：左键点击本菜单后，会弹出如图 4.101 所示对话框。键入文件名，即可导出 CASS 符号包（∗.smb）。

图 4.101　"导出符号库"对话框

4.15.10　导入符号库

功能:将制作好的 CASS 符号库导入本地计算机。

操作方法:左键点击本菜单后,会弹出如图 4.102 所示对话框,选择要导入的 CASS 符号库,点击"打开"即可将符号库导入。

图 4.102　"导入符号库"对话框

§4.16　CASS 9.1 右侧屏幕菜单

CASS 9.1 在屏幕的右侧设置了"屏幕菜单",这是一个地形图绘制专用菜单。CASS 系统将各类地形图符号分类存储在"坐标定位""文字注记""控制点""水系设施""居民地"等 12 个菜单项中。这些菜单名本身也是 CASS 系统所设图层名,选择这些菜单中的选项时,不仅选中了绘图工具,实际上也选择了所绘图形元素的属性。例如,当要绘制建筑物时,点击"居民地"菜单,在弹出的对话框中,可选择适当的建筑物类型(多点房屋、四点房屋、围墙等),然后即可按提示在屏幕上绘制建筑物,这时所绘建筑物已带有 CASS 系统所设属性信息。这些属性信息不仅决定了绘制的建筑物的色彩、线型等特性,也决定了所绘图形元素所在图层。

需要注意的是:若采用"工具"菜单下的绘图工具绘图,所绘图形元素没有属性信息,并且位于当前图层上。进入 CASS 9.1 右侧屏幕菜单的"交互编辑"功能时,必须先选定定点方式。CASS 9.1 右侧屏幕菜单中定点方式包括"坐标定位""测点点号""电子平板"等方式,各部分的功能将在下面分别介绍。

图 4.103 "坐标定位"
屏幕菜单

4.16.1　坐标定位

点击屏幕右侧的"坐标定位",将显示用 CASS 坐标进行地图编辑的条目内容,界面如图 4.103 所示。

1. 文字注记

此菜单包括"通用注记""变换字体""定义字型""特殊注记""常用文字"等项,点击其中一项一般会弹出一个对话框,可以根据对话框进行文字注记。

需要注意的是:注记内容均在"ZJ"图层。

1)通用注记

功能:在指定的位置以指定的大小书写文字。

操作方法:与下拉菜单的"工具/文字"相同。

需要注意的是:文字字体为当前字体,CASS 9.1 系统默认字体为细等线体。

2)变换字体

功能:与下拉菜单的"工具/文字/变换字体"相同。

3)定义字型

功能:与下拉菜单的"工具/文字/定义字型"相同。

4)特殊注记

功能:在图形屏幕上注记任意点的测量坐标,如房角点、围墙角点、空白区域等,以及注记地坪高。

需要注意的是:在进行坐标注记时,应精确捕捉待注记的点,分为注记坐标、注记坪高、注记经纬度及管道注记四项,如图 4.104所示。

5)常用文字

功能:实现对常用字的直接选取(不需用拼音或其他方式输入)。

操作方法:选定其中的某个汉字(词)后,命令区提示"文字定位点(中心点)"。用鼠标指定定位点后,系统即在相应位置注记选定的汉字(词)。

在这里注记的汉字的字高在 1∶1 000 时恒为 3.0 mm,如果想改变已注记字体的大小,可以使用下拉菜单"地物编辑/批量缩放/文字"命令操作。

2. 控制点

功能:交互展绘各种测量控制点(平面控制点、其他控制点)。点击本菜单后,会弹出一个对话框,如图 4.105 所示。

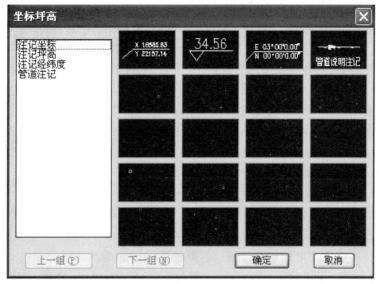

图 4.104　"特殊注记"对话框

图 4.105　"控制点"对话框

　　需要说明的是:菜单中各个子项的操作方法基本上一样。仅以导线点为例说明其操作方法。

　　操作方法:按命令区提示反复输入导线点。

　　(1)"高程(m)":输入控制点高程。

　　(2)"点名":输入控制点点名。

　　(3)"输入点":输入控制点点位,用鼠标指定或用键盘输入坐标。系统将在相应位置上依图式展绘控制点的符号,并注记点名和高程值。

　　3. 水系设施

　　功能:交互绘制垅、水系及附属设施符号。

下面分别叙述不同水系设施的绘制方法。

1）点状或特殊水系设施

(1)单点式。地下灌渠出水口、泉等都属于这种地物。绘制时只需用鼠标给定点位,若给定点位后地物符号随着鼠标的移动而旋转,待其旋转到合适的位置后按鼠标右键或回车。有的点状地物需要输入高程,根据提示键入高程值即可。

(2)水闸。操作方法与交通设施的三点或四点定位。

(3)依比例水井。用三点画圆的方法来确定依比例水井的位置和形状,依提示输入圆上三点。

2）线状水系设施的绘制

具体可以分为以下几类:

(1)无陡坎或陡坎方向确定的单线水系设施。绘制这类水系时只需根据提示,依次输入水系的拐点,然后进行拟合即可。

(2)陡坎方向不确定的单线水系设施。这类水系设施的绘制方法与第(1)种大致相同,只是需要确定陡坎方向。操作时,命令区提示"请选择:(1)按右边画(2)按左边画〈1〉",当输入"1"时干沟的一边向左边生成,当输入"2"时干沟的一边向右边生成。后面的操作与上面相同。

(3)示向箭头、潮涨、潮落。输入相应符号的定位点,然后移动鼠标器,符号便动态地旋转,用鼠标使符号定位方向满足要求。

(4)有陡坎的双线水系设施。绘制这类水系设施时一般是先绘出其一边(绘制方法同第(2)种),然后再用不同的方法绘制另一边。输入地物编码:〈141101〉;命令区提示"请选择:(1)按右边画(2)按左边画〈1〉""第一点:〈跟踪 T/区间跟踪 N〉""曲线 Q/边长交会 B/跟踪 T/区间跟踪 N/垂直距离 Z/平行线 X/两边距离 L/圆 Y/内部点 O〈指定点〉""点 J/隔点延伸 D/微导线 A/延伸 E/插点 I/回退 U/换向 H〈指定点〉""拟合线?〈N〉?""1.边点式/2.边宽式/(按 ESC 键退出)〈1〉",选"1"时显示"对面一点",需给出对边上一点;选"2"时,根据提示输入地物宽度;选"3"时,则不画另一边。

(5)各种防洪墙。先绘出墙的一边,然后根据提示输入宽度以确定墙的另一边。

(6)输水槽。如果输水槽两边平行,给出 L 边的两端点及对边上任一点;如果输水槽两边不平行,需给出每一条边的两个点。

3）面状水系设施

画出面状水系的边线,然后进行拟合即可。具体操作方法请注意命令区提示。

4.居民地

功能:交互绘制居民地图式符号(一般房屋、普通房屋、特殊房屋、房屋附属、支柱墩、垣栅)。其对话框如图 4.106 所示。

下面分别介绍绘制不同房屋的具体步骤。

1）多点房屋类

操作方法:看命令区提示操作。

(1)"第一点:〈跟踪 T/区间跟踪 N〉":输入房屋的任意拐点。可用鼠标直接确定,也可以输入坐标确定点位。

(2)"曲线 Q/边长交会 B/跟踪 T/区间跟踪 N/垂直距离 Z/平行线 X/两边距离 L/圆 Y/内部点 O〈指定点〉""曲线 Q/边长交会 B/跟踪 T/区间跟踪 N/垂直距离 Z/平行线 X/两边距

离 L/闭合 C/隔一闭合 G/隔一点 J/隔点延伸 D/微导线 A/延伸 E/插点 I/回退 U/换向 H〈指定点〉c"：一步有多个选项，可选其中某一项然后根据提示进行操作(具体操作方法与下拉菜单"工具\多功能复合线"的操作方法相同)。系统默认操作为输入下一点坐标。

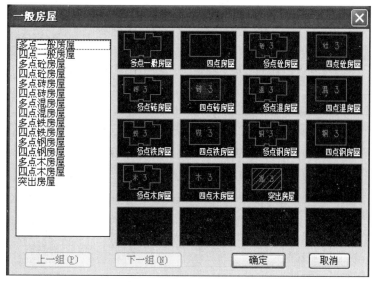

图 4.106　"居民地"对话框

2)四点房屋类

操作方法：看命令区提示操作。

(1)"1.已知三点/2.已知两点及宽度/3.已知两点及对面一点/4.已知四点〈1〉"：缺省为 1。

(2)"获取第一点"：选取第一个点。

(3)"指定下一点"：依次输入三个房角点(如果三点间不成直角将出现平行四边形)。若前面选择"2"，则依次输入房屋两个房角点和输入房屋的四个顶点。

3)楼梯台阶类

操作时应注意，一定要去掉所有的捕捉方式。

(1)台阶、室外楼梯。看命令区提示操作。

——"第一点"：输入楼梯第一边的始点。

——"第二点"：输入楼梯第一边的终点。

——"对面一点"：输入楼梯另一边上起点或任意一点。(直接回车默认两边平行)

(2) 不规则楼梯。看命令区提示操作。

——"请选择：(1)选择线 (2)画线〈1〉"：如选择"(1)"，根据提示用鼠标点取已画好的楼梯两边线(注意必须是复合线)，系统将自动生成梯级。

——"选择一边"：鼠标点取不规则楼梯的一边。

——"选择另一边"：鼠标点取不规则楼梯的另一边。

4)依比例围墙

(1)"第一点：〈跟踪 T/区间跟踪 N〉"：输入第一点。

(2)"曲线 Q/边长交会 B/跟踪 T/区间跟踪 N/垂直距离 Z/平行线 X/两边距离 L/圆 Y/

内部点 O〈指定点〉"。

（3）"曲线 Q/边长交会 B/跟踪 T/区间跟踪 N/垂直距离 Z/平行线 X/两边距离 L/隔一点 J/隔点延伸 D/微导线 A/延伸 E/插点 I/回退 U/换向 H〈指定点〉"。

（4）"拟合线〈N〉?"：一般不拟合，直接回车。

（5）"输入墙宽（左＋右－　）；〈0.300〉"：直接回车即可。

5）不依比例尺围墙

栅栏（栏杆）、篱笆、活树篱笆、铁丝网类、门廊、檐廊看命令区提示操作。

6）阳台操作方法

看命令区提示操作。画阳台前应先画出阳台所在房屋。

——"请选择：（1）已知外端两点（2）皮尺量算（3）多功能复合线〈1〉"：选择"（1）"。

——"请选择阳台所在房屋的墙壁"：用鼠标点取房屋边。

——"选取阳台外端第一点"：选阳台外一点。

——"选取阳台外端第二点"：绘出两点后，自动从这两点向房屋引垂直线，绘出阳台。

5. 独立地物

功能：交互绘制各类独立地物（矿山开采、工业设施、农业设施、公共服务、名胜古迹、文物宗教、科学观测、其他设施）。

操作方法：分如下几种情况。

（1）面状独立地物。面状独立地物的绘制与多点房屋和四点房屋的绘制步骤相同。

（2）点状独立地物。若选取点状地物的图式符号后，用鼠标给定其定位点（给定的定位点是该点状符号的定位点）。地物符号有时会随鼠标的移动而旋转，此时按鼠标左键确定其方位即可。

6. 交通设施

功能：交互绘制道路及附属设施符号。

操作方法：不同交通设施有不同的绘制方法。

（1）两边平行的道路，如平行高速公路、平行等级公路、平行等外公路等。

看命令区提示操作。

——"第一点：〈跟踪 T/区间跟踪 N〉"：这一提示将反复出现，按提示输入点以确定道路的一条边线。

——"曲线 Q/边长交会 B/跟踪 T/区间跟踪 N/垂直距离 Z/平行线 X/两边距离 L/圆 Y/内部点 O〈指定点〉"。

——"曲线 Q/边长交会 B/跟踪 T/区间跟踪 N/垂直距离 Z/平行线 X/两边距离 L/隔一点 J/隔点延伸 D/微导线 A/延伸 E/插点 I/回退 U/换向 H〈指定点〉"。

——"曲线 Q/边长交会 B/跟踪 T/区间跟踪 N/垂直距离 Z/平行线 X/两边距离 L/闭合 C/隔一闭合 G/隔一点 J/隔点延伸 D/微导线 A/延伸 E/插点 I/回退 U/换向 H〈指定点〉"：根据需要，选择某一选项进行操作。

——"拟合线〈N〉?"：如需要拟合，选择 Y，回车。

——"1.边点式/2.边宽式/（按 ESC 键退出）：〈1〉"：如选"1"，用户需要用鼠标点取道路另一边任一点；如选"2"，用户需要输入道路的宽度以确定道路的另一边。选"2"后提示"请给出道路的宽度（m）：〈＋/左，－/右〉"，输入道路宽度。如未知边在已知边的左侧，则宽度值为正,否则为负。

(2)只画一条线的道路,如铁路、高速公路等。所有的单线道路和某些双线道路只需画一条线即可确定其位置和形状,凡出现以下提示者即为单线道路。

——"输入点":这一提示将反复出现,按提示依次输入相应点位。

——"闭合 C/隔一闭合 G/隔一点 J/微导线 A/曲线 Q/边长交会 B/回退 U〈指定点〉":根据需要选择某一选项进行操作。

——"拟合线〈N〉?":如需要拟合,选择 Y,回车。

(3)只需输入一点的交通设施。各种点状交通设施如路灯、汽车站等均属此类。

(4)需输入两点的交通设施。有些地物需输入起点和端点以确定其位置和形状,如过河缆、电车轨道电杆等。看命令区提示操作。

——"第一点":输入第一点。

——"第二点":输入第二点。

(5)面状交通设施。面状交通设施又可以分为以下三类:

——圆形面状交通设施,如转车盘。看命令区提示操作(三点画圆法):①"圆上第一点":输入第一点;②"圆上第二点":输入第二点;③"圆上第三点":输入第三点。

——规则(如长方形、菱形)四边形面状交通设施,如站台雨棚。看命令区提示操作。具体操作方法与"居民地""四点房屋"相同。

——不规则面状地物。看命令区提示操作。具体操作方法与"居民地→多点房屋"相同。

(6)需输入三点或四点的交通设施,如铁路桥、公路桥等。看命令区提示操作。

——"第一点":输入第一边一端点。

——"第二点":输入第一边另一端点。

——"对面一点":按顺时针方向或逆时针方向输入另一边一端点。

——"对面另一点:(直接回车则默认两边是平行)":此时输入的第三个点可以不在对边上。

7. 管线设施

功能:交互绘制电力、电信、垣栅管线及附属设施等地物。

操作方法:不同管线设施有不同的绘制方法。

(1)点状管线设施。在输入点状管线设施时用户只需用鼠标指定该地物的定位点即可。输入点后,有些地物符号会随着鼠标的移动旋转,此时移动鼠标确定其方向后回车即可。

(2)线状管线设施。线状管线设施的绘制方法与多功能线的绘制相同,用户可参看下拉菜单"工具\多功能复合线"的操作。有些线状管线设施只需两点(起点和端点)即可确定其位置;有些管线设施在输完点以后系统会提问"拟合线〈N〉?",输入"Y"进行拟合;如不需拟合,按鼠标右键或直接回车。

8. 境界线

功能:交互绘制境界线符号,符号都绘制在"JJ"层。

操作方法:绘制境界线符号时只需依次给定境界线的拐点即可。如果需要拟合,根据提示进行拟合。

9. 地貌土质

功能:交互绘制陡坎、斜坡及土质的相应符号。

1)点状元素

绘制时只需用鼠标给定点位,若给定点位后地物符号随着鼠标的移动而旋转,待其旋转到合适的位置后按鼠标右键或回车。

2)线状元素

(1)无高程信息的线状地物(自然斜坡除外)。绘制这类地物时,只需根据提示依次输入地物的拐点,然后进行拟合。

(2)有高程信息的线状地物,包括等高线和陡坎。绘制这类地物的方法与第(1)种大致相同,只是需要先行输入高程信息。看命令区提示(以等高线为例)操作。

——"请选择绘制方式:(1)逐点绘制(2)流水线〈1〉":选择绘制方式。

——"输入等值线高程:〈111.0〉":输入等高线的高程。

——"第一点:〈跟踪 T/区间跟踪 N〉":用鼠标点取第一点。

——"曲线 Q/边长交会 B/跟踪 T/区间跟踪 N/垂直距离 Z/平行线 X/两边距离 L/圆 Y/内部点 O〈指定点〉p"。

——"当前线宽为 0.0750"。

——"指定下一个点或［圆弧(A)/半宽(H)/长度(L)/放弃(U)/宽度(W)]":用鼠标点取第二点,依此类推。

——"请选择拟合方式:(1)无(2)曲线(3)样条〈2〉":选择等高线拟合方式。

(3)自然斜坡。通过画坡顶线和坡底线绘出斜坡。

——"请选择:(1)选择线 (2)画线〈1〉":选择"(1)"时(缺省值),将要求依次选择屏幕上已绘制的坡底线和坡顶线。

——"选择坡底线":用鼠标点取坡底线。

——"选择坡顶线":用鼠标点取坡顶线。

——"坡向正确吗〈YES〉?":正确直接回车。前面选"(2)"时依次画坡底线和坡顶线。

3)面状元素

面状元素包括盐碱地、沼泽地、草丘地、沙地、台田、龟裂地等地物。根据地块的拐点画出边界线,然后根据需要拟合。

10. 植被土质

功能:交互绘制植被和园林的相应符号。

操作方法:植被园林符号分为点、线、面三类。点状符号包括各种独立树、散树,绘制时只需用鼠标给定点位即可;线状符号包括地类界、行树、防火带、狭长竹林等,绘制时用鼠标给定各个拐点,然后根据需要进行拟合;面状符号包括各种园林、地块、花圃等,绘制时用鼠标画出其边线,然后根据需要进行拟合。

11. 市政部件

功能:交互绘制市政设施符号,包括面状区域、公用设施、道路交通、市容环境、园林绿化、房屋土地和其他设施等。

4.16.2 测点点号

在右侧屏幕菜单用鼠标点击"测点点号"选项即可进入"测点点号"定点方式。进入此定点方式时,会显示一个对话框,根据对话框提示输入坐标数据文件名,命令区提示"读点完成!共读入 n 个点"。

用户可以看到图 4.103 所示的界面与"坐标定位"方式的显示界面基本相同,只是多了一项"找指定点",它的功能是在输入一个点的点号后,把该点平移到所指定的点位。其余单项的操作方法与"坐标定位"方式下相应菜单的操作方法基本相同,只是点的输入方法有所变化,命令栏提示"点 P⟨点号⟩",此时可直接输入点号,也可先输入"P",然后用鼠标捕捉一点。

需要说明的是:用户在用"测点点号"方式作业时,最好将测点点号展绘出来,便于对照编辑。

4.16.3　电子平板

功能:用一专用电缆线连接便携机与全站仪,将装有 CASS 软件的便携机显示屏当作测图平板,将全站仪当作照准仪而组成"电子平板"。"电子平板"可实现一机多镜作业。在进入"电子平板"作业模式以前,用户需做以下准备工作。

(1)在 Windows 的"记事本"或其他编辑软件中,按照 CASS 9.1 的系统文件格式将测区已知控制点坐标编辑为坐标数据文件。

(2)在测站点架好仪器,用电缆连接便携机与全站仪,开机后进入 CASS 9.1 系统。

准备工作完成后,用户可在右侧屏幕菜单点击"电子平板"选项进入"电子平板"作业模式。此时会弹出一个对话框,如图 4.107 所示。

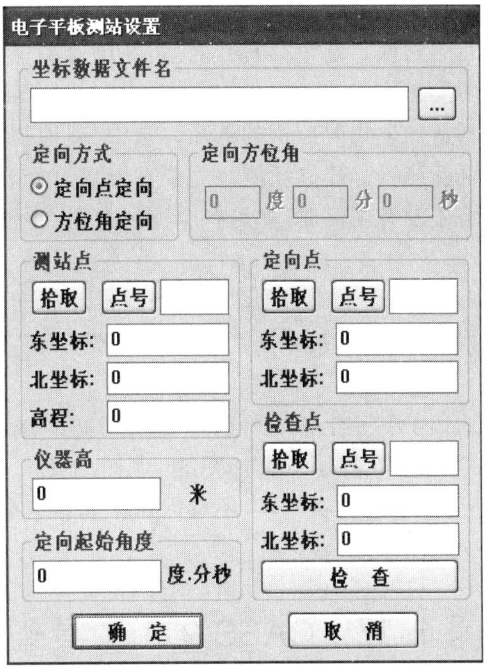

图 4.107　"电子平板"对话框

先选择坐标数据文件,确定定向方式。其中,方位角定向要求录入定向方位角度。然后,设置测站点、定向点及检查点的坐标值,其中,可以直接录入数据文件中的点号,也可以直接在图面上选取,当然手工录入也可以。做完之后点击"检查"供用户检查测站设置是否正确,如图 4.108 所示。

图 4.108　"电子平板"测站检查提示

确定所属信息正确无误后,回车即可进入电子平板测量模式。具体操作方法可参见 CASS 的有关说明书。

1. 特色功能说明

(1)安置测站:用于重新安置测站,执行之后系统会弹出一个对话框,如图 4.107 所示。

(2)找测站点:用于寻找当前测站点,执行之后系统会自动定位于测站点。

(3)找当前点:用于寻找当前观测点,执行之后系统会自动定位于观测点。

(4)方式转换:用于鼠标和全站仪方式之间的切换。

2. 多镜测量

功能:应用多镜之间的切换,实现同时测绘不同的地物。

操作方法:看命令区提示操作。

(1)"自动连接该线":输入测尺名则系统自动切换到该测尺上次所测地物。其中,操作方法类型包括"切换""新地物"和"赋尺名"。

(2)"切换":镜与镜之间的切换。选中"切换"之后,在已有测尺名中选中要切换到的测尺,点击"确定"即可完成多镜切换正作。

(3)"新地物":开始观测新的地物时应用的选项。选中"新地物"选项,开始测量新地物,可以选中已有测尺或者是建立新测尺。建立新测尺需要在输入测尺名中录入新测尺的名字。

(4)"赋尺名":用于开始还没有观测时,先给各个测尺命名,在输入测尺名文本框中录入测尺名后点击"确定"即可。

执行"新地物"或者"切换"时,会出现提示"切换 S/测尺 R〈李强〉/〈鼠标定点,回车键连接,ESC 键退出〉"。其中"鼠标定点"直接在图面上点击,"ESC 键"表示退出,"回车键"表示与全站仪连接。

"地物编码"可手工录入,也可点击在图上选择编码相同的地物,系统自动将编码录入。"切换"表示要切换到另外的测镜,在提示下选择要继续测的地物。"测尺"表示将目前在测的测镜更改名字,在弹出的对话框中键入新尺名,还可以用来切换测镜和开始测新地物。点"确定"之后,继续观测。

§4.17　CASS 9.1 工具条

当启动 CASS 9.1 以后,可以看到屏幕上部和左侧各有一个工具条。其中,上部的工具条属于 AutoCAD 标准工具条,上面有 AutoCAD 的许多常用功能快捷键,如图层的设置、打开老图、图形存盘、重画屏幕等;屏幕左侧的工具条则是 CASS 系统特有的,如查看实体编码、加入实体编码、查询坐标、注记文字、绘陡坎、绘多点房屋、绘斜坡等众多快捷键按钮,均是 CASS 常用的功能。所有按钮均有在线提示功能,即当鼠标指针在某个按钮图标上停留一两秒钟,鼠标的尾部将弹出该工具按钮的文字说明,鼠标移动则说明消失。若将鼠标置于任一工具条上单击右键,此时会弹出更多工具条菜单选项,这些菜单都是 AutoCAD 系统的绘图工具,可视编辑需要点选择。

虽然快捷键的使用比下拉菜单方便,但由于工具条上的快捷键功能绝大多数已经作为下拉菜单项介绍过了,因此本节仅选择性地进行介绍。

4.17.1 标准工具栏

标准工具栏如图 4.109 所示。

图 4.109 标准工具栏

1. 图标"≋"

功能:与菜单"编辑\图层控制\图层设定"相同,调用图层特性管理器。

2. 图标"≋"

功能:将当前所选定对象所在的图层设为当前图层。

3. 图标"⚲◯◉◾□0"

(1)"⚲":可控制一个或多个图层是否显示。首先,选择图层,然后点击"可",该图标将变成灰蓝色,这时所选择图层将消失。

(2)"◯":可控制一个或多个图层是否显示,还可控制一个或多个图层在出图时是否显示。

(3)"◉":控制一个或多个图层能否被打印出来。

(4)"◾":控制一个或多个图层在出图时是否显示。

(5)"□":显示图层的颜色,不能被编辑。

(6)"0":显示当前图层名。

4. 图标"▦"

功能:调用线型管理器。用户可以通过线型管理器加载线型和设置当前线型。

5. 图标"◪"

功能:与菜单"文件\打开已有图形"相同。

6. 图标"🖫"

功能:与菜单"文件\图形存盘"相同。

7. 图标"✎"

功能:与菜单"显示\重画屏幕"相同。

8. 图标"✥"

功能:与菜单"显示\平移"相同。

9. 图标"◔"

功能:缩小和放大图形。选取此项后,鼠标向上移动放大图形,鼠标向下移动则缩小图形。

10. 图标"◕"

功能:与菜单"显示\显示缩放\窗口"相同。

11. 图标"⬤"

功能：与菜单"显示\显示缩放\全图"相同。

12. 图标"⬤"

功能：与菜单"显示\显示缩放\前图"相同。

13. 图标"↶"

功能：与菜单"工具\操作方法回退"相同。

14. 图标"↷"

功能：与菜单"工具\取消回退"相同。

15. 图标"🖳"

功能：与菜单"编辑\对象特性"相同。

16. 图标"▦"

功能：打开或关闭 AutoCAD 设计中心。

17. 图标"✏"

功能：与菜单"编辑\删除\单个目标选择"相同。

18. 图标"✛"

功能：与菜单"编辑\移动"相同。

19. 图标"⬡"

功能：与菜单"编辑\复制"相同。

20. 图标"⊸"

功能：与菜单"编辑\修剪"相同。

21. 图标"⊸"

功能：与菜单"编辑\延伸"相同。

22. 图标"❓"

功能：帮助。

4.17.2　CASS 实用工具栏

　　CASS 实用工具栏的一些常用命令如图 4.110 所示,左键点击图标按钮后,可以直接使用,无须在屏幕菜单栏层层点开,这里不再一一解释。

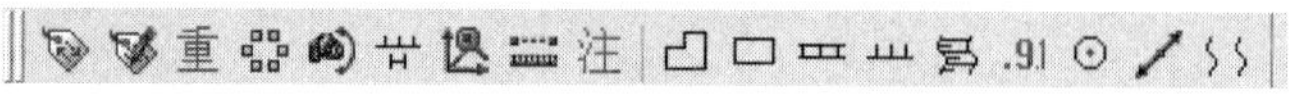

图 4.110　CASS 实用工具栏

习　题

1. 应用 CASS 9.1 工具绘出直线、曲线、圆、矩形等基本图形。

2. CASS 9.1 解析交会有哪几种方法?

第5章 CASS 9.1 数字地形图绘制与图形输出

对于数字地形图的绘制,CASS 9.1 提供了"草图法""简码法""电子平板法""数字化录入法"等多种成图方式,并可实时地将地物定位点和邻近地物(形)点显示在当前图形编辑窗口中,操作十分方便,不管采用哪种方法,基本流程大同小异。

§5.1 CASS 9.1 的文件结构

CASS 9.1 的文件类型很多,包括坐标数据文件、编码引导文件、权属引导文件、权属信息文件、原始测量数据文件、断面里程文件、公路曲线要素文件、横断面设计文件、CASS 9.1 交换文件、符号定义文件、图元索引文件、野外操作码定义文件、屏幕菜单定义文件、地类定义文件等。在这里只介绍数字地形图绘制及应用中常用的几种文件结构。

5.1.1 坐标数据文件

坐标数据文件是 CASS 最基础的数据文件,扩展名是 dat,无论是从电子手簿传输到计算机还是用电子平板在野外直接记录数据,都生成一个坐标数据文件,其格式为

> 1 点点名,1 点编码,1 点 Y(东)坐标,1 点 X(北)坐标,1 点高程
> N 点点名,N 点编码,N 点 Y(东)坐标,N 点 X(北)坐标,N 点高程

需要说明的是:
(1)文件内每一行代表一个点。
(2)每个点 Y(东)坐标、X(北)坐标、高程的单位均是"m"。
(3)编码内不能含有逗号,即使编码为空,其后的逗号也不能省略。
(4)所有逗号不能在全角方式下输入。

5.1.2 编码引导文件

编码引导文件是用户根据"草图"编辑生成的,文件的每一行描绘一个地物,数据格式为(如 wmsj. yd)

$$\text{Code}, \text{N1}, \text{N2}, \cdots, \text{N}n, \text{E}$$

其中,Code 为该地物的地物编码,$\text{N}n$ 为构成该地物的第 n 点点号。值得注意的是:N1、N2、…、$\text{N}n$ 的排列顺序应与实际顺序一致。每行描述一地物,行尾的字母 E 为地物结束标志。

最后一行也只有一个字母 E,为文件结束标志。

显然,引导文件是对无码坐标文件的补充,二者结合即可完备地描述地图上的各个地物。

5.1.3 断面里程文件

CASS 9.1 的断面里程文件扩展名是 hdm,格式为

```
BEGIN,断面里程:断面序号
第一点里程,第一点高程
第二点里程,第二点高程
              ⋮
NEXT
另一期第一点里程,第一点高程
另一期第二点里程,第二点高程
              ⋮
```

需要说明的是：

(1)每个断面第一行依"BEGIN"开始。"断面里程"参数多用在道路土方计算方面,表示当前横断面中桩在整条道路上的里程。如果里程文件只用来画断面图,可以不要这个参数。

(2)各点号应按断面上的顺序表示,里程依次从小到大。

(3)每个断面从"NEXT"往下的部分可以省略。这部分表示同一断面另一时期的断面数据,如设计断面数据。绘断面图时可将两期断面线同时画出来,如同时画出实际线和设计线。

§5.2　测量(坐标)数据的录入

作为数字地形图绘制工作的第一步,要先将观测数据输入计算机。CASS 9.1 为主流的全站仪及 PC-E500、HP2110、MG(测图精灵)等电子手簿预设了通信接口,能使各种型号的全站仪及电子手簿中的观测数据,以统一的坐标数据文件格式传送到计算机,供 CASS 9.1 打开、展绘及编辑成图。

5.2.1　数据通信的一些基本概念

1. 数据通信方式

(1)单工方式。只允许在规定的方向上传输数据,而不允许相反方向传输数据,即数据通信是单方向的。

(2)半双工方式。通信双方都具备发送和接收数据功能,但一方是发送单元时,另一方必须是接收单元。

(3)全双工方式。在任何时刻都允许在两个方向上传输数据。

2. 数据信息表示

数据通信所要传输的信息是由一系列字母和数字表示的,而沿着传输线传送时,信号是以电信号传送。因此,要将字符信息转换为二进制形式,再把二进制信息转化为一系列离散的电子脉冲信号。

3. 数据信息的校验

数据通信中,数字信号会受到干扰,发送单元发出的信息到了接收单元可能会出错,就要检查出这种差错,从而克服它。

校验位,又称为奇偶校验位,指数据传输时接在每个七位二进制数据信息后面发送的第八位。这是一种检查传输数据是否正确的方法,即将一个二进制数加到发送的二进制信息串后面,让所有二进制(包含校验位)的总和保持是奇数或偶数,以便在接收单元检核传输的数据是否有误。通常校验位有五种方式。

(1)无校验。规定发送数据时,不使用校验位。这样就使原来校验位所占的第八位数成为可选用的位,这种方法通常用来传送由八位二进制组成的数据信息。这时,数据信息就占用了原来由校验位使用的位置。

(2)偶校验。规定校验位的值与前面传输的二进制数据信息有关,并且应使校验位和七位二进制数据信息中"1"的总和总为偶数。如果二进制数据信息中"1"的总数为偶数,则校验位为"0";如果二进制数据信息中"1"的总数为奇数,则校验位为"1"。

(3)奇校验。规定校验位的值与前面所传输的二进制数据信息有关,并且应使校验位和七位二进制数据信息中"1"的总和总为奇数。如果二进制数据信息中"1"的总数为偶数,则校验位为"1";如果二进制数据信息中"1"的总数为奇数,则校验位为"0"。

(4)标记校验。规定校验位总是二进制数"1",而与所传输的数据信息无关。

(5)空号校验。规定校验位总是二进制数"0",也是简单地填补位置。

4. 数据信息的传送方式

数据传输有串行传输和并行传输两种方式,其概念与列队行进的一路纵队和几路纵队类似。

(1)串行传输。当采用串行方式通信时,数据信息是按二进制位的顺序由低到高一位一位地在一条信号线上传送。这种方式传输速度慢,但设备简单,各种输入、输出设备和计算机系统上常装有串行通信接口,计算机主板上有 COM1 和 COM2 两个标准接口,数字化仪、全站仪等数据采集设备也都有串行通信接口。

(2)并行传输。通过多条数据线将数据信息的各位二进制数同时并行传输,每位数要各占一条数据线。这种方式通信速度快,但是制作成本高,常用于计算机内部指令数据的传输。另外,计算机与打印机、绘图仪等外接设备常用此方式传输数据。

5.2.2　全站仪数据传输到计算机

全站仪或电子手簿将数据传输到计算机的基本步骤相同,参看§4.9.9 内容。最近新出的全站仪除了串行接口外,还增加了 USB 接口和存储卡等多种数据下载方式。

§5.3　地形图绘制基本流程

地形图绘制的基本流程如图 5.1 所示。

5.3.1　新建图形文件

具体步骤为新建文件,然后选择"ACADISO. dwt"样板图,接着设定显示区(可选)、改变比例尺,最后保存。

5.3.2　CASS 绘图参数设置

通过"CASS 9.1 参数配置"对话框设置 CASS 9.1 的各种参数,也可自定义多种常用设置,详见第 4 章。

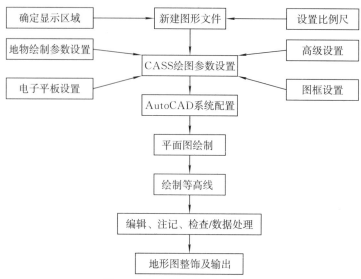

图 5.1　数字测图内业绘图流程

5.3.3　AutoCAD 系统配置

点击"文件\AutoCAD 系统配置"菜单,会弹出"AutoCAD 系统配置"对话框,如图 5.2 所示,可以在此对话框中对 CASS 9.1 的工作环境进行设置。需要注意的是:在"配置"选项卡中,可以控制 CASS 9.1 和 AutoCAD 之间的切换。如果想在 AutoCAD 2006 环境下工作,可在此界面下选择"未命名配置"选项,然后点击"置为当前";如果想在 CASS 9.1 环境下工作,可选择 CASS 9.1,然后点击"置为当前"。

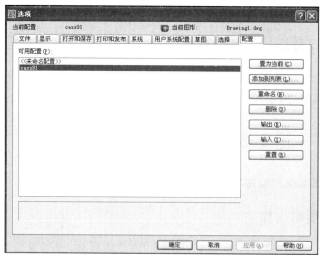

图 5.2　"AutoCAD 系统配置"对话框

5.3.4　平面图绘制

1. 无码法工作方式

无码法工作方式是在外业工作时,没有输入描述各定位点之间相互关系的编码,而是以草图的形式记录点位之间的关系及所测地形、地物的属性信息。由于没有输入编码，所以坐标文件中仅有碎部点点号及测量坐标值。对于这样的数据文件，系统不能自动处理编辑成地形图，只能对照草图在计算机上通过人机交互的方式，一步步编辑成图。

1）展点

展点可把坐标数据文件中的各个碎部点点位及其相应属性（如点号、代码或高程等）显示在屏幕上。

在下拉菜单"绘图处理"中选择"野外测点点号"，系统提示输入要展出的坐标数据文件名（如"C：\Progrom Files\CASS9.1\DEMO\SRUDY.dat"）。输入后，点击"打开"，则数据文件中所有点以注记点号形式展现在屏幕上，如图 5.3 所示。若没有输入测图比例尺，命令区将要求输入测图比例，输入比例尺分母后回车即可。

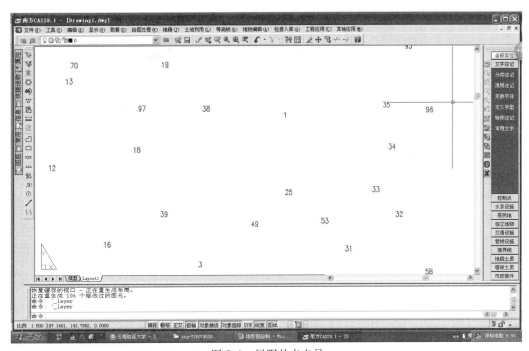

图 5.3　展野外点点号

2）定点方式选择

（1）点号定位。在右侧屏幕菜单的"定位方式"中选择"测点点号"，会弹出一个对话框，提示选择点号对应的坐标数据文件名（如"C：\Progrom Files\CASS9.1\DEMO\DGX.dat"）。输入外业所测的坐标数据文件点击"打开"后，系统将所有数据读入内存，以便依照点号寻找点位。此时屏幕菜单变成图 5.3 右侧所示的菜单，同时命令区显示"读点完成！共读入 126 个点"。点号定位与屏幕坐标定位用字母"P"切换，CASS 开机默认是坐标定位。

（2）坐标定位。坐标定位成图法操作类似于测点点号定位成图法。不同的仅仅是绘图时定位的获取不是通过输入点号，而是利用"对象捕捉"功能直接在屏幕上捕捉所展的点位，故该法较测点点号定位成图法更方便。绘图之前要设置"对象捕捉"方式，有几种方法：可以点击"工具\物体捕捉模式\节点"选项，"对象捕捉"设置如图 5.4 所示，捕捉展绘的碎部点；也可以用鼠标右键点击状态栏上面的"对象捕捉"项进行设置；还可按住 Shift 键在绘图区域空白处点右键。取消与开启"对象捕捉"功能可以直接按 F3 键进行切换。坐标定位与点号定位绘制平面图的方法相同。

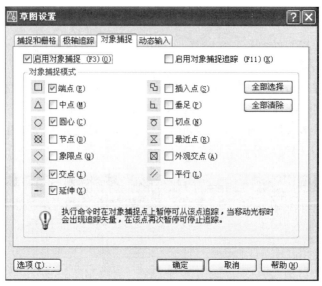

图 5.4 　"对象捕捉"设置

3)点、线、面状地物绘制

(1)点状地物绘制。点状符号分为不带注记的点状符号和带注记的点状符号。不带注记的点状符号又分为无方向(如地下检修井)、有方向(如水流方向)及带状式(如带状植被)点状符号三种。带注记的点状符号又分为"点状符号＋一行注记"(如泉)和"点状符号＋两行注记"(如三角点、导线点等)。点状独立地物如图 5.5 所示。

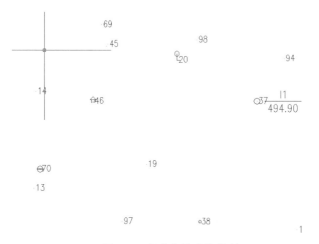

图 5.5 　部分点状地物绘制

——仅绘制点状符号。例如,地上窑洞(不依比例)、消防栓、地下检修井、独立树、路灯等均属于此类地物。命令区提示"标定点 P/〈点号〉(输入对应点号,即可绘出符号)",然后直接回车继续绘制新的符号,或按 Esc 键退出程序。

——绘制带方向的点状符号。例如,门墩方形雨水箅子等(不依比例)独立符号、水流方向等均属于此类地物。命令区提示"鼠标定点 P/〈点号〉(鼠标定位到所需位置,即可绘出符号)",拖动鼠标,则符号动态旋转,当符号方向满足要求时定点即可;也可以输入角度值,其角度值为逆时针旋转角度。然后,可直接回车继续绘制新的符号,或按 Esc 键退出程序。

　　——绘制带注记的点状符号。例如,埋石导线点,命令区提示"点号 P/〈鼠标定点〉(定点到所需位置)""高程(m):494.90.(输入 42.18,回车)",输入完成后则展绘出圆圈点符号,并注记高程值。继续下一个导线点的绘制,若不再绘制导线点,直接回车,或按 Esc 键退出程序。

　　(2)线状符号绘制。线状地物又分为不带宽度的线状地物和带宽度的线状地物。例如,图 5.6 中的电力线属于不带宽度的线状地物,斜坡、公路等均属于带宽度的线状地物。执行后命令区提示:①"第一点:(跟踪 T/区间跟踪 N)(捕捉 108 点)";②"曲线 Q/边长交会 B/跟踪 T/区间跟踪 N./垂直距离 Z/平行线 X/两边距离 L/点号 P/";③"指定点>(捕捉 x1 点)";④"曲线 Q/边长交会 B/跟踪 T/区间跟踪 N/垂直距离 Z/平行线 X/两边距离 L/隔一点 J/微导线 A/延伸 E/插点 I/回退 U/换向 H 点号 P/(指定点>(捕捉 x3 点)";⑤"曲线 Q/边长交会 B/跟踪 T/区间跟踪 N/垂直距离 Z/平行线 X/两边距离 L/闭合 C/隔一闭合 G/隔一点 J/微导线 A/延伸 E/插点 I/回退 U/换向 H 点号 P/(指定点>(捕捉.X4 点)";⑥"拟合线(N>? (输入 Y,即拟合)";⑦"1. 边点式/2. 边宽式/(按 Esc 键退出):(1)(直接回车,默认为边点式)";⑧"点号 P/〈鼠标定点〉(捕捉道路另外一边上的 x6 点)"。绘制结束后,直接回车,或按 Esc 键退出程序。

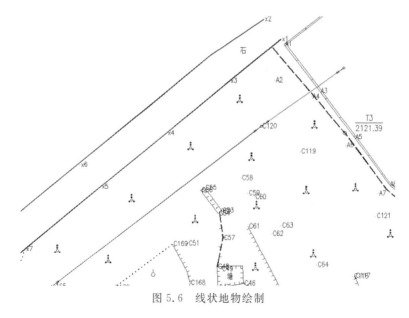

图 5.6　线状地物绘制

　　需要注意的是:大坎的毛刺、双线围墙的另一边等,在前进方向的左侧绘制;先绘坡底线,后绘坡顶线。

　　(3) 面状符号绘制。面状符号总体分为边界为圆形与边界为多边形的面状,具体细分如下:

　　——边界为圆形且中心加点状符号(块)。例如,蒙古包、粮仓、水池、烟囱等均属于此类地物。此类地物的绘制与三点圆画法相同。依比例尺蒙古包绘制过程命令区提示:①"输入地物编码:〈153101〉:依比例尺蒙古包";②"圆上第一点:";③"点号 P/〈鼠标定点〉";④"圆上第二点:";⑤"点号 P/〈鼠标定点〉";⑥"圆上第三点:";⑦"点号 P/〈鼠标定点〉"。然后,可继续绘制新的符号,直接回车,或按 Esc 键退出程序。绘制结束后,点状符号自动绘制到圆中心位置,如图 5.7 所示。

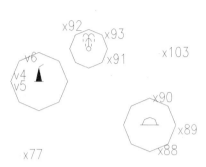

图 5.7 圆形地物绘制

——边界为多边形。例如,房屋、打谷场、球场、饲养场、温室、菜窖、花房等均属于此类地物,如图 5.8 所示。点击"居民地\一般房屋\多点砼房屋"选项。顺序定点到所需位置,则绘出封闭曲线,并在其内按绘图默认的面状地物内块间距填充符号,输入层数,"砖"表示只有一层,2 层砖房注记"砖 2",依此类推。然后,可继续绘制新的符号,直接回车,或按 Esc 键退出程序。

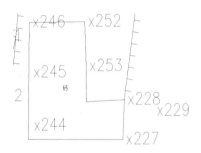

图 5.8 一般多点房绘制

——绘封闭的线且用块充填。如图 5.9 所示,绘制稻田。点击"植被土质\耕地\稻田"选项,命令区提示"请选择:(1)绘制区域边界(2)绘出单个符号(3)查找封闭区域〈1〉",选择(1),下面的操作与绘制多点房操作相同。

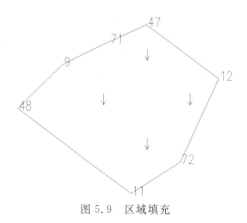

图 5.9 区域填充

——选择封闭的线且用块充填。点击"植被土质\林地\旱地"选项,命令区提示"请选择:

(1)绘制区域边界(2)绘出单个符号(3)查找封闭区域〈l〉",选择(3),点取相应的范围线即可完成填充。

——其他常用的绘图功能。例如,简单码绘图、文字注记、控制点绘制、居民地、独立地物、交通设施、管线设施、水利设施、境界线、地貌土质、植被园林、市政部件等。

4)地物编辑与文字注记

(1)地物编辑。用电子平板或测图精灵测绘的平面图及在室内绘制的平面图,一般都要利用人机交互图形编辑功能对图形进行编辑修改,对地名、街道名、建筑物名、单位名、路面、河流等进行文字注记。由于实际地形、地貌的复杂性,错测、漏测是难以避免的,此时需要在保证精度的前提下,消除相互矛盾的地形地物,对于错测、漏测的部分,应及时进行外业检查、补测或重测。另外,当地形图测好后,随着时间的变化,要根据实地变化情况及时对地形图进行更新,对变化了的地形和地物进行增加、删除或修改,以保证地形图的现势性。

针对这些要求,CASS 系统提供了用于编辑、修改图形的"编辑"和用于编辑地物的"地物编辑"等菜单。另外,在屏幕菜单的工具栏中也提供了部分编辑命令。常用的编辑功能主要有重新生成、线型换向、修改墙宽、修改坎高、电力电信、植被填充、图纸填充、小比例尺房屋填充、图案填充、独立符号等分内插、批量缩放文字符号、复合线处理(加点、删点、拟合、顶点移动、合并等)、屋檐改正、直角纠正、批量删剪、批量剪切及局部存盘等。详细操作见 4.13 节。

(2)注记。地图上除了各种图形符号外,还有各种注记要素(包括文字注记和数字注记)。CASS 系统提供了多种不同的注记方法,注记时可将汉字、字符、数字混合输入。

——使用屏幕菜单中的"文字注记"。无论是使用屏幕菜单中哪种定位方法,系统均提供了"文字注记"功能,点击该选项,会弹出如图 5.10 所示菜单:①选择屏幕菜单中的"分类文字注记"选项,会弹出一个对话框,如图 5.11 所示,选择"注记类型"及"文字高度(毫米)",输入"注记内容",点击"确定",用鼠标指定注记位置,完成操作;②"通用注记"对话框如图 5.12 所示,输入"注记内容",选取"注记排列""图面文字大小"及"注记类型",点击"确定"后,用鼠标在屏幕上选取注记位置;③"变换字体"项可以改变当前默认字体,按图示的要求进行注记,如水系用斜体字注记,点击"变换字体"选项,屏幕显示如图 5.13 所示,提供了 15 种字体供选用;④图 5.14 为"定义字型"对话框,根据需要可以新建或重命名文字"样式名",定义"字体""高度""效果"等特性;⑤图 5.15 为"特殊注记"对话框,主要包含了"注记坐标""注记坪高""注记经纬度"和"管道注记";⑥图 5.16 为"常用文字"对话框,可以直接注记文字,点击"注记文字",在屏幕上用鼠标点取注记位置即可。

图 5.10　"文字注记"菜单

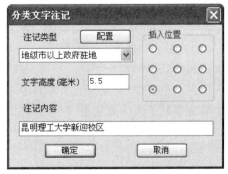

图 5.11　"分类文字注记"对话框

图 5.12　"通用注记"对话框

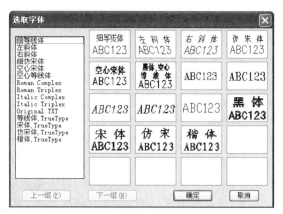

图 5.13　"变换字体"对话框

图 5.14　"定义字型"对话框

图 5.15　"特殊注记"对话框

图 5.16　"常用文字"对话框

5）实体属性的编辑修改

对于任何一个实体（对象）来说，都具有一些属性，如实体的位置、颜色、线型、图层、厚度及是否拟合等。当赋予实体的信息错误时，就需要对实体属性进行编辑、修改。

（1）"对象特性管理"。该项功能可以管理图形实体在 AutoCAD 中的所有属性。点击"编辑/对象特性管理"选项，会弹出"对象特性管理"对话框，如图 5.17 所示。在以表格方式出现的窗口中，提供了很多可供编辑的对象特性。选择单个对象时，对象特性管理器将列出该对象全部特性；选择多个对象时，对象特性管理器将显示所选择的多个对象的共有特性；未选择对象时,对象特性管理器将显示整个图形的特性。双击对象特性管理器中的特性栏,将依次出现该特性所有可能的取值。修改所选对象特性时,可通过输入一个新值、从下拉列表中选择一个值、用"拾取"按钮改变点的坐标值的方式。在对象特性管理器中,特性可以按类别排列,也可以按字母顺序排列。对象特性管理器还提供了"快速选择"按钮,可以方便地建立供编辑使用的选择集。

图 5.17　"对象特性管理"对话框

(2)"加入实体编码"。一般选择已有地物,之后再选被修改的任何实体或地物(有无编码均可),系统会自动将已有地物的"颜色(C)/标高(E)/图层(LA)/线型(LT)/线型比例(S)/线宽(LW)/厚度(T)"等赋予备选的其他地物,此方法类似克隆实体。

(3)"图元编辑"。该项功能是对直线、复合线、弧、圆、文字、点等实体进行编辑,修改它们的颜色、线型、图层、厚度及拟合等。

(4)"修改"。该项功能可以分别完成对实体的颜色和实体的属性(如图层、线型、厚度等)的修改,其功能与"图元编辑"完全相同。所不同的是"图元编辑"是采用对话框操作,而"修改"是根据命令区提示,一步一步键入修改值进行修改。

在图形数据最终进入 GIS 之前,对于实体本身的一些属性还必须做更多、更具体的描述和说明,这可以通过"实体附加属性"选项,根据实际的需要进行设置和添加实体附加属性。

6)批量选择

点击"编辑\批量选目标"选项,提供了"(1)块名/(2)颜色/(3)实体/(4)图层/(5) 线型/(6)选取/(7)样式/(8)厚度/(9)向量/(10)编码"多种选择,一般选择"(6)选取",即选取某一个实体,就等于选中所有具有这个属性的实体。例如,选中一个污水井就等于选中所有污水井。

2. 编码引导工作方式

1)概述

编码引导工作方式又称为"编码引导文件＋无码坐标数据文件自动绘图模式",这种方法根据草图编写一种称为编码引导文件的特殊文件,然后计算机根据编码引导文件和测点坐标文件自动编辑成图。这种作业方法实际上是将编码工作转移到内业来做,相对于外业编码作业,可以减少野外作业时间。由于外业工作相对较为艰苦,所以有一定实际意义。无码作业法对于编辑技巧不熟练的作业人员来说较为容易,同时对于计算机或绘图软件不足的情况,也不失为一种加快作业速度的解决方法。

CASS 9.1 系统中规定编码引导文件扩展名为 yd,其数据格式为:

$$Code, N1, N2, \cdots, Nn, E$$

需要说明的是:

(1)文件的每一行描绘一个地物,其中 Code 为该地物的地物代码,Nn 为构成该地物的第

n 点点号。

（2）必须要注意，N1、N2、…、Nn 的排列顺序应与实际顺序一致。同行的数据之间用逗号分隔。

（3）表示地物代码的字母要大写。

（4）每一行最后的字母 E 为地物结束标志。最后一行只有一个字母 E，为文件结束标志。

需要注意的是：编码引导文件是对无编码坐标数据文件缺少编码的补充，二者结合即可完整地描述地图上的各个地物，起到与简码坐标文件相同的作用。缺点是当对一个地形、地物的测量不连贯时，绘制需要依靠部分丈量数据，难以处理。

2）编辑编码引导文件

点击"编辑\编辑文本文件"选项，屏幕上将弹出记事本（图 5.18），然后根据野外作业草图，参考野外操作码中地物代码，按上述的文件格式编辑编码引导文件，其路径是 C:\Program Files\Cass91 for AutoCAD 2006\demo\SOUTH.yd。

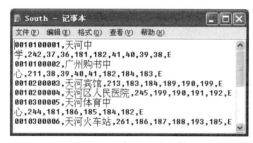

图 5.18　编码引导文件

3）编码引导

编码引导的作用是将编码引导文件与无编码的坐标数据文件合并成一个新的带简编码格式的坐标数据文件，这个新的带简编码格式的坐标数据文件在下一步"简码识别"操作时要用到，具体方法如下：

（1）点击"绘图处理\编码引导"选项。

（2）出现如图 5.19 所示"输入编码引导文件名"对话框，选择要编辑的编码引导文件名后左键点击"确定"（C:\Program Files\Cass91 for AutoCAD 2006\demo\SOUTH.yd），或者直接双击文件名。

（3）屏幕出现图 5.20 所示对话框，要求输入坐标数据文件名（C:\Program Files\Cass91 for AutoCAD 2006\demo\SOUTH.dat）。

图 5.19　"输入编码引导文件"对话框

图 5.20　"输入坐标数据文件名"对话框

（4）屏幕上会按照两个文件自动生成图形，如图 5.21 所示。

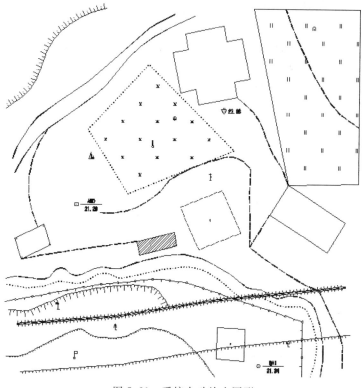

图 5.21　系统自动绘出图形

3. 简码法工作方式

简码法工作方式也称为带简码格式的坐标数据文件自动绘图方式。与草图法野外测量时不输入任何属性值不同，该方式每测一个地物点都要在电子手簿或全站仪上输入地物点的编码。简编码一般由一位字母和一或两位数字组成，如前所述，用户也可根据自己的需要通过 JCODE. def 文件字型定制野外操作简码。简码识别的作用是将带简码格式的坐标数据文件转换成计算机能识别的程序内部码（又称为绘图码）。简码法计算机编辑成图分成定显示区和简码识别两步。

点击"绘图处理\简码识别"子菜单，出现如图 5.22 所示对话框。

图 5.22　选择简码文件

当选择好简码文件并确认后，命令区提示"简码识别完毕！"，屏幕上即显示自动绘制的平

面图形,如图 5.23 所示。简码文件 YMSJ.dat 数据的一部分内容如下:

```
1,C0-XINAN,54100,31100,500
2,C0-XIBEI,54095.4711,31212.7799,494.63
3,C1-DONGNAN,54200,31100,500.24
4,X2,54116.1011,31129.0789,491.766
5,+,54128.0312,31140.1548,492.2249
```

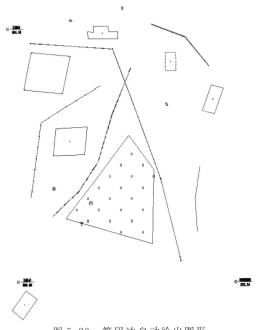

图 5.23　简码法自动绘出图形

§5.4　等高线绘制

　　地形图要完整地表示地表形状,除了要准确绘制地物外,还要准确地表示出地貌起伏。在地形图中,地形起伏通常是用等高线来表示的。常规的平板测图中,等高线由手工描绘,虽然可以描绘得比较光滑,但精度较低。而在数字测图中,等高线由计算机自动绘制,生成的等高线不仅光滑,而且精确度高。

5.4.1　建立数字地形模型

　　等高线的绘制,通常是在绘制完平面图及坎坎(输入坎高或坎上下均采集高程点)后,在已绘制的地形图中展绘对应的所有高程点。在剔除明显高出(或低于)地面的高程点,以及不能代表当地高程的碎部点后,将所有高程点数据进行数据提取,形成新的数据文件,然后根据新生成的数据文件建立数字地形模型(digital terrain model,DTM)。

　　建立数字地形模型之前,必须用“PLINE”命令绘制山脊线、山谷线、坡度变化线、地貌变向线、坡顶线、坡底线等地形变化特征线,数字地形模型建好后,可以选取这些 PLINE 线作为地性线。注意地性线及陡坎必须经过已测点高程点,只有这样才能生成合理数字地形模型三角网,从而绘制出正确的等高线。

对于是否考虑陡坎,正确的处理方法:如果量了坎高,则在绘制陡坎时输入坎高;在建立数字地形模型时选择考虑陡坎,系统自动沿着坎毛的方向插入坎底点(坎底点的高程等于坎顶线上已知点的高程减去坎高);如果坎上下均采集了高程点,则在建立数字地形模型时选择不考虑陡坎,只选择考虑地性线,因为陡坎本身就是地性线。

具体操作:点击"等高线\建立 DTM"选项,会弹出一个对话框,如图 5.24 所示。"选择建立 DTM 的方式"分为"由数据文件生成"和"由图面高程点生成",如果选择"由数据文件生成",则在坐标数据文件名中选择新的高程点坐标数据文件;如果选择"由图面高程点",先用复合线圈出高程点范围,然后选取范围线、选择结果显示,分为显示建部分三角网过程(图 5.25)、显示建三角网过程和不显示三角网过程。

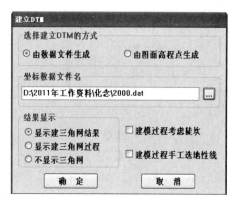

图 5.24　"建立 DTM"对话框

如果地貌有明显的山脊和山谷或者变坡线,则应点击"建模过程中考虑地性线"选项,提示"选择地性线的方法:",可用鼠标逐个点取地性线;如果地性线很多,可专门新建一个图层放置,如建 DMTD 图层,然后将地性线编组并打开,提示"选择地性线"时,只要选定测区任何一个地性线实体即可,这样就生成了合理的数字地形模型三角网。如果数字地形模型三角网还有不合适的地方,可以对三角网进行必要的修改。

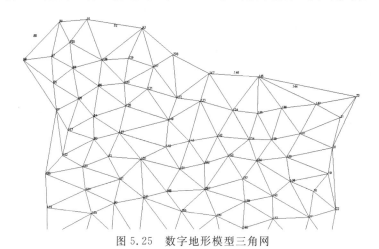

图 5.25　数字地形模型三角网

5.4.2　修改三角网

由于现实地貌的多样性和复杂性,自动构成的数字地形模型与实际地貌可能不一致(三角形边横穿个别地性线),这时可以通过"修改三角网"菜单来修改这些不合理的地方。此修改在实际工作中往往进行多次,直至生成完美的等高线。

1. 删除三角形

如图 5.25 所示,如果在某局部区域内没有等高线通过或三角形连接不合理,可将局部区域内相关的三角形删除。删除三角形时,可先将要删除的三角形的局部放大,再点击"等高线\

删除三角形"选项,命令区提示"选择对象:",这时可以用鼠标选择要删除的三角形,如果误删,可用"U"命令将误删的三角形恢复。下面列举几种删除的情形:①过地物的,如房子、道路、大坎、水沟等;②边缘部分尖锐且边长特别长的。

2.过滤三角形

"过滤三角形"选项可根据需要,输入三角形中最小的角度或三角形中最大边长大于最小边长的倍数等条件,过滤掉部分特殊形状的三角形。另外,如果生成的等高线不光滑,也可以用此功能将不符合要求的三角形过滤掉后,再生成等高线。

3.增加三角形

"增加三角形"选项依照屏幕的提示在要增加三角形的地方用鼠标点取,如果要点取的地方没有高程点,系统会提示"输入高程"。如果要点取已有高程点参加建模,必须选用"圆心点捕捉模式",否则捕捉不到高程点的高程属性。

4.三角形内插点

"三角形内插点"选项可在三角形中指定点,将此点与相邻的三角形顶点相连构成三角形,同时原三角形会自动被删除。

5.删除三角形的顶点

"删除三角形的顶点"选项可将所有由该点生成的三角形删除。这个功能常用在发现某一点坐标错误时,要将它从三角网中剔除的情况下。

6.重组三角形

"重组三角形"选项指定两相邻三角形的公共边,系统会自动将两三角形删除,并将两三角形的另两点连接起来构成两个新的三角形,这样做可以改变不合理的三角形连接。一般需要重组的情况是三角形跨过地性线时,还有跨过道路、坎、水沟时等。需要注意的是:也可通过加入地性线的方式来修改,三角形会自动调整成以地性线为边。

7.删三角网

生成等高线后就不再需要三角网了,执行此功能可将整个三角网删除。

修改完三角网后,必须点击"等高线\修改结果存盘"选项,把修改后的数字地形模型存盘,否则修改无效。当命令区显示"存盘结束"时,表示操作成功。

5.4.3　绘制等高线

建立数字地形模型后,便可绘制等高线了。点击"等高线\绘制等高线"选项,系统提示如图 5.26 所示。

图 5.26　"绘制等高线"对话框

对话框中会显示参加生成数字地形模型的高程点的最小高程和最大高程。如果只生成单条等高线,那么就在"单条等高线高程"中输入此条等高线的高程;如果生成多条等高线,则在"等高距"框中输入相邻两条等高线之间的等高距。最后,选择等高线的"拟合方式"。拟合方式总共有四种:不拟合(折线)、张力样条拟合(此方法适高山区)、三次 B 样条拟合(此方法适合丘陵及山区)和 SPLINE 拟合(此拟合方法适合平原地区)。观察等高线效果时,可输入较大等高距并选择不拟合,以加快速度。例如,选张力样条拟合,则拟合步距以 2 m 为宜,但这时生成的等高线数据量比较大,速度会稍慢。测点较密或等高线较密时,最好选择三次 B 样条拟合,也可选择不拟合,过后再用批量拟合功能对等高线进行拟合。选择 SPLINE 样条拟合来绘制等高线时,会提示"请输入样条曲线容差:(0)",容差是曲线偏离理论点的允许差值,可直接回车。SPLINE 样条曲线的优点在于,即使其被断开后仍然是样条曲线,可以进行后续编辑修改;缺点是容易发生线条交叉现象。生成等高线后就不再需要三角网了,可以点击"删除三角网"选项将整个三角网全部删除。自动绘制的等高线如图 5.27 所示。

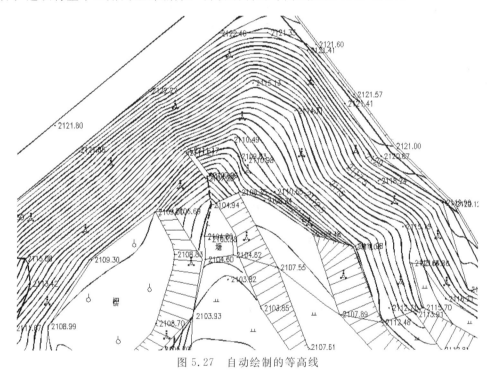

图 5.27　自动绘制的等高线

5.4.4　等高线修饰

绘制完等高线后,常需要注记计曲线高程,另外还需要切除穿过建筑物、双线路、陡坎、高程注记等的等高线。

1. 注记等高线

"等高线注记"菜单有"单个高程注记""沿直线(line)高程注记""单个示坡线""沿直线示坡线"四个选项。注记等高线之前,如果还没有展绘高程点,应先用"绘图处理\展高程点"选项按需要展绘高程点。

另外,通常用工具栏中的"窗口缩放"选项,得到局部放大图,再点击"等高线\等高线注记"

选项,注记等高线。如用"等高线\等高线注记\单个高程注记"选项注记等高线,命令区提示为"选择需要注记的等高(深)线:",移鼠标至要注记高程的等高线位置,如图 5.28 的位置 A ,单击左键;"依法线方向指定一条等高(深)线:",移鼠标至如图 5.28 的位置 B ,单击左键,等高线的高程值自动注记在等高线上,字头自动朝向高处。等高线应含有高程信息,如果没有则用"批量修改复合线高"选项加入复合线高。

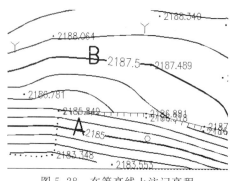

图 5.28　在等高线上注记高程

2. 查询注记指定点高程

查询注记指定点高程查询图面上任一点的坐标及高程并注记该点。如果之前没有建立过数字地形模型,系统会提示输入数据文件名。

3. 等高线修剪(消隐)

点击"等高线\等高线修剪\切除穿建筑物等高线"选项,会弹出一个对话框,如图 5.29 所示,设定相关选项,点击"确定"后按输入的条件修剪等高线。

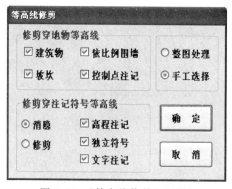

图 5.29　"等高线修剪"对话框

4. 切除指定二线间、指定区域等高线

按照制图规范,等高线不应穿过陡坎、建筑物等。点击"等高线\等高线修剪\切除指定二线间等高线"或"切除指定区域内等高线"选项,程序将自动切除指定等高线。应当注意的是:需要切除指定区域内等高线时,指定区域的封闭区域边界必须是复合线;等高线穿越独立符号、高程注记和文字注记时,才用消隐方法。这样既可完好地保留等高线的完整性,又不影响图面输出时符号和注记的表示。

5. 等高线局部替换

等高线局部替换是手工修改生成的等高线,可以选择已有线或新画线两种方法完成。

1)已有线

选择需要进行替换的等高线,然后选择事先画好的修改后的多段线,如图 5.30 所示,替换效果如图 5.31 所示。

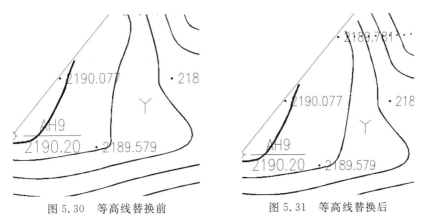

图 5.30　等高线替换前　　　　图 5.31　等高线替换后

2)新画线

选择需要进行替换的等高线,用鼠标直接绘制需要替换的等高线,然后选择拟合方式。

6.绘制三维模型

建立了数字地形模型后,就可以生成三维模型,观察立体效果。移动鼠标至"等高线"项,按左键,出现下拉菜单,然后移至"绘制三维模型"项,按左键,看命令区提示操作。

(1)"弹出对话框,找到需要建模的高程点文件"。

(2)"输入高程乘系数⟨1.0⟩":这里输入 5。如果使用默认值,建成的三维模型与实际情况一致。如果测区内的地势较为平坦,可以输入较大值,将地形起伏状态放大。

(3)"是否拟合?(1)是(2)否⟨1⟩":回车,开始拟合,这时显示此数据文件的三维模型,如图 5.32 所示。

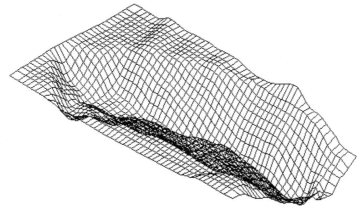

图 5.32　三维效果

5.4.5　高程点注记密度控制与处理

图形输出时,高程点注记太密影响视觉效果,所以一般按 15～20 m 的间距展绘高程点。此时可以采用高程点过滤功能,根据需要设置高程点的间距。

§5.5　数字地形图的分幅及整饰

5.5.1　图形分幅

在图形分幅前,应做好分幅的准备工作,了解图形数据文件中的最小坐标和最大坐标。要特别注意:CASS 9.1 下侧信息栏显示的数字坐标与测量坐标是相反的,即 CASS 9.1 系统中前面的数是 Y 坐标(东方向),后面的数是 X 坐标(北方向)。

1. 批量分幅

将鼠标移至"绘图处理"菜单栏,单击左键,会弹出下拉菜单,选择"批量分幅/建方格网",看命令区提示操作。

(1)"请选择图幅尺寸:(1)50 * 50 (2)50 * 40 (3)自定义尺寸〈1〉":按要求选择。此处直接回车即默认为 1。

(2)"输入测区一角":框选图幅范围的一角。

(3)"输入测区另一角":框选图幅范围的另一角。

这样在图上按所选图幅建立了方格网,系统会自动以各个分幅图的左下角的东坐标和北坐标结合起来命名,如"2578.250−879.00"等。

点击"绘图处理\批量分幅\批量输出到文件"选项,在弹出的对话框中确定输出图幅的存储目录名,然后点击"确定"即可批量输出图形到指定的目录。选择非标准分幅时,确定前可以移动系统生成的方格网及修改以图幅左下角坐标命名的图名,系统就会按移动后的方格网裁剪分割图形,并以修改后的图幅名生成图名并填入左上角接图表。

2. 单个任意矩形分幅

当测图范围较小时,也可以采用"任意分幅"选项。首先,使用"加方格网"选项:用鼠标点取方格网的左下角和右上角,根据方格网统计图幅纵向和横向长度,在 0 层或自定义层绘制通过格网交点、且刚好装下地形图的矩形,记录图幅长宽(方格网的格数)。然后,删除方格网图层:点击"绘图处理/任意图幅"选项,拾取左下角坐标(选择"取整到 10 m"项),在对话框中输入横、纵尺寸,测量员、绘图员、检查员、图名、接图表、删除图框外实体等选项。最后,点击"确认",完成任意图幅图框的加载。

5.5.2　图幅整饰

把图形分幅时所保存的图形打开,点击"文件\打开已有图形…"选项,在对话框中输入要打开的文件名,打开文件。

然后,点击"加入 CASS 9.1 环境"选项。

然后,点击"绘图处理\标准图幅"选项,显示如图 5.33 所示的对话框。输入图幅的名字、邻近图名、测量员、制图员、审核员,在"左下角坐标"的"东""北"栏内输入相应坐标,如输入 50000、30000,回车。选择"删除图框外实体",则可删除图框外实体,按实际要求选择。最后,点击"确定"即可。加图框后图形如图 5.34 所示。

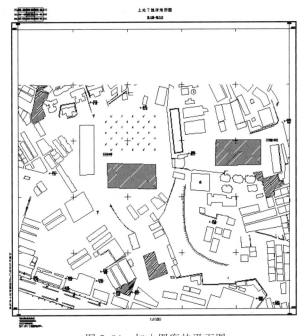

图 5.33   输入图幅信息对话框   图 5.34   加入图廓的平面图

§5.6   CASS 9.1 栅格图矢量化

纸质地图的矢量化:先利用扫描仪将地形图扫描,形成按一定的分辨率且按行和列规则划分的栅格数据;然后,再将其转换为矢量图形数据。也就是以坐标方式记录图形要素的几何形状,这个过程称为矢量化。简单说就是将纸质图扫描成栅格图形,然后用软件将其转化为 AutoCAD 矢量图形的内业成图方法。

当有大量栅格地图需要矢量化时,宜采用专门的矢量化软件进行跟踪矢量化。例如,南方测绘仪器公司开发的专业扫描矢量化软件 CASSCAN 5.0,此软件基于 AutoCAD 的 2000/2002 平台,结合了 CASS 成图软件对地形、地物处理方便灵活的特点设计,对已经熟悉了 AutoCAD 和 CASS 操作的人员来说极易上手,是非常实用的对白纸图进行矢量化的软件。

当只有少量栅格图需要矢量化时,可直接采用 CASS 9.1 进行矢量化。利用 CASS 9.1 光栅图像工具可以直接对光栅图进行图像纠正,并利用屏幕菜单进行图形数字化。操作步骤为:①插入图像;②图像纠正;③图像矢量化。

5.6.1   插入图像

点击"工具\光栅图像\插入图像"选项,此时会弹出"图像管理"对话框,如图 5.35 所示。点击"附着",弹出"选择图像文件"对话框,如图 5.36 所示;选择要矢量化的光栅图,点击"打开",进入"图像"对话框,如图 5.37 所示;选择好图像后,点击"确定"即可,命令区提示:"命令:_image""指定插入点〈0,0〉""基本图像大小:宽:1.000000,高:1.000000,无单位""指定缩放比例因子〈1〉:图形缩放比例",直接回车。

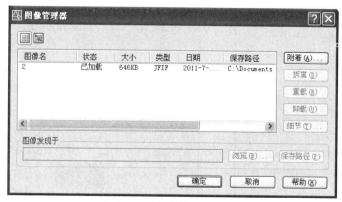

图 5.35　"图像管理"对话框

图 5.36　"选择图像文件"对话框

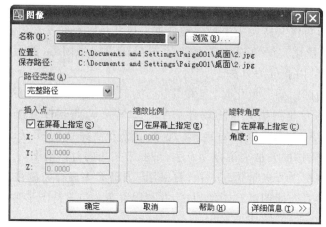

图 5.37　选择图像

5.6.2　图像纠正

由于图纸在保存期间受环境影响会发生变形或损坏,并且在扫描过程中由于操作员的操作不当等会使扫描图产生变形,因此需要在矢量化前先对图像进行纠正,纠正还包括通过一定数量的控制点将图纸坐标系转换到实际坐标系。

点击"工具\光栅图像\图像纠正"选项,然后选择图像,鼠标拾取左下角内图网格交点或图像边缘,按照原图输入实际坐标,东坐标可以省略带号,如图 5.38 所示。

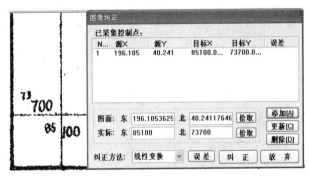

图 5.38　图像校准坐标输入

　　点击"添加",生成一个控制点。同样的方法添加右下角、右上角、左上角 3 个角点控制点,如图 5.39 所示,然后点击"纠正"。通常,采用 4 个控制点时,采取双线性变换;采用 5 个以上控制点时,采用仿射变换。纠正后改变比例尺并显示全图,检查网格坐标、图上距离是否正确。

图 5.39　图像纠正

下面对图 5.39 所示对话框中的选项加以说明:

(1)"图面":纠正前光栅图上定位点的坐标。

(2)"实际":图面上待纠正点改正后的坐标。

(3)"拾取":用鼠标在屏幕上点击定点。

(4)"添加":将要纠正点的图面和实际坐标添加到已采集控制点列表。

(5)"更新":修改已采集控制点列表中的控制点坐标。

(6)"删除":删除已采集控制点列表中的控制点。

(7)"纠正方法":不同的纠正方法需要不同的控制点数,具体是赫尔默特(Helmert)法(不少于 3 个控制点)、仿射变换法(不少于 4 个控制点)、线性变换法(不少于 5 个控制点)、二次变换法(不少于 7 个控制点)、三次变换法(不少于 11 个控制点)。

(8)"误差"可在纠正前给出图像纠正的精度。

(9)"纠正":执行图像纠正。

(10)"放弃":不执行纠正,退出程序。

5.6.3　图像矢量化

经过纠正后,栅格图像应该能达到数字化所需的精度。需要注意的是:纠正过程中将会对栅格图像进行重写,覆盖原图,自动保存为纠正后的图像,所以纠正之前需备份原图。

图像纠正完毕后,将纠正好的图像作为底图,利用右侧的屏幕菜单,进行图像的矢量化工作,即用屏幕右侧菜单的地物地貌绘图功能沿底图重新描绘,如图 5.40 所示。

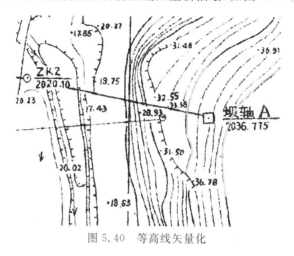

图 5.40　等高线矢量化

1. 点状地物的矢量化

1)高程点的矢量化

用鼠标点选右侧屏幕菜单中的"地貌土质\高程点"选项,会弹出图像菜单,如图 5.41 所示。选择"一般高程点",点击"确定",在光栅图上用鼠标点选高程点的中心,在命令区的提示下输入高程值,此时在工作区中会出现红色的矢量高程点。

2)独立地物的矢量化

这里以钻孔为例进行独立地物的矢量化。用鼠标点选右侧屏幕菜单中的"独立地物"选项,选择"矿山开采",会弹出"矿山开采"对话框。选择"钻孔"选项,如图 5.42 所示,在光栅图像中拾取独立地物的插入点。需要注意的是:不同地物的插入点的位置不同,有的插入点在独立地物的几何中心,有的插入点在底部,插入点的选择可根据具体的地物而定。这样一个钻孔的符号就被矢量化了。

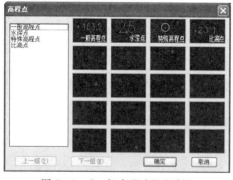

图 5.41　"一般高程点"对话框

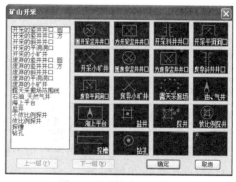

图 5.42　"钻孔"对话框

2. 线状地物的矢量化

1)等高线的矢量化

用鼠标点选右侧屏幕菜单中的"地貌土质\等高线"选项,会弹出"等高线"对话框,选取"等高线计曲线"选项,如图 5.43 所示。在命令区提示下输入等高线的高程值,用鼠标点取光栅图上等高线的中心,移动鼠标并对准光栅线上的下一点,此时屏幕上出现预跟踪的导线,完成后回车,选择拟合方法,完成一条等高线的矢量化。

2)陡坎的矢量化

用鼠标点选右侧屏幕菜单中的"地貌土质\人工地貌"选项,会弹出"人工地貌"对话框,选取"未加固陡坎"选项,如见图 5.44 所示。用鼠标点取光栅图上陡坎的主线中心,移动鼠标并对准光栅线上的下一点,一次点取光栅图上的陡坎中心,此时屏幕上出现预跟踪的导线,完成后回车,选拟合方法,完成一条未加固陡坎的矢量化。

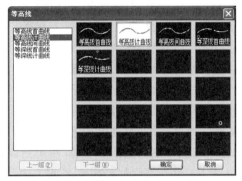

图 5.43　"等高线计曲线"对话框

图 5.44　"未加固陡坎"对话框

3．面状地物的矢量化

1)有地类界的植被符号矢量化

以有地类界的旱地为例进行矢量化。用鼠标点取屏幕菜单中的"植被土质\耕地"选项,会弹出"耕地"对话框,选取"旱地"选项,如图 5.45 所示。用鼠标依次点取光栅图上一块旱地的地类界边转折点,在命令区提示下闭合该地类界,回车,此时,在光栅图的地类界上绘制了矢量线,命令区出现提示:"请选择:(1)保留边界(2)不保留边界〈1〉",选(1),旱地的地类界即旱地填充符号就自动生成了,如图 5.46 所示。

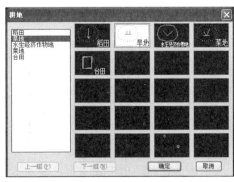

图 5.45　"旱地"对话框

图 5.46　一块旱地的矢量化

2)房屋矢量化

以多点一般房屋为例来说明。用鼠标点取屏幕菜单中的"居民地\一般房屋"选项,会弹出

"一般房屋"对话框,选取"多点一般房屋"选项,用鼠标依次点取光栅图上一座房屋转折点,回车闭合,即完成一座房屋矢量化,可应用"地物编辑\直角纠正"选项将房屋改为直角。

§5.7　电子平板法测图

电子平板是由全站仪及安装有地面数字测图软件的便携式计算机所组成的地形测图系统。测图时,采用便携式计算机作为记录与绘图的载体,实现随测、随记、随显示和现场实时成图,并具编辑和修正等功能,如图 5.47 所示。在室内用绘图仪进行地形图的输出,实现数字测图的内、外业自动化和一体化;还可直接提供数字地形模型的空间信息,便于进行地形图的更新。

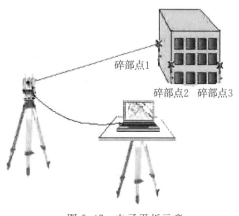

电子平板法作为一种全野外数据采集手段,其优点是直观性强,其缺点是增加了外业劳动强度。由于当前计算机硬件(如电源问题、屏幕问题)的限制,其优越性大打折扣,而且电子平板价格较贵,在野外环境中风吹日晒、颠簸等问题,使便携式电脑寿命大大缩短,很多单位都已放弃了此方法。但在航测数字化成图的野外调绘中常用此法。

图 5.47　电子平板示意

由于此方法在野外数字测图中只是极少数单位还在应用,本书不再细述,可以参考相关书籍或相应软件的使用说明书。

§5.8　绘图输出(用绘图仪或打印机出图)

点击"文件\绘图输出"选项,会弹出一个对话框,如图 5.48 所示。在此界面中,用户可以指定布局设置和进行打印设备设置,并能形象地预览将要打印的图像成果,然后可根据需要作相应的调整。

现详细介绍本界面上各个选项的作用及如何利用本界面进行设置,打印出满意的图像。

5.8.1　布局名

"布局名"选项是显示当前的布局名称或显示选定的布局(如果选定了多个选项)。如果选择"打印"时的当前选项是"模型","布局名"将显示为"模型"。

"将修改保存到布局":将在"打印"对话框中所作的修改保存到当前布局中。如果选定了多个布局,此选项不可用。

5.8.2　页面设置

"页面设置"列表框显示任何已命名和已保存的页面设置的列表。用户可以从列表中选择一个页面设置作为当前页面设计的基础,如果用户想要保存当前的页面设置以便在以后的布局中应用,可以在完成当前页面设置以后点击"添加"。此时会弹出一个对话框,在相应的栏中输入页面设置名,然后点击"确定"。用户也可以在此菜单中删除已有页面设置或对其进行重命名,如图 5.49 所示。

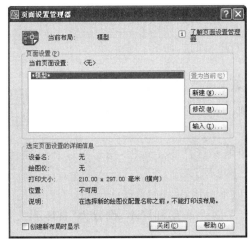

图 5.48　绘图仪配置对话框

图 5.49　"页面设置"对话框

5.8.3　打印设备

用户可以在"打印设备"选项指定要用的打印机、打印样式表、要打印的一个或多个布局,以及打印到文件的有关信息。

1. 打印机配置

(1)"名称":显示当前配置的打印设备及其连接端口或网络位置,以及任何附加的关于打印机的用户定义注释。可用的系统打印机和 PC3 文件名的列表将显示在"名称"列表框中。在"打印设备名称"的前面将显示一个图标以便区别系统打印机和 PC3 文件。用户可以在此列表中选择一项作为当前的打印设备。

(2)"特性":显示打印机配置编辑器(PC3 编辑器),用户可以从中查看或修改当前的打印机配置、端口、设备和介质设置。如果使用"打印机配置编辑器"修改 PC3 文件,将显示"修改打印机配置文件"对话框。关于"打印机配置编辑器"的使用方法,用户可以参考 AutoCAD 2006 的使用手册。

(3)"提示":显示指定打印设备的信息。

2. 打印样式表

"打印样式表"选项用于设置、编辑打印样式表,或者创建新的打印样式表。"打印样式表"是 AutoCAD 2006 中新的对象特性,用于修改打印图形的外观。修改对象的打印样式,就能替代对象原有的颜色、线型和线宽。用户可以指定"端点""连接"和"填充样式",也可以指定"抖动""灰度""笔指定"和"淡显"等输出效果。如果需要以不同的方式打印同一图形,也可以使用"打印样式表"。

每个对象和图层都有打印样式特性。打印样式的真实特性是在打印样式表中定义的,可以将它附着到"模型"选项卡和布局。如果给对象指定一种打印样式,然后把包含该打印样式定义的打印样式表删除,则该打印样式不起作用。通过附着不同的打印样式表到布局,可以创建不同外观的打印图纸。

(1)"名称":列表显示当前图像或布局中可以配置的当前打印样式表。要修改打印样式表中包含的打印样式定义,请选择"编辑"选项。如果选定了"多个布局"选项,而且它们配置的是不同的打印样式表,列表框将显示"多种"。

(2)"编辑":显示打印样式表编辑器,可以编辑选定的打印样式表。

(3)"新建":显示"添加打印样式表"向导,用于创建新的打印样式表。

3.打印内容

"打印内容"选项用于定义打印对象为选定的"模型"选项还是布局选项。

(1)"当前选项":打印当前的"模型"或布局选项。如果选定了多个选项,将打印显示查看区域的那个选项。

(2)"选定的表":打印多个预先选定的选项。如果要选择多个选项,用户可以在选择选项的同时按下 Ctrl 键。如果只选定一个选项,此选项不可用。

(3)"所有布局选项":打印所有布局选项,次选项不可用。

(4)"打印份数":指定打印副本数量。如果选择了多个布局和副本,设置为"打印到文件"或"后台打印"的任何布局都只打印单份。

4.打印到文件

"打印到文件"选项是打印输出到文件而不是打印机。

(1)"打印到文件":将打印输出到一个文件中。

(2)"文件名":指定打印文件名。缺省的打印文件名为图像及选项卡名,用连字符分开,并带有 plt 扩展名。

(3)"位置":显示打印文件存储的目录位置,缺省的位置为图形文件所在的目录。

(4)"…":显示一个标准的"浏览文件夹"对话框,从中可以选择存储打印文件的目录位置。

5.8.4　打印设置

"打印设置"选项用于指定图纸尺寸和方向、打印区域、打印比例、打印偏移及其他选项,如图 5.50 所示。

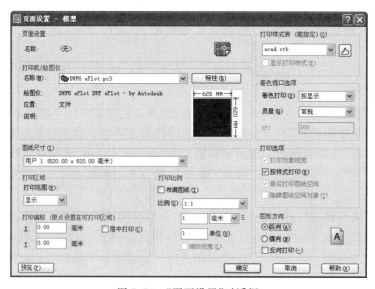

图 5.50　"页面设置"对话框

1. 图纸尺寸及图纸单位

"图纸尺寸"显示选定打印设备可用的标准图纸尺寸,实际的图纸尺寸通过宽(X 轴方向)和高(Y 轴方向)确定。如果没有选定打印机,将显示全部标准图纸尺寸的列表,可以随意选用。使用"添加打印机"向导创建 PC3 文件时,将为打印设备设置缺省的图纸尺寸。图纸尺寸随布局一起保存并替换 PC3 文件的设置。如果打印的是光栅文件(如 bmp 或 tiff 格式文件),打印区域大小的指定将以像素为单位而不是英寸或毫米。

(1)"打印机/绘图仪":显示当前选定的打印设备。

(2)"图纸尺寸":列表显示可用的图纸尺寸。用户可根据工作的需要在这里选取合适的图纸尺寸。图纸尺寸旁边的图标指明了图纸的打印方向。在地形图打印中,通常选择 50 cm×50 cm 或 40 cm×50 cm 的标准分幅,这种尺寸在里面是找不到的,而根据经验,要将图框外的部分全打印,需自定义设置成 620 mm×620 mm 或 520 mm×620 mm 比较合适。其过程如图 5.51 所示,最后保存即可。

（a）点击"自定义图纸尺寸"

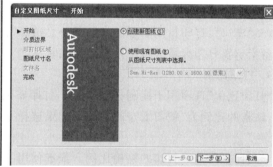

（b）自定义开始

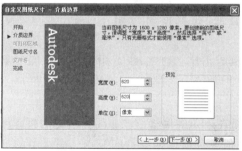

（c）设置"宽度"和"高度"

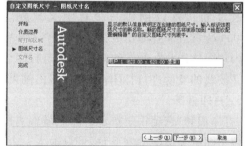

（d）设置自定义名称

图 5.51　标准地形图尺寸设置过程

(3)"打印区域":基于当前配置的图纸尺寸显示图纸上能打印的实际区域。

2. 图形方向

"图形方向"选项用于指定打印机图纸上的图形方向,包括横向和纵向。用户可以通过选择"纵向""横向"或"反向打印"改变图形方向以获得 0°、90°、180°或 270°旋转的打印图形。图纸图标代表选定图纸的介质方向,字母图标代表图纸上的图形方向。

(1)"纵向":图纸的短边作为图形图纸的顶部。

(2)"横向":图纸的长边作为图形图纸的顶部。

(3)"反向打印":上下颠倒地定位图形方向并打印图形。

3.打印区域

"打印区域"选项可指定图形要打印的部分。

(1)"布局":打印指定图纸尺寸页边距内的所有对象,打印原点为布局的(0,0)点。只有选定了布局时,此选项才可用。如果"选项"对话框的"显示"选项卡中选择了"关闭图纸图像和布局背景","布局"选项将变成"界限"。

(2)"界限":打印图形界限所定义的整个绘图区域。如果当前视口不显示平面视图,那么此选项与"范围"作用相同。只有"模型"选项卡被选定时,此选项才可用。

(3)"范围":打印图形的当前空间部分(图形中包含对象)。当前空间中的所有几何图形都将被打印。打印之前,AutoCAD可能重新生成图形以便重新计算当前空间的范围。如果打印的图形范围内有激活的透视图,而且相机位于这一图形范围内,此选项与"显示"选项作用相同。

(4)"显示":打印选定的"模型"选项、当前窗口中的视图或布局中的当前图纸空间视图。

(5)"视图":打印以前通过"VIEW"命令保存的视图。可以从提供的视图列表中选择一个命名视图。如果图形中没有保存过的视图,此选项不可用。

(6)"窗口":打印指定图形的任何部分。选择"窗口"选项之后,可以使用"窗口",并使用定点设备指定要打印区域的两个角点或输入其X、Y坐标值。

4.打印比例

"打印比例"选项用于控制打印区域。打印布局时,缺省的比例为1∶1;打印"模型"选项卡时,缺省的比例为"按图纸空间缩放",如果选择了标准比例,比例值将显示于"自定义"文本框中。

(1)"比例":定义打印的精确比例。最近使用的四个标准比例将显示在列表的顶部。

(2)"自定义":创建用户定义比例。输入英寸(或毫米)数及其等价的图形单位数(图形单位一般为 m),可以创建一个自定义比例。通常,在地形图打印中 1∶500、1∶1 000、1∶2 000 所对应的打印比例为 1∶2、1∶1、2∶1。

(3)"缩放线宽":线宽的缩放比例与打印比例成正比。通常,线宽用于指定打印对象线的宽度并按线的宽度进行打印,而与打印比例无关。

5.打印偏移

"打印偏移"选项用于指定打印区域偏离图纸左下角的偏移值。布局中指定的打印区域左下角位于图纸页边距的左下角,可以输入一个正值或负值以偏离打印原点。图纸中的打印单位为"in"或"mm"。

(1)"居中打印":将打印图形置于图纸正中间(自动计算 X 和 Y 偏移值)。

(2)"X":指定打印原点在 X 方向的偏移值。

(3)"Y":指定打印原点在 Y 方向的偏移值。

6.打印选项

"打印选项"用于指定打印线宽、打印样式和当前打印样式表的相关选项,可以选择是否打印线宽。如果选择"打印样式",则使用几何图形配置的"对象打印样式"进行打印,此样式通过打印样式表定义。

（1）"打印对象线宽"：打印线宽。

（2）按"样式打印"：按照对象使用的和打印样式表定义的打印样式进行打印。所有具有不同特性的样式定义都将存储于打印样式表中，并可方便地附着到几何图形上。此设置将代替AutoCAD 早期版本的笔映射功能。

（3）"最后打印图纸空间"：先打印模型空间几何图形。通常情况下，图纸空间几何图形的打印先于模型空间几何图形的打印。

（4）"隐藏对象"：打印布局环境（图纸空间）中删除了对象隐藏线的布局。窗口中模型空间对象的隐藏线删除是通过"对象特性管理"中的"消隐出图"特性控制的。这一设置将反映在打印预览中，但不反映在布局中。

5.8.5　预览与打印

（1）"完全预览"：按图纸中打印出来的样式显示图形。要退出打印预览，单击右键并选择"退出"。

（2）"部分预览"：快速并精确地显示相对于图纸尺寸和可打印区域的有效打印区域。部分预览还将预先给出 AutoCAD 打印时可能碰到的警告注意事项。最后的打印位置与打印机有关。

（3）"修改有效打印区域所作的改变"：包括对打印原点的修改。打印原点可以在"打印设置"中的"打印偏移"选项中进行定义。如果偏移打印原点会导致有效打印的区域超出预览区域，AutoCAD 将显示警告。

（4）"图纸尺寸"：显示当前选定的图纸尺寸。

（5）"可打印区域"：基于打印机配置显示用于打印的图纸尺寸内的可打印区域。

（6）"有效区域"：显示可打印区域内的图形尺寸。

需要注意的是：列表会显示关于有效打印区域的警告信息。

需要说明的是：熟悉这些新特性可能需要一些时间，但一旦熟悉了它们，打印工作就会完成得更快更简单，一致性也比以往大大提高。各选项设置可详见"打印帮助"（在进入此对话框前，就会询问是否需要帮助，或之后按 F1 键取得帮助也可）。

点击"确定"后即可打印，输出图纸。

习　　题

1. 说明 CASS 9.1 的坐标数据文件的文本格式。

2. 简述等高线的绘制过程。

3. 如何设置地物的附加属性？

4. 简述分幅的方法和批量分幅的步骤。

5. 图形输出设置 1∶500、1∶1 000 及 1∶2 000 所对应的打印比例分别是多少？

第6章 数字测图检查验收与技术总结

数字测图成果的检查验收是工作质量控制的重要环节,检查验收工作在作业队自查、互查基础上,按相关的技术规范要求,进行全面检查。本章学习要点:①掌握检查验收的依据与方法;②掌握技术总结的编写。

§6.1 数字测图检查验收的基本规定

6.1.1 数字测图检查验收的标准依据

(1)项目任务书、合同书和委托检查验收文件。
(2)《数字测绘成果质量检查与验收》(GB/T 18316—2008)。
(3)《全球定位系统(GPS)测量规范》(GB/T 18314—2009)。
(4)《工程测量规范》(GB 50026—2007)。
(5)《1∶500 1∶1 000 1∶2 000 外业数字测图技术规程》(GB/T 14912—2005)。
(6)其他行业规程、规范。

6.1.2 数字测图检查验收方法

各级检查、验收过程中对成果的检查方法主要包括计算机软件检查、人机交互检查、人工图面检查和实地数据采集对比检查等。

数字地形图的成果质量控制与其他测绘成果一样,要通过"二级检查、一级验收"的方式进行,必须依次通过生产部门中队级检查、部门检查和院质量部门组织的验收。中队级检查对单位成果进行100%内业检查、100%外业巡视检查;部门级检查对批成果中的单位成果进行100%内业检查、30%外业巡视检查及数学精度检测。数学精度检测分为5%平面点位精度检测、10%高程精度检测、10%为平面相对精度检测。

§6.2 数字地形图的质量控制

为了保障数字测图产品的质量,数字测图的每一个环节都要严格遵守相应的规程规范,遵照测绘任务书、技术设计书或合同书中的要求。

6.2.1 数字地形图的质量元素

数字测图成果的质量是通过质量元素、质量子元素、检查项三个层次来描述的,如表6.1所示。

表 6.1　数字地形图质量元素

质量元素	质量子元素	检查项
空间参考系	大地基准	坐标系、高程系的正确性;各类投影计算、使用参数的正确性;图根控制测量精度;控制点间图上距离与坐标长度反算长度较差
	高程基准	
	地图投影	
位置精度	平面精度	平面绝对位置中误差;平面相对位置中误差;高程注记点高程中误差;等高线高程中误差
	高程精度	
数据及结构	文件结构	文件命名、数据组织、数据格式是否正确;数据是否全面;要素分层及颜色是否正确完备;属性代码是否正确;属性接边质量
	数据格式	
	属性正确性	
地理	地理要素	地理要素的完整性、正确性、协调性及接边质量;注记和符号是否正确;综合取舍的合理性
	符号注记	
整饰质量	—	符号、线条质量;注记质量;图面要素协调性;图面、图廓外整饰质量
附件质量	元数据质量	元数据文件的正确性及完整性;检查报告、技术总结内容的全面性及正确性;成果资料的全面性;各类报告、附图、附表的规整性;资料装帧
	检查报告	
	技术总结	

6.2.2　数字地形图质量元素的一般规定

1. 空间参考系

大地基准、高程基准、地图投影符合相应比例尺地形图测图规范的规定。

2. 位置精度

1)平面精度

按照《工程测量规范》(GB 50026—2007)的规定,地形测量的区域划分为一般地区、城镇建筑区、工矿区及水域。地形图上的实测数据,其地物点相对邻近控制点位置中误差不大于表 6.2 的规定。

表 6.2　图上地物点的点位中误差　　　　　　　　　　单位:mm

区域类型	点位中误差
一般地区	0.8
城镇建筑区、工矿区	0.6
水域	1.5

注:(1)隐蔽或施测困难的一般地区测图,可放宽 50%。

　　(2)1:500 比例尺水域测图,其他比例尺大面积平坦水域或水深超出 20 m 的开阔水域测图,根据具体情况,可放宽至 2.0 mm。

2)高程精度

等高(深)线的插求点或数字高程模型(digital elevation model,DEM)格网点相对于邻近图根点的高程中误差,不应超过表 6.3 的规定,工矿区细部坐标点的高程中误差不大于表 6.4 的规定。

表 6.3   等高(深)线插求点或数字高程模型格网点的高程中误差

地区类型	地形类别	平坦地	丘陵地	山地	高山地
一般地区	高程中误差/m	$\frac{1}{3}h_d$	$\frac{1}{2}h_d$	$\frac{2}{3}h_d$	$1h_d$
水域	水底地形倾角 α	$\alpha < 30°$	$3° \leqslant \alpha < 10°$	$10° \leqslant \alpha < 25°$	$\alpha \geqslant 25°$
	高程中误差/m	$\frac{1}{2}h_d$	$\frac{2}{3}h_d$	$1h_d$	$\frac{3}{2}h_d$

注:(1) h_d 为地形图的基本等高距(m)。

(2)隐蔽或施测困难的一般地区测图,可放宽 50%。

(3)作业困难、水深大于 20 m 或工程要求精度不高时,水域测图可放宽 1 倍。

表 6.4   细部坐标点的点位和高程中误差   单位:cm

地物类别	点位中误差	高程中误差
主要建(构)筑物	5	2
一般建(构)筑物	7	3

3)平面检验点要求

数字地形图检验点位置应均匀分布,选取明显地物点。每幅图应选取不少于 25 个特征点,可采用全站仪或 GPS RTK 观测法采集检测点平面坐标。采用 GPS 观测法测定检验点时,应进行测前、测后与已知点坐标比对检核。检定检测点平面坐标时,应尽量使用最近的控制点。

4)高程点的检验要求

高程注记点采集位置应尽量准确,检测点应选取明显地物点、地貌特征点和等高线内插求点,尽量均匀分布。每幅图应选取 25 个点。用水准或三角高程的方法施测明显硬化地面的高程点,与成果中的同名点进行比较,计算高程中误差。

3. 数据及结构

1)要素分层的正确性

所有要素均应根据其技术设计书和相关规范的规定进行分层。数据分层应正确,不能有重复或漏层。

2)注记的完整性、正确性

各种名称注记、说明注记应正确,注记的属性、规格方向应与图式一致。当与技术设计书要求不一致时,以技术设计书为准,高程注记密度为图上每 100 cm² 内 5~20 个。

3)接边精度

几何图形方面,相邻图幅接边地物要素在逻辑上要保证无缝接边;在属性方面,相邻图幅接边地物要素属性应保持一致;在拓扑关系方面,相邻图幅接边地物要素拓扑关系应保持一致。

4. 数字地形图的表征质量

当进行数字地形图模拟显示时,其线条应光滑、自然、清晰,无抖动、重复现象。符号表示规格应符合相应比例尺地形图图式规定。注记应尽量避免压盖地物,其字体、文字大小、字数、字向、单位等应符合相应比例尺地形图图式的规定。符号间应保持规定的间隔,达到清晰易读。

5. 附件质量

附件指应随数字测图成果一起上交的资料,一般包括图历簿,以及制图过程中所使用的参考资料、数据图幅清单、技术设计书、检查验收报告等。附件应符合以下要求:图历簿填写正确,无错漏、重复现象,能正确反映测绘成果的质量情况及测制过程。其他要求上交的附件完整,无缺失。

6.2.3　数字测图的内业检查

1. 控制资料检查

1)原始记录检查

原始记录检查包括:原始记录是否规范,野外计算是否正确。

2)控制资料检查

控制资料检查包括:控制测量采用的已知数据等级、质量等是否满足要求,控制点分布、密度是否合理,精度指标是否符合规范规定,控制点标志的类型和质量等。

2. 计算机资料检查

计算机资料检查包括:各类文字图形文档是否齐全,图形文件分层是否符合规定,重要内容有无遗漏;地形、地物表示是否合理;属性表示有无矛盾等。必要时,应通过绘图仪输出后,在纸面上检查。

6.2.4　数字测图的外业检查

数字测图的外业检查是在内业检查的基础上进行的,重点检查数字地形图的测量精度。

1. 地物点点位检查

数字地形图的检查点应均匀分布,选取明显地物点,对样本进行全面检查。检查点数量视地物复杂程度、比例尺等具体情况确定,原则上能反映所检样本的平面点位精度和高程精度,一般每幅图抽取平面及高程特征点各 20~50 个。地物点间距离的检查数一般每幅图不少于20 处。

2. 平面精度检验

1)同名地物点的坐标采集法

将图上采集的同名地物点的坐标,与实地检查的同名点坐标进行比较,得到坐标差,统计数字地形图平面绝对位置中误差为

$$m_x = \pm \sqrt{\frac{\sum_{i=1}^{n}(X_i - x_i)^2}{n-1}} \tag{6.1}$$

$$m_y = \pm \sqrt{\frac{\sum_{i=1}^{n}(Y_i - y_i)^2}{n-1}} \tag{6.2}$$

$$m_{检} = \pm \sqrt{m_x^2 + m_y^2} \tag{6.3}$$

式中,$m_{检}$ 为检查地物点的点位中误差,m_x 为纵坐标 x 的中误差,m_y 为横坐标 y 的中误差,X_i 为第 i 个检查点的纵坐标检查值(实测),x_i 为第 i 个同名检查点的纵坐标原测值(图上量取),Y_i 为第 i 个检查点的横坐标检查值(实测),y_i 为第 i 个同名检查点的横坐标原测值(图上

量取），n 为检查点个数。

2）邻近地物点间距检查方法

邻近地物点间距中误差为

$$m_s = \pm \sqrt{\frac{\sum\limits_{i=1}^{n} \Delta s_i^2}{n-1}} \qquad (6.4)$$

式中，Δs 为第 i 个相邻地物点实测边长与图上同名边长较差，N 为量测边条数。

3）高程检查方法

高程中误差为

$$m_H = \pm \sqrt{\frac{\sum\limits_{i=1}^{n} (H_i - h_i)^2}{n-1}} \qquad (6.5)$$

式中，H_i 为第 i 个检查点的实测高程，h_i 为数字地形图上相应内插点高程，n 为检查高程点个数。

§6.3　数字测图产品的验收

6.3.1　数字测图验收的基本规定

数字测图产品质量实行优、良、合格、不合格评定制。数字测图产品质量由生产单位评定，验收单位则通过"检验批"进行核定。数字测图产品"检验批"质量实行"合格批""不合格批"评定制。

1. 单位产品质量等级的划分标准

优级（90～100 分）、良级（75～89 分）、合格品（60～74 分）、不合格（0～59 分）。

2. "检验批"质量判定

对"检验批"质量按规定比例抽取样本。若样本中全部为合格品以上产品，则该"检验批"判为合格批；若样本中有不合格产品，则该"检验批"为一次性检验未通过批，应从检验批中再抽取一定比例的样本进行详查，若样本中仍有不合格产品，则该"检验批"判为不合格批。

6.3.2　计算质量元素检查项分值

数字地形图成果模型分为质量元素、质量子元素、检查项三个层次，每个层次之间为一对多的关系。根据检查项的检查结果分别计算每个检查项的质量分值。例如，质量元素位置精度，分为平面精度和高程精度两个质量子元素，又分为平面位置中误差、高程注记点高程中误差、等高线高程中误差等多个检查项。平面位置中误差、高程注记点高程中误差、等高线高程中误差等所有检查项的质量分值应分别计算，其中平面位置中误差的质量分值为

$$s = \begin{cases} 60 + \dfrac{40}{0.7 \times m_0}(m_0 - m), & m > 0.3 \\ 100, & m \leqslant 0.3 \end{cases} \qquad (6.6)$$

式中，s 为检查项质量分值，m_0 为中误差限差，m 为检测中误差（m）。

其他检查项质量分值计算参照《数字测绘成果质量检查与验收》(GB/T 18316—2008),当质量元素不满足规定的合格条件时,不计算质量分值,该质量元素为不合格。

6.3.3　检查验收报告编写

检查验收工作结束后,生产单位和验收单位应分别先后编写检查报告和验收报告。检查报告经生产单位领导审核后,随产品一并提交验收。验收报告经验收单位主管领导审核(委托验收的验收报告送委托单位领导审核)后,随产品归档,并抄送生产单位。

1. 检查报告的主要内容

(1)任务概况。

(2)检查工作概况(包括仪器设备和人员组成情况)。

(3)检查的技术依据。

(4)主要质量问题及处理情况。

(5)对遗留问题的处理意见。

(6)质量统计和检查结论。

2. 验收报告主要内容

(1)验收工作概况(包括仪器设备和人员组成情况)。

(2)验收的技术依据。

(3)验收中发现的主要问题及处理意见。

(4)质量统计(含与生产单位检查报告中质量统计的变化及其原因)。

(5)验收结论。

(6)其他意见及建议。

§6.4　数字测图技术总结

数字测图技术总结是在测绘任务完成后,根据测绘技术设计文件、技术标准及规范等,对执行情况、技术设计方案实施中出现的主要技术问题和处理方法、成果质量、新技术应用等进行分析研究,作出的客观描述和评价。数字测图技术总结为用户合理使用成果提供方便,为测绘单位持续提高质量提供依据。数字测图技术总结是与数字地形图成果有直接关系的技术性文件,是需要长期保存的重要技术档案。数字测图技术总结的编写格式如下。

6.4.1　技术总结概述

概述应包含项目名称、来源、作业内容和目标、作业区范围及行政隶属、完成工作量、完成期限等内容。

6.4.2　作业区自然地理概况和已有资料情况

介绍作业区自然地理概况,以及收集到的已有资料情况。

6.4.3　执行技术规范标准

列出作业的技术依据。

6.4.4 成果主要指标和规格

成果主要指标和规格包含成果种类及形式、坐标、高程系统、比例尺及地形图分幅编号。

6.4.5 项目实施

项目实施包含硬件设备(硬件设备投入情况和仪器检验情况)、软件使用情况、人员配置、项目实施流程、选点、埋石、平面控制测量、高程控制测量、地形测量(图根测量和地形测绘)。

6.4.6 测绘成果质量

测绘成果质量要求包含平面控制、高程控制、地形图等方面的内容。

6.4.7 测绘成果检查

测绘成果检查包括自检互检、过程检查、最终检查、质量评定、数据安全措施。

6.4.8 环境、安全管理

要说明执行的法律法规、重要环境因素、重要危险源的识别及其影响、重要危险源的控制措施。

6.4.9 资料的提交与归档

列明需要提交的资料与归档资料。

6.4.10 附录

附录包含控制点成果表、控制点分布及分幅图。

6.4.11 数字测图技术总结案例

某测区数字化地形测量技术总结

一、概述

1.1 项目来源

为满足×××有限公司为矿库的设计要求,受×××有限公司的委托,由×××测绘院承担×××数字化地形测量任务。

1.2 作业内容和目标

(1)建立平面及高程控制网点。

(2)进行1:1000地形图1.75 km²。

(3)以上工作内容质量达到良级以上。

1.3 作业区范围及行政隶属

1.3.1 作业区范围

1:1000地形图测量范围分为2块,共由8个拐点围成,拐点坐标如表1所示。

表 1　拐点坐标

点号	X	Y
1	2 577 587.005	34 571 734.430
2	2 577 393.441	34 572 419.636
3	2 576 524.590	34 572 409.169
4	2 576 067.874	34 572 161.704
5	2 576 170.387	34 571 482.912
6	2 575 418.301	34 571 167.396
7	2 575 785.196	34 570 413.927
8	2 576 831.431	34 570 959.378

1.3.2　行政隶属

作业区隶属于××省××县××镇。

1.4　完成工作量

一级 GPS 点 4 个，图根点控制点 10 个，1：1 000 地形图测量 1.75 km^2。

1.5　完成期限

外业阶段：2012 年 9 月 13 日至 9 月 26 日进场并进行野外测绘。

内业阶段：2012 年 9 月 27 日至 10 月 5 日进场并进行内业成图。

内、外业检查：2012 年 10 月 6 日至 10 月 12 日进场并进行野外测绘。

2012 年 10 月 20 日提交成果资料。

1.6　项目承担单位和成果接收单位

项目承担单位：×××测绘院。成果接收单位：×××有限公司。

二、作业区自然地理概况和已有资料情况

2.1　作业区自然地理概况

测区位于××县××镇，××镇地处红河中游北岸，××县西南部，距××县城 45 km，东接××镇、××乡，南与××、××两县隔河相望，西与××县××乡接壤，北与××镇毗邻，是全县的高寒山区乡镇之一，水陆交通便利。地域在东经××～××，北纬××～××，全镇总面积 361.78 km^2。有辖××等 12 个村民委员会，98 个自然村，122 个村民小组，镇政府驻所设在××村民委员会。2003 年末，全镇总人口 32 810 人，其中，农业人口 32 011 人，占总人口的 97.6%。境内居住着彝、傣、哈尼等少数民族，人口为 16 079 人，占总人口的 49%。最低海拔 270 m，最高海拔 2 278 m，为深切割的中低山地形，南北高，东部、东北部和中部为冲沟小平坝，具有典型的立体气候特征。年平均气温 18.5℃，年平均降雨量 815 mm，无霜期 307 天，测区内植被茂盛，通视条件差，对数字地形图测绘有一定影响。

2.2　已有资料情况

测区附近有×××有限公司提供的 D 级 GPS 点 2 个，分别为 GPS4、GPS5，控制点保存完好。用全站仪检测到已有控制点距离相对中误差为 1/61 788，满足一级 GPS 控制网起算点要求。由甲方提供的附近四等水准点作为高程控制点起算点。

三、执行技术规范标准

(1)《工程测量规范》(GB 50026—2007)。

(2)《全球定位系统(GPS)测量规范》(GB/T 18314—2009)。

(3)《全球定位系统实时动态测量(RTK)技术规范》(CH/T 2009—2010)。

(4)《国家基本比例尺地图图式　第 1 部分:1∶500 1∶1 000 1∶2 000 地形图图式》(GB/T 20257.1—2007)。

(5)测绘合同及本技术设计书。

四、成果主要指标和规格

4.1　成果种类及形式

成果的种类及形式如表 2 所示。

表 2　成果种类及形式

成果种类	成果类别	规格
技术设计书、技术报告书	电子文档 Word 格式、纸质	A4 纸
控制点成果表	电子文档 Word 格式、纸质	A4 纸
1∶1 000 数字化地形图	电子 dwg 格式	50 cm×50 cm

4.2　坐标、高程系统

坐标系统:1954 北京坐标系(中央子午线 102°,3°分带)。

高程系统:1985 国家高程基准。

4.3　比例尺及地形图分幅编号

地形图测图比例尺为 1∶1 000;分幅采用 50 cm×50 cm 正方形分幅;编号采用自然数编号法,编号顺序为自西向东,从北到南。

五、项目实施

5.1　硬件

(1)中海达 GPS 接收机 4 台套,仪器号 3005663、3000666、3004748、0921588,仪器标称精度为 5 mm+1×10⁻⁶ · D。

(1)中海达 GPS 接收机 4 台套,仪器号 3005663、3000666、3004748、0921588,仪器标称精度为 $5\ \mathrm{mm}+1\times10^{-6} \cdot D$。

(2)拓普康 GTS102N 1 台套(编号:No.2M1559),标称精度为 $2\ \mathrm{mm}+2\times10^{-6} \cdot D$。

(3)便携式电脑 3 台,打印机 1 台。

(4)对讲机 3 只。

(5)汽车 1 辆。

5.2　仪器检验情况

仪器检验情况如表 3 所示。

表 3　仪器检验情况

仪器名称	编号	检校有效期	检校单位	仪器状态
TOPCO(102N)	××××××	2012-3-30～2013-3-29	××省测绘仪器检定站	合格
F61GPS	××××××	2012-2-23～2013-2-22	××省测绘仪器检定站	合格
F61GPS	××××××	2012-2-23～2013-2-22	××省测绘仪器检定站	合格
F61GPS	××××××	2012-2-23～2013-2-22	××省测绘仪器检定站	合格
8200X	××××××	2012-2-23～2013-2-22	××省测绘仪器检定站	合格

各类仪器在使用前已经过严格检校,且在有效使用期内。

5.3　软件

(1)计算机操作软件:Windows 系列。

(2)文字处理软件:Word、Excel。

(3)平差软件:某品牌 GPS 数据处理软件。

(4)成图软件:×××。

5.4　人员配置

项目审定人:×××(高级工程师);项目审核人:××(高级工程师);工程技术负责人:×××(工程师);作业人员:×××(工程师)、×××(工程师)、×××(助理工程师)、×××(助理工程师)、×××(司机)。

5.5　项目实施流程

整体技术路线:接收任务后,进行现场踏勘,然后进行技术设计。方案通过后开始作业,包括选点、埋石、平面控制测量、高程控制测量。控制测量经检查合格后进行地形测量工作,外业工作结束后进行内业成图、报告编写工作。以上工作始终坚持过程检查,过程检查通过后,提交院级进行最终检查,修改存在的问题,经复核、检查后,提交成果资料。

具体的工艺流程如图1所示。

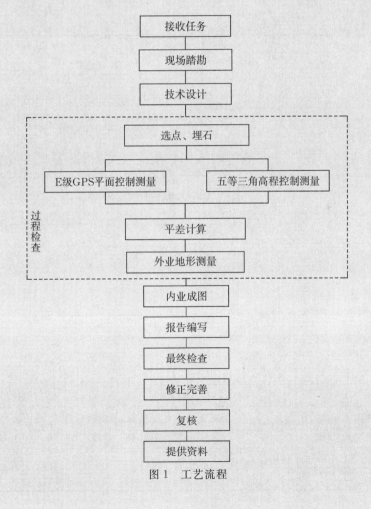

图1　工艺流程

5.6　选点、埋石

5.6.1　选点

测区 E 级 GPS 平面控制点的点位选取标准满足以下要求：

(1)每个控制点至少有一个通视方向。

(2)点埋设在坚实稳定、易于长期保存的地方。

(3)周围便于安置接收设备和操作,视野开阔。

(4)远离大功率无线电发射源,且距离不小于 200 m;远离高压输电线,且距离不小于 50 m。

(5)附近没有强烈干扰卫星信号接收的物体,并避开了大面积水域。

(6)交通方便,有利于其他测量手段扩展和联测。

(7)E 级 GPS 点的编号为 KL1、KL2、KL3、KL4。

5.6.2　埋石

控制点的埋石按照规范的要求,可采用预制或现场浇灌的形式进行,标石规格要求如图 2 所示,单位为 cm。

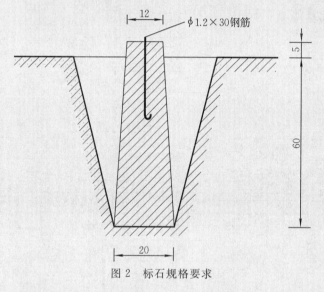

图 2　标石规格要求

5.7　平面控制测量

(1)E 级 GPS 布设为边连式,联测点为 GPS4、GPS5。网形图详见控制点分布及分幅图。

(2)E 级 GPS 控制网使用中海达 GPS 接收机进行,其标称精度为 5 mm+1×10⁻⁶。观测使用静态测量模式。观测需要满足的要求如表 4 所示。

表 4　观测要求

等级	接收机类型	仪器标称精度	观测量	卫星高度角/(°)	有效观测卫星数/颗	观测时段长度/分钟	数据采样率间隔/秒	PDOP 值
E 级	单频或双频	10 mm+5×10⁻⁶	载波相位	≥15	≥4	10～30	10～30	≤8

E 级 GPS 控制测量测站作业,均满足如下要求:

——天线安置的对中误差,不大于 2 mm,天线高的量取精确至 1 mm。

——观测中,接收机近旁未使用无线电通信工具。

——作业同时,已做好测站记录,包括控制点点名、接收机序列号、仪器高、开关机时间等相关的测站信息。

(3)数据处理。E 级 GPS 控制网数据处理平差软件使用中海达 GPS 数据处理软件(HGO)进行。基线解算成果采用双差固定解。基线结果的整周模糊度都大于 3,方差均小于 2 cm。平差计算使用两个已知点进行约束平差。

5.8　高程控制测量

测区高程控制网沿 E 级 GPS 点布设五等电磁波测距三角高程闭合导线,并以四等水准点作为起算点起算。

采用拓普康 102N 全站仪施测。闭合环垂直角采用中丝法往返各三测回测定,边长进行往测单测回观测。

五等电磁波测距三角高程导线测量主要技术要求如表 5 所示。

表 5　五等电磁波测距三角高程导线测量主要技术要求

等级	每千米高差全中误差/mm	边长/km	观测方式	对向观测高差较差/mm	附合或环形闭合差/mm
五等	15	$\leqslant 1$	对向观测	$\leqslant 60\sqrt{D}$	$\leqslant 30\sqrt{\sum D}$

注:D 为测距边长(km)。

五等电磁波测距三角高程导线观测主要技术要求如表 6 所示。

表 6　五等电磁波测距三角高程导线测量主要技术要求

等级	仪器	测回数	指标差较差/(″)	测回较差/(″)
五等	DJ2	2	$\leqslant 10$	$\leqslant 10$

5.9　地形测量

5.9.1　图根测量

根据测区需要,利用全站仪进行二级图根导线测量,埋点 10 个,采用附合导线施测,施测的方法均符合技术设计书的规范要求,施测精度良好。

5.9.2　地形测绘

(1)本工程地形测绘按以下技术要求和方法进行:

——测绘方法。地形图测绘采用 GPS RTK 和全站仪数字化成图相结合的方法进行,绘图使用南方 CASS 数字化测图软件。

——1:1 000 地形图等高距取值 1.0 m,地形图上高程注记精确至 0.1 m。

(2)地形图测绘内容及取舍:地形图上均已准确、完整地表示了测量控制点、交通及附属设施、管线及附属设施、水系及附属设施、地貌和土质、陡岩、植被等各项地物、地貌要素,以及地理名称注记等,密集居民地可圈范围。具体要求如下:

——居民地的各类建筑物、构筑物及主要附属设施均已准确测绘实地外围轮廓,测绘垣栅应类别清楚,取舍得当。

——各类道路及附属设施的在地形图上均已准确反映陆地道路的类别和等级、附属设施的结构和关系,道路通过居民地均未中断,均按真实位置绘出。

——永久性的电力线、通信线均已准确表示,电杆、铁塔位置均已实测。

——池塘、沟渠、泉、井及其他水利设施,均已准确表示,有名称的已加注名称;水涯线均按测图时的水位测定。

——植被的类别特征和范围分布均已在地形图上正确绘制。

——村名、单位名称及各种说明注记和数字均已准确标注。

六、测绘成果质量

6.1　平面控制

E 级 GPS 网共组成 8 个同步环和 4 个异步环。其中,同步环最大闭合差为 3.7 mm,规范规定小于 3.8 mm,满足规范要求;异步环闭合差最大为 15.5 mm,规范规定小于 65.6 mm,满足规范要求;共有 1 条复测基线,较差为 5.2 mm,规范规定小于 33.6 mm,满足规范要求。E 级 GPS 网平差后,最弱点点位中误差为 3.7 mm,规范允许不超过 ±5.0 cm;最弱边相对中误差为 1/141 145,规范允许不超过 1/20 000。各项精度均满足规范要求。

6.2　高程控制

测区五等三角高程控制点测量成果质量如表 7 所示。

表 7　五等三角高程控制点测量成果质量

直返站高差较差/mm		附合或环形闭合差/mm		每千米高差中误差/mm	
最大	允许	实际	允许	实际	允许
−72	78	−18	65	8.2	15

以上精度满足规范要求。

6.3　地形图

1:1 000 比例尺地形图精度统计如表 8 所示。

表 8　地形图精度

	地物点平面点位中误差 m_{xy}/m	等高线插求高程中误差 m_h/m
允许	0.8	$2/3 h_d$
实测	0.20	0.28

注:h_d 为基本等高距。

七、测绘成果检查

7.1　自检互检

(1)作业小组首先对外业控制资料和成果、图件资料,按有关规范规定和要求,进行认真的检查核对,对检查出的问题进行修改,各小组之间都进行了自检互检,然后提交给技术负责人进行过程检查。

(2)野外检查图幅 100%。地形部分采用巡视与设站检查两种方式。内业检查主要检查:地物属性编码是否正确,等高线属性编码是否正确,表示是否合理,地块划分是否有遗漏,在检查中发现遗漏与错误是否都已经全部修改。作业小组首先对外业控制资料和成果、图件资料,按有关规范规定和要求,进行认真的检查核对,对检查出的问题进行修改。

7.2　过程检查

(1)过程检查由项目技术负责人负责。过程检查在小组自检互检后进行。

(2)过程检查必须保存检查记录。

(3)对观测记录、平差计算资料进行查阅、对照。对 1∶1 000 数字化地形图进行了全面的内业检查。

(4)控制检查。一级 GPS 网各项精度都满足规范要求。

(5)1∶1 000 地形图检查。地形图内容齐全、各种地物及符号表示正确,地形、地貌能很好地反映测区的现状。

(6)外业检查。外业检查点总共 18 个点,精度情况为:1∶1 000 地形图上地物点点位中误差为 0.20 m,没有超过规范规定的 ±0.8 m;1∶1 000 地形图上等高线插值的高程中误差为 0.28 m,规范规定的 $\pm 2/3 h_d$。

7.3　最终检查

经过工程负责人过程检查的成果资料,交由项目审核人、审定人进行最终检查,内业 100%,外业抽样检查,并由审核人编写检查报告。最后,交由审定人审批。

7.4　质量评定

综合以上检查情况,本工程质量综合评定为"良"。

7.5　数据安全措施

内业处理所使用的计算机为专用计算机,严禁接入互联网。数据资料配备专用设备人员保管。

八、环境、安全管理

按照我院执行的环境管理体系(GB/T 24001—2004 idt ISO 14001:2004)、《职业健康安全管理体系 要求》(GB/T 28001—2001),进行本项目安全、环境管理,以确保项目实施的安全、环保。

8.1　执行的法律法规

(1)《中华人民共和国测绘法》《云南省测绘条例》。

(2)《中华人民共和国环境保护法》。

(3)《中华人民共和国劳动法》。

(4)《中华人民共和国安全生产法》。

(5)《中华人民共和国道路交通安全法》。

8.2　重要环境因素、重要危险源的识别及其影响

(1)埋控制点时,使用水泥、油漆的过程中,存在水泥、油漆的泼洒,从而导致对环境的污染。

(2)作业人员野外用餐时,快餐盒的乱丢对环境存在污染。

(3)高压电线、雷击有危及跑尺人员身体健康的安全隐患。

(4)下雨路滑,在坡度较大的地方作业,作业人员有摔伤的危险。

(5)进出场过程中,交通工具的意外可能危及工作人员的生命安全。

(6)在村庄等人口稠密区域作业时,注意被狗咬伤。

8.3　重要环境因素、重要危险源的控制措施

(1)作业前针对存在的危险,向所有作业人员进行安全教育,提高作业人员的自我防范意识。

(2)埋控制点时,注意废弃物的回收处理,对水泥和油漆进行严格的保护和使用,不作乱丢处理。

(3)在雷电的天气状况下,停止野外作业;在下雨时和下雨后,根据实地情况安排休息。

(4)增强交通工具驾驶员的安全意识,随时检修交通工具,保障进出场的交通安全。

九、资料的提交与归档

9.1 提交资料

(1)技术设计书1份。

(2)技术报告书(含控制点成果表)4份。

(3)数据光盘(含以上资料、dwg格式的地形图)2份。

9.2 归档资料

(1)技术设计书1份。

(2)技术报告书(含控制点成果表)1份。

(3)数据光盘(含以上资料、dwg格式1:1000地形图)1份。

(4)外业观测记录1份。

(5)平差计算资料1份。

(6)检查资料1份。

(7)检查报告1份。

十、附录

(1)控制点成果表。

(2)控制点分布及分幅图。

习 题

1. 简述数字地形图的质量要素组成。

2. 数字地形图有哪些检查内容?

3. 简述数字测图技术总结的编写内容。

第7章 CASS 9.1数字地形图工程应用

CASS 9.1数字地形图"工程应用"菜单如图7.1所示。学习要求：①基本几何要素的量测；②重点掌握断面图绘制、公路曲线设计、数据点文件生成和土方计算等。

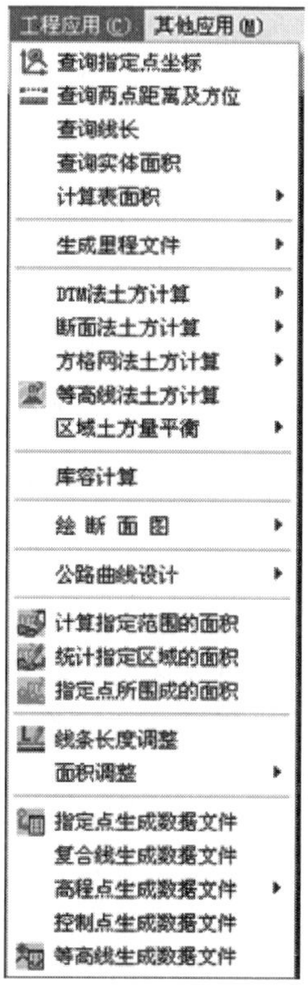

§7.1 基本几何要素的量测

"工程应用"菜单有"查询指定点坐标""查询两点距离及方位""查询线长""查询实体面积"等功能，按屏幕提示操作即可。需要注意的是：在查询实体面积时，如果选择实体边线，实体边线需是封闭的。

对于不规则地貌，其表面积很难通过常规的方法计算，通常的面积计算公式只能计算投影面积。CASS 9.1可以通过建模的方法来计算，通过"DTM建模"，在三维空间内将高程点连接为带坡度的三角形，再通过每个三角形面积累加得到整个范围内不规则地貌的面积。

点击"计算表面积"选项后，命令区提示"请选择：(1)根据坐标数据文件(2)根据图上高程点(3)根据三角网："，选择(2)。然后，选择计算区域边界线，如图7.2所示。接着提示"输入 CMDECHO 的新值〈1〉：0""请输入边界插值间隔（米）：〈20〉""表面积＝4 515.354 平方米"，surface.log 文件显示计算结果。图7.3为建模计算表面积的结果。

计算时，还可以根据坐标数据文件或三角网，操作步骤基本相同，但计算结果会有差异，主要是由于参与内插的点不同。到底采用哪种方法计算合理，与边界线周边的地形变化条件有关，变化越大的，越趋向于采用图面上高程点来选择。

图 7.1 "工程应用"菜单

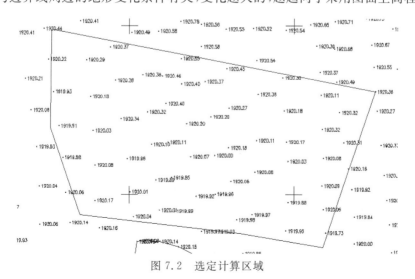

图 7.2 选定计算区域

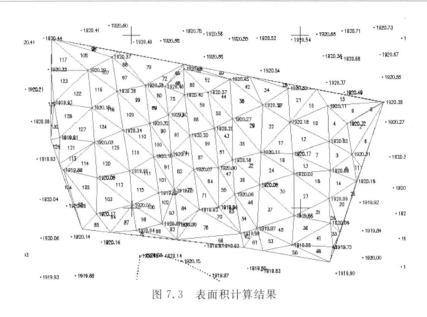

图 7.3　表面积计算结果

§7.2　生成里程文件

里程文件的格式在 5.1.3 节已经详细说明,下面主要介绍由纵断面线生成和由复合线生成生成里程文件的方法,其他几种方法根据命令区提示操作即可,如图 7.4 所示。

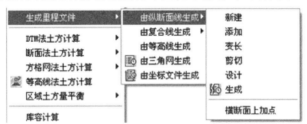

图 7.4　"生成里程文件"菜单

7.2.1　由纵断面线生成

一般在线型工程勘测设计阶段,都要设计纵横断面。横断面在纵断面线确定后才能确定,根据要求确定横断面间距,横断面线与纵断面线正交,点击"由纵断面线生成\新建"选项,提示"选择纵断面线",鼠标点取纵断面线,弹出对话框,如图 7.5 所示,生成的横断面线如图 7.6 所示。

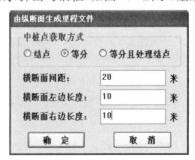

图 7.5　"纵断面生成里程文件"对话框

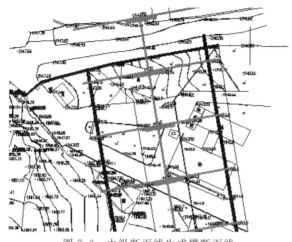

图 7.6　由纵断面线生成横断面线

　　点击"由纵断面线生成\生成"选项,命令区提示"选择断面线",鼠标点取断面线,会弹出一个对话框,如图 7.7 所示。进行相应的设置后点确定,这样,5 条横断面的数据就自动生成,保存在断面数据文件 1.hdm 中,根据该文件即可绘制断面图。其他选项不再细述,根据命令区提示即可完成。

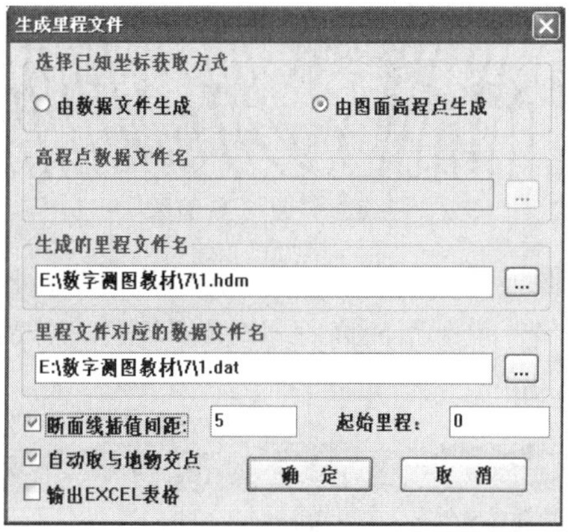

图 7.7　"生成里程文件"对话框

　　CASS 9.1 中依据纵断面线生成的横断面里程文件扩展名是 hdm,总体格式如下:

> BEGIN,断面里程:断面序号
> 第一点里程,第一点高程
> 第二点里程,第二点高程
> ⋮
> NEXT
> 第 n 条第一点里程,第一点高程
> 第 n 条第二点里程,第二点高程
> ⋮
> 下一个断面
> ⋮

需要说明的是：

（1）每个横断面第一行以"BEGIN"开始，"断面里程"表示当前横断面中桩在整条道路上的里程数，"断面序号"参数与道路设计参数文件的"断面序号"参数相对应，用于确定当前断面的设计参数。

（2）各断面按中桩里程依次从小到大，每个横断面的"NEXT"以下部分表示同一断面另一时期的断面数据，或设计断面数据。绘断面图时，两条横断面线要同时画出来。

（3）在一个横断面中，第 i 点里程，第 i 点高程分别是横断面上 i 点距中桩的距离和高程，沿里程增大方向，左边为负，右边为正。

7.2.2　由复合线线生成

要绘制 $A \to B$ 的断面图，先要在数字地形图上用复合线连接 A、B 两点，如图 7.8 所示。下面介绍生成"普通断面"的方法。

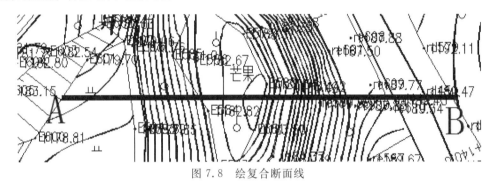

图 7.8　绘复合断面线

点击"由复合线生成\普通断面"，命令区提示"选择断面线"，鼠标点取复合断面线，会弹出一个对话框，如图 7.9 所示。选择"由图面高程点生成"，根据需要设置完成后点"确定"即可生成 $A \to B$ 的断面数据文件 2.hdm。

图 7.9　"断面线上取值"对话框

第 7 章　CASS 9.1 数字地形图工程应用　　　　　　　　　　217

§7.3　土方计算

土方计算是建设工程中一项非常重要的内容,这实际上是一个体积计算问题,根据各个项目的特点,可以采用不同的土方计算方法。

7.3.1　数字地面模型法土方计算

数字地面模型是地形起伏的数字表达,由对地形表面取样所得到的一组点的坐标(x,y,z)数据和一套对地面提供连续描述的算法组成。

数字地面模型计算土方是根据实地测定的地面点坐标(x,y,z)和设计高程,通过生成三角网来计算每一个三棱锥的填挖方量,最后累计得到指定范围内填方和挖方的土方,并绘出填、挖方分界线。三棱柱体上表面用斜平面拟合,下表面为水平面或参考面。如图 7.10 所示,A、B、C 为地面上相邻的高程点,垂直投影到某平面上对应的点为 a、b、c,S 为棱柱的底面积,h_1、h_2、h_3 为三角形角点的填挖高差。填挖方量计算公式为

$$V = \frac{h_1 + h_2 + h_3}{3} \times S \tag{7.1}$$

数字地面模型法土方计算共有四种方法:第一种是由坐标计算,第二种是由图上高程点计算,第三种是依照图上的三角网计算,第四种是根据两期土方计算。前两种算法包含重新建立三角网的过程,第三种方法直接采用图上已有的三角形,不再重建三角网。下面分述四种方法的操作方法过程。

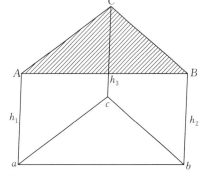

图 7.10　数字地面模型法土方计算原理

1. 根据坐标计算

(1)用复合线画出所要计算土方的区域,一定要闭合,但是尽量不要拟合。因为拟合过的曲线在进行土方计算时会用折线迭代,影响计算结果的精度。

(2)点击"工程应用\DTM 土方计算\根据坐标文件"选项。

(3)用鼠标点取所画的闭合复合线,弹出"DTM 土方计算参数设置"对话框,如图 7.11 所示。在对话框中输入下列参数:

——"区域面积":该值为复合线围成的多边形的水平投影面积。

——"平场标高":指设计要达到的目标高程。

——"边界采样间隔":边界插值间隔的设定,默认值为 20 m。

——"边坡设置":选中"处理边坡"复选框后,"坡度"设置功能变为可选,选择放坡的方式。向上或向下:指平场高程相对于实际地面高程的高低,平场高程高于地面高程则设置为向下放坡。然后,输入坡度值。

(4)设置好计算参数后点击"确定",屏幕上显示填挖方的提示框如图 7.12 所示,命令区显示"挖方量＝4 035.0 m³,填方量＝71.5 m³"。同时,图上绘出所分析的三角网、填挖方的分界线(白色绒条)。三角网构成计算详见 CASS 9.1\SYSTEM\dtmtf.log 文件,可用记事本打开

查看。

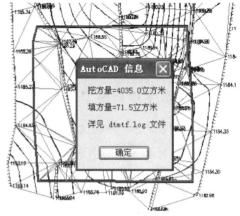

图 7.11　"DTM 土方计算参数设置"对话框　　　　　　图 7.12　挖填方提示框

　　(5)关闭对话框后系统提示"请指定表格左下角位置:〈直接回车不绘表格〉",用鼠标在图上适当位置点击,CASS 9.1 会在该处绘出一个表格,包含平场面积、最大高程、最小高程、平场标高、填方量、挖方量和图形,如图 7.13 所示。

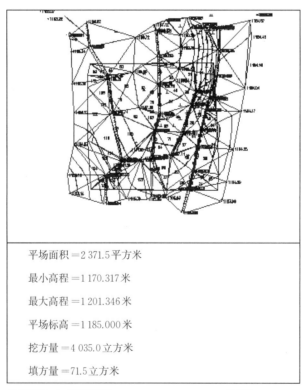

平场面积 = 2 371.5 平方米

最小高程 = 1 170.317 米

最大高程 = 1 201.346 米

平场标高 = 1 185.000 米

挖方量 = 4 035.0 立方米

填方量 = 71.5 立方米

计算日期:2015年2月26日　　　　　　　　　　　　　　计算人:

图 7.13　填挖方量计算结果表格

2. 根据图上高程点计算

　　(1)首先要展绘高程点,然后用复合线画出所要计算土方的区域,要求与根据坐标计算相同。

（2）点击"工程应用\DTM 土方计算\根据图上高程点计算"选项,然后按命令区提示操作,方法与"根据坐标文件"相同。

3. 根据图上的三角网计算

（1）对已经生成的三角网进行必要的添加和删除,使结果更接近实际地形。

（2）点击"工程应用\DTM 土方计算\依图上三角网计算"选项,命令区提示"平场标高（米）:",输入平整的目标高程。然后,提示"请在图上选取三角网:",鼠标在图上选取三角形,可以逐个选取,也可拉框批量选择,回车后屏幕上显示填挖方的提示框,同时图上绘出所分析的三角网、填挖方的分界线。

需要注意的是:用此方法计算土方时不要求给定区域边界,因为系统会分析所有被选取的三角形,故在选择三角形时一定要注意不要漏选或多选,否则计算结果有误,且很难检查出问题所在。

4. 根据两期土方计算

两期土方计算指对同一区域进行了两期测量,利用两次观测得到的高程数据建模后叠加,计算出两次观测之间区域内土方的变化情况。适用的情况是两次观测时,该区域都是不规则地形表面。

计算之前,要先对该区域分别进行建模,即生成数字地形模型,并将生成的数字地形模型以数据文件保存起来,然后点击"工程应用\DTM 土方计算\计算两期间土方"选项,看命令区提示操作。

（1）"第一期三角网:（1）图面选择 （2）三角网文件〈2〉":选（2）,点取事先保存好的三角网数据文件。

（2）"第二期三角网:（1）图面选择 （2）三角网文件〈1〉":同上,默认选（1）,则系统弹出计算结果。

断面法较多地用于带状区域的土方计算,如道路、沟渠等工程。对于特别复杂的地方可以用任意断面设计方法。

7.3.2　断面法土方计算原理

利用断面法进行土方计算时,可根据线路长度,一般采用按一定间距 L 截取平行的断面,计算出各断面的面积 S_1、S_2、$\cdots$、S_n。然后,用梯形公式（式 7.2）计算各段土方,最后汇总全部土方,如图 7.14 所示。

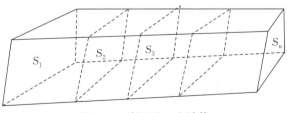

图 7.14　断面法土方计算

$$V_1 = \frac{S_1 + S_2}{2} \times L$$

$$V_2 = \frac{S_2 + S_3}{2} \times L$$

$$\vdots$$

$$V_n = \frac{S_{n-1} + S_n}{2} \times L$$

$$V_{总} = V_1 + V_2 + \cdots + V_n$$

(7.2)

式中，S_{i-1}，S_i 为第 i 单元线路起终断面的填（挖）方面积，L 为断面间隔长度，V_i 为填（挖）方体积。

1. 道路断面法土方计算

1）给定设计参数

要计算道路土方，根据原理，必须要给每个断面输入设计参数，这样才能根据设计线和地面线的比较，获得断面填挖面积。断面线的设计可以在系统中完成，也可以用记事本完成，下面以在系统中设计为例说明。

CASS 9.1 断面法土方计算如图 7.15 所示。

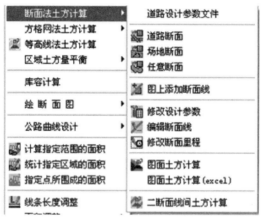

图 7.15 "断面法土方计算"对话框

点击如图 7.15 所示的"工程应用\断面法土方计算\道路设计参数文件"选项，会弹出一个对话框，如图 7.16 所示。输入"道路设计参数设置"中各个选项的参数。断面的设计参数要和里程文件生成的横断面一一对应，完成后保存。然后，在计算土方时软件会自动调用这个文件里面的设计参数，就不用去一个个地改断面了。

如果不使用道路设计参数文件，则在图 7.17 中把实际设计参数填入相应的位置，这里单位均为米。

在图 7.17 对话框输入"道路参数"设计值时应注意：

（1）输入的设计参数对所有横断面有效，即所有横断面都照该设计参数生成设计线。断面生成后，可根据实际情况修改其设计参数或实际地面线，修改后该断面自动进行重算。

（2）分别输入"左坡度"和"右坡度"。

（3）"路宽"：如果道路左宽和右宽相等，在"路宽"栏内输入路宽值（左宽和右宽之和），左宽和右宽栏内输入"0";如果道路两边不等,分别输入左宽和右宽,"路宽"栏内输入"0"。

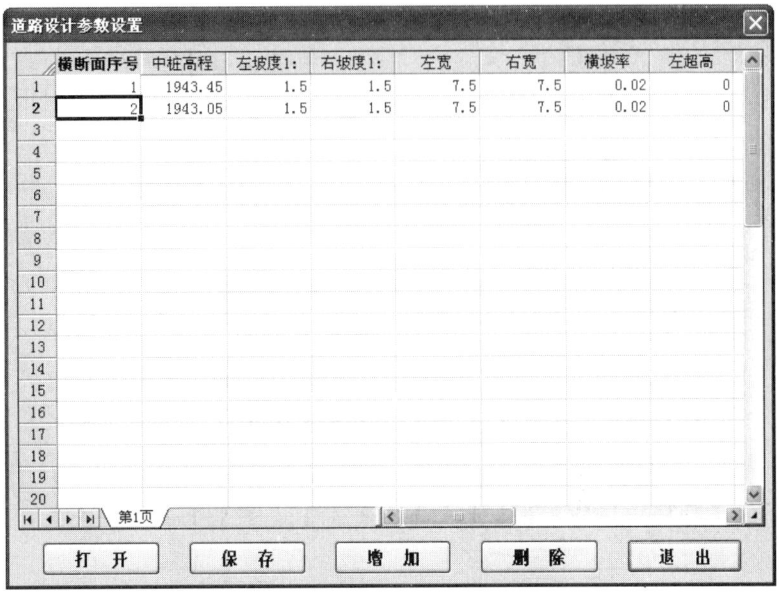

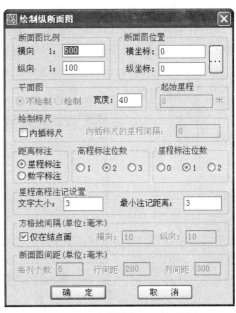

图 7.16　"道路设计参数设置"对话框

（4）"横坡率":如果道路两边设计高程相等,在"横坡率"栏内输入路边相对于路中的横坡率,"左超高"和"右超高"栏内输入"0";如果道路两边设计高程不相等,分别输入"左超高"和"右超高","横坡率"栏内输入"0"。

点击"确定"后,会弹出一个对话框,如图 7.18 所示。

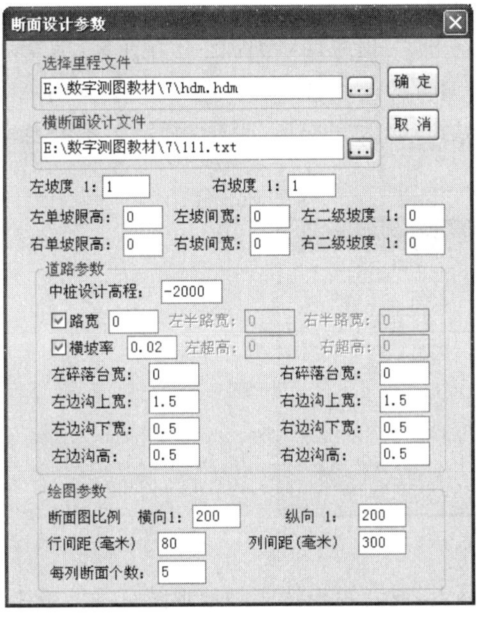

图 7.17　"断面设计参数"输入对话框　　　　图 7.18　"绘制纵断面图"对话框

软件根据上步给定的比例尺,在图上绘制道路的纵断面图。至此,图上已绘出道路的纵断面图及每一个横断面图,结果如图 7.19 所示。

在图 7.19 中,中桩设计高程保留默认值(−2 000),路宽为 0,则只绘制纵、横断面的地面线。

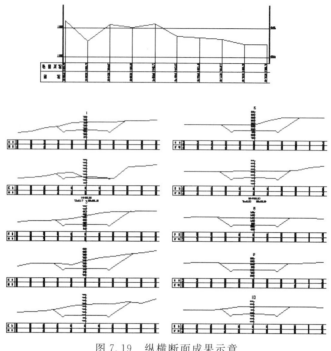

图 7.19　纵横断面成果示意

如果道路设计时,该区段的中桩高程全部一样,就不需要下一步的工作了。但一般来说,断面的设计高程不可能一样,就需要手工编辑这些断面。

(1)如果生成的部分设计断面参数需要修改,点击"工程应用\断面法土方计算\编辑断面线"选项,命令区提示"选择断面线",点取图上需要编辑的设计断面线。选中后,会弹出一个对话框,如图 7.20 所示,可以非常容易地修改相应参数。修改完毕后,点击"确定",系统自动取得各个参数,自动对断面图进行重算。

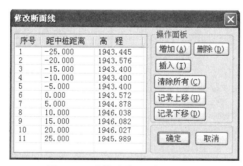

图 7.20　"修改断面线"对话框

(2)在实际工程中,因为主点不一定在等距间隔上,或者要根据实际地形特征加测横断面,这时需要增加断面线。点击"工程应用\断面法土方计算\图上添加断面线"选项。

2)计算工作量

(1)点击"工程应用\断面法土方计算\图面土方计算"选项,命令区提示"选择要计算土方的断面图”，拖框选择所有参与计算地道路横断面图。然后，命令区提示“指定土石方计算表左上角位置”，在屏幕适当位置上点击左键定点。

（2）系统自动在图上绘出土方计算表，如图 7.21 所示，并在命令区提示“总挖方＝10 582.1 m^3，总填方＝43.4 m^3”。

里程	中心高/m		横断面积/m^2		平均面积/m^2		距离/m	总数量/m^3	
	填	挖	填	挖	填	挖		填	挖
K0+0.00		2.81	0.00	58.38					
					1.08	35.42	20	21.68	708.38
K0+20.00	0.33		2.17	12.46					
					1.08	42.84	20	21.68	856.74
K0+40.00		2.96	0.00	73.22					
					0	71.86	20	0	1437.1
K0+60.00		2.84	0.00	70.49					
					0	78.5	20	0	1569.96
K0+80.00		3.82	0.00	86.50					
					0	76.93	20	0	1538.66
K0+100.00		2.02	0.00	67.36					
					0	60.43	20	0	1208.58
K0+120.00		2.35	0.00	53.49					
					0	55.35	20	0	1107.03
K0+140.00		2.46	0.00	57.21					
					0	53.82	20	0	1076.43
K0+160.00		2.18	0.00	50.44					
					0	53.96	20	0	1079.18
K0+180.00		2.61	0.00	57.48					
合计								43.4	10582.1

图 7.21　土方计算表

（3）点击“工程应用\断面法土方计算\图面土方计算”选项，命令区提示“选择要计算土方的断面图”，拖框选择所有参与计算地道路横断面图。系统自动计算土方量并存为 Excel 格式，如图 7.22 所示。

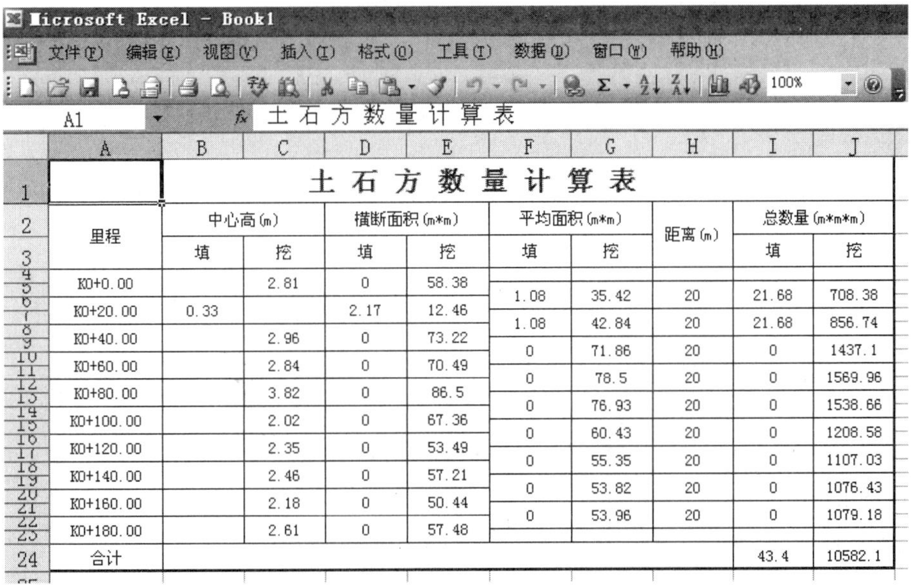

土 石 方 数 量 计 算 表

里程	中心高(m)		横断面积(m*m)		平均面积(m*m)		距离(m)	总数量(m*m*m)	
	填	挖	填	挖	填	挖		填	挖
K0+0.00		2.81	0	58.38					
					1.08	35.42	20	21.68	708.38
K0+20.00	0.33		2.17	12.46					
					1.08	42.84	20	21.68	856.74
K0+40.00		2.96	0	73.22					
					0	71.86	20	0	1437.1
K0+60.00		2.84	0	70.49					
					0	78.5	20	0	1569.96
K0+80.00		3.82	0	86.5					
					0	76.93	20	0	1538.66
K0+100.00		2.02	0	67.36					
					0	60.43	20	0	1208.58
K0+120.00		2.35	0	53.49					
					0	55.35	20	0	1107.03
K0+140.00		2.46	0	57.21					
					0	53.82	20	0	1076.43
K0+160.00		2.18	0	50.44					
					0	53.96	20	0	1079.18
K0+180.00		2.61	0	57.48					
合计								43.4	10582.1

图 7.22　Excel 格式土方计算表

至此该区段道路挖填方计算完成,可以将道路纵、横断面图和土方计算表打印出来,作为工程量计算结果。

2. 场地断面土方计算

1)生成里程文件

在场地的土方计算中,常用的里程文件生成方法与由纵断面线生成里程文件的方法一样,不同的是,在生成里程文件之前利用"设计"功能加入断面线的设计高程。

2)选择土方计算类型

点击"工程应用\断面法土方计算\场地断面"选项,会弹出一个对话框,如图7.23所示,只是道路参数全部变灰,不能使用,只有坡度等参数可以使用。

3)给定计算参数

在图7.23对话框中输入各种参数。

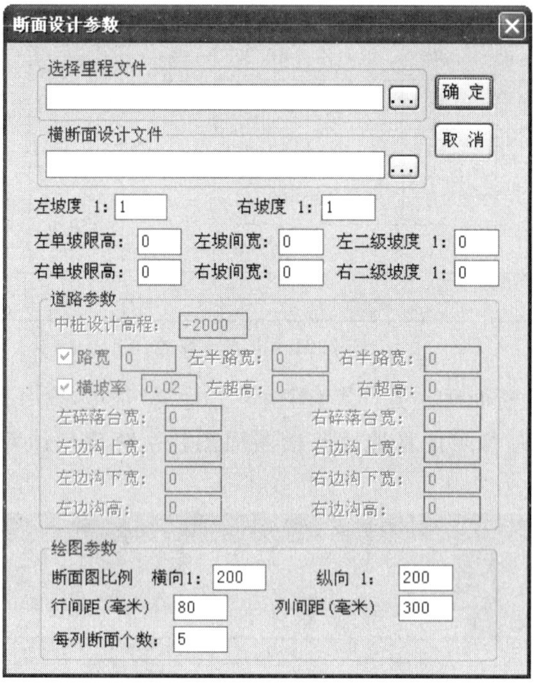

图7.23 "断面设计参数"对话框

4)计算工程量

点击"工程应用\断面法土方计算\图面土方计算"选项,该步计算工程量的方法与断面法道路土方计算完全相同。

3. 任意断面土方计算

1)生成里程文件

生成里程文件有四种方法,根据情况选择合适的方法。

2)选择土方计算类型

点击"工程应用\断面法土方计算\任意断面"选项,会弹出一个对话框,如图7.24所示,设置"任意断面设计参数"。

在"选择里程文件"中选择第一步生成的里程文件。左右两边的显示框是对设计道路横断面的描述,两边的描述都是从中桩开始向两边描述的,如图 7.25 所示。图中所描述的是从中桩画 5 m 的平行线,向下 1∶1 坡度,编辑好后,点击"确定",会弹出绘制断面图对话框。

设置好"绘图参数",点击"确定",图上绘出道路的纵断面图及每一个横断面图。

图 7.24 "任意断面设计参数"对话框一

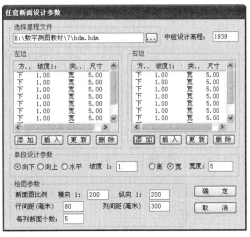

图 7.25 "任意断面设计参数"对话框二

3)计算工程量

计算方法与断面法道路土方计算相同。

4. 二断面线间土方计算

二断面线间土方计算指采用断面法计算两次测量之间土方的变化量,或者按土石质分界面分别计算土方和石方。

1)生成里程文件

分别用第一期工程、第二期工程(或是土质层石质层)的高程文件分别生成里程文件一和里程文件二。

2)生成纵断面图

使用其中一个里程文件生成纵、横断面图。用一个里程文件生成横断面图,只有一条横断面线,另外一期的横断面线需要点击"工程应用\断面法土方计算\图上添加断面线"选项,会弹出一个对话框,如图 7.26 所示。

图 7.26 "添加断面线"对话框

在"选择里程文件"中填入另一期的里程文件,点击"确定",命令区显示"选择要添加断面的断面图"，框选需要添加横断面线的断面图。回车确认，图上的断面图上就有两条横断面线了。

3)计算两期工程间工程量

点击"工程应用\断面法土方计算\二断面线间土方计算"选项，看命令区提示操作。

(1)"输入第一期断面线编码(C)/〈选择已有地物〉"：选择第一期的断面线。

(2)"输入第二期断面线编码(C)/〈选择已有地物〉"：选择第二期的断面线。

(3)"选择要计算土方的断面图"：框选需要计算的断面图。

然后，回车确认，看命令区提示操作。

(1)"指定土石方计算表左上角位置"：点取插入土方计算表的左上角。

(2)"总挖方＝×××立方米，总填方＝×××立方米"。

7.3.3　方格网土方计算

根据实地测定的地面点坐标(X,Y,Z)和设计高程，通过生成方格网来计算每一个方格内的填挖方量，最后累计得到指定范围内填方和挖方的总土方，并绘出填挖方分界线。

系统首先将方格四个角上的高程相加（四角高程点是通过周围高程点内插得出），取平均值与设计高程相减，然后乘以方格面积，得到每一个方格的土方填挖方量。方格网法简便直观，易于操作，因此这一方法在实际工作中应用非常广泛。用方格网法算土方，设计面可以是平面，也可以是斜面，还可以是三角网，如图 7.27 所示。

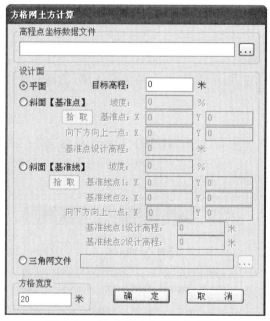

图 7.27　"方格网土方计算"对话框

1. 设计面是平面时的操作方法

(1)用复合线画出所要计算土方的区域，一定要闭合，但是尽量不要拟合，因为拟合过的曲线在进符土方计算时会用折线迭代，影响计算结果的精度。

(2)点击"工程应用\方格网土方计算"选项。

(3)命令区提示"选择计算区域边界线"时,选择土方计算区域的边界线(闭合复合线)。

(4)屏幕上会弹出方格网土方计算对话框,如图 7.27 所示。在对话框中选择所需的坐标文件;在"设计面"栏选择"平面",并输入目标高程;在"方格宽度"栏输入方格网的宽度,这是每个方格的边长,默认值为 20 m。由原理可知,方格的宽度越小,计算精度越高。但如果给的值太小,超过了野外采集点的密度也是没有实际意义的。

(5)点击"确定",命令区提示"最小高程=××.×××,最大高程=××.×××""总填方=××××.×立方米,总挖方=×××.×立方米"。同时,图上绘出所分析的方格网、填挖方的分界线(绿色折线),并给出每个方格的填挖方、每行的挖方和每列的填方,结果如图 7.28 所示。

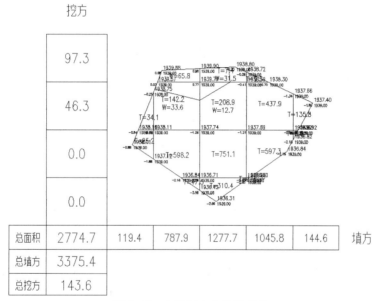

图 7.28　方格网土方计算成果

2. 设计面是斜面时的操作方法

设计面是斜面时,前面操作方法与平面相同,区别在于在"方格网土方计算"对话框中"设计面"选择"斜面"。如图 7.27 所示,"斜面"有两个选项,分别为"斜面(基准点)"和"斜面(基准线)"。

(1)如果选择"斜面(基准点)",需要输入设计坡度、基准点和向下方向上一点的坐标、设计高程。过基准点做直线,使直线的坡度等于设计坡度,取直线上高程低于基准点的任意一点,可以直接输入坐标,也可点击"拾取"后,在图面上捕捉确定。输入确定设计斜面的参数后,后面的操作方法与设计面为平面时相同。

(2)如果选择"斜面(基准线)",需要输入设计坡度、基准线上的两个点、基准线向下方向上的任意一点坐标,以及基准线上两个点的设计高程。选择这一选项,要注意输入确定斜面的参数时,基准线上的两个点要选择两个高程相等的点。基准线向下方向上的一点,是斜面上高程低于基准线高程的任意一点。只有这样的选择方式,计算结果才与其他选项计算结果一致。

3. 设计面是三角网文件时的操作方法

这种方法可以处理"设计面"为不规则地表的情况,计算的思路就是利用数字地面模型模拟出设计表面,因此适合所有的土方计算,而且不管设计面多复杂,都可以进行整体计算,而且符合大多数工程单位的计算习惯。该方法操作步骤与前两种方法的差别,在于在图 7.27 中选"三角网"选项,并打开扩展名为 sjw 的三角网文件,回车确定即可。在计算之前,需要根据设计数据文件或前期的测量数据文件建立三角网,并点击"三角网存取"保存。下面以在测出原始地形后根据场地设计标高估算土石方来说明整个流程。

1)原始测量数据文件准备

将地形图上所有高程点装入一个数据文件。

2)根据设计标高模拟设计表面

根据设计标高做出场地高程点,并根据设计数据文件建立表面三角网文件,如图 7.29 所示。

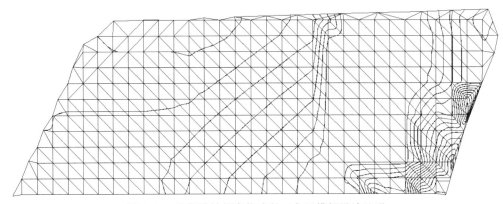

图 7.29 根据设计标高构成的三角网模拟设计地形

3)计算工程量

在图 7.27"高程点坐标数据文件"栏中,找到原始测量数据文件,"设计面"栏中选取"三角网",并找到"三角网文件",格网宽度根据需要选取,计算结果如图 7.30 所示。

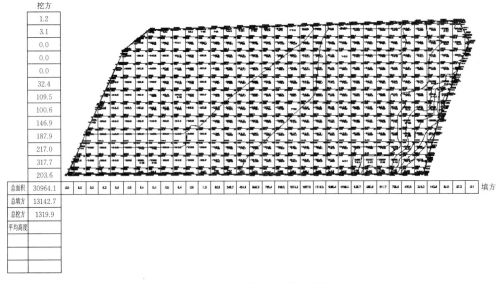

图 7.30 三角网法土方计算结果

7.3.4　等高线法土方计算

在地形图上,可利用图上等高线计算体积,如山丘体积、水库库容等。图 7.31 为一个水库,阴影部分为水库淹没面积以下的蓄水量(体积),即为水库库容。

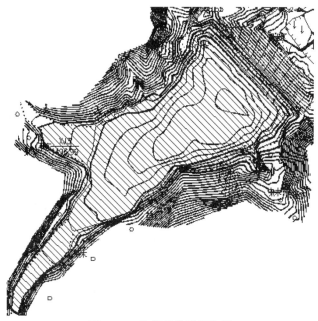

图 7.31　按等高线量算体积

计算库容一般用等高线法,先量算各等高线围成的面积,然后计算各相邻等高线之间的体积,将各层体积相加,即得到库容。

设 S_1 为淹没线高程的等高线所围成的面积,S_2、S_3、$\cdots$、S_n、S_{n+1} 为淹没线以下各等高线所围成的面积(其中,S_{n+1} 为最低一根等高线所围成的面积),h 为等高距,h' 为最低一根等高线与库底的高差,则相邻等高线之间的体积及最低一根等高线与库底之间的体积计算为

$$
\left.
\begin{aligned}
V_1 &= \frac{1}{2}(S_1 + S_2)h \\
V_2 &= \frac{1}{2}(S_2 + S_3)h \\
&\vdots \\
V_n &= \frac{1}{2}(S_n + S_{n+1})h \\
V_n' &= \frac{1}{3} \times S_{n+1} \times h' \\
V_{总} &= V_1 + V_2 + \cdots + V_n + V_n' = \left(\frac{S_1}{2} + S_2 + S_3 + \cdots + \frac{S_{n+1}}{2}\right) + \frac{1}{3} \times S_{n+1} \times h'
\end{aligned}
\right\} \quad (7.3)
$$

用户将白纸图扫描矢量化后可以得到数字图形,但这样的图都没有高程数据文件,所以无法用前面的几种方法计算土方。一般来说,这些图上都绘有等高线,所以,CASS 9.1 用此功能可计算任意 n 条等高线所围面积。

（1）点击"工程应用\等高线法土方计算"选项，命令区提示"选择对象"，可逐条点取等高线参与计算，然后输入最高高程：1 495.0。

（2）回车后，出现提示方量消息框，如图 7.32 所示。

（3）回车后，出现提示"请指定表格左上角位置：〈直接回车不绘表格〉"，在屏幕上点击将要布置计算结果的位置，计算结果如图 7.33 所示。

从表格中看到每条等高线围成的面积和两条相邻等高线之间的土方，另外，还可看到计算公式等。

图 7.32　库容计算结果提示

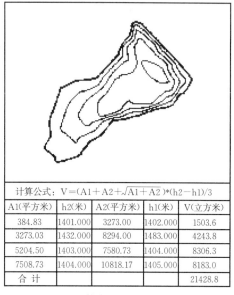

计算公式：V＝(A1＋A2＋√(A1＋A2)*(h2－h1)/3

A1(平方米)	h2(米)	A2(平方米)	h1(米)	V(立方米)
384.83	1401.000	3273.00	1402.000	1503.6
3273.03	1432.000	8294.00	1483.000	4243.8
5204.50	1403.000	7580.73	1404.000	8306.3
7508.73	1404.000	10818.17	1405.000	8183.0
合　计				21428.8

图 7.33　等高线法土方计算结果

7.3.5　区域土方平衡

土方平衡的功能常在场地平整时使用。当一个场地的土方平衡时，挖掉的土石方刚好等于填方量。以填挖方边界线为界，从较高处挖得的土石方直接填到区域内较低的地方，就可完成场地平整，这样可以大幅度减少运输费用。

1. 计算平整场地平均高程

在方格网中，一般认为各点间的坡度是均匀的，因此各点在格网中的位置不同，其地面高程所影响的面积也不同。如果以 1/4 方格为 1 单位面积，定权为 1，则方格网中各点高程的权分别是：角点为 1，边点为 2，拐点为 3，中心点为 4。这样就可以用加权平均值的算法计算整个方格网点的地面平均高程 $H_平$，即

$$H_平 = \frac{\sum P_i H_i}{\sum H_i} \tag{7.4}$$

式中，H_i 为各格网点高程，P_i 为各格网点的权值。

2. 在 CASS 9.1 中的计算步骤

（1）在图上展出点，用复合线绘出需要进行土方平衡计算的边界。

（2）点击"工程应用\区域土方平衡\根据坐标数据文件（根据图上高程点）"选项，如果要分

析整个坐标数据文件,可直接回车;如果没有坐标数据文件;而只有图上的高程点,则选"根据图上高程点"。

(3)命令区提示"选择边界线",点取第一步所画闭合复合线。然后,提示"输入边界插值间隔(米):〈20〉"。在计算区域边界上,三角形的边将与之平行,因此系统在计算区域边界线上,将按设定的插值间隔插点。如前面所说,如果密度太大,超过了高程点的密度,实际意义并不大,一般用默认值即可。

(4)如果前面选择"根据坐标数据文件",这里会弹出一个对话框,要求输入文件名;如果前面选择"根据图上高程点",此时命令区提示"用鼠标选取参与计算的高程点或控制点"。

(5)回车后会弹出一个消息框,如图 7.34 所示,同时命令区提示"平场面积＝28 949.01 m²""土方平衡高度＝1 668.356 m,挖方量＝65 632 m³,填方量＝65 632 m³"。

(6)点击"确定",命令区提示"请指定表格左下角位置:〈直接回车不绘表格〉",在图上空白区域单击左键,在图上绘出计算结果表格,如图 7.35 所示。

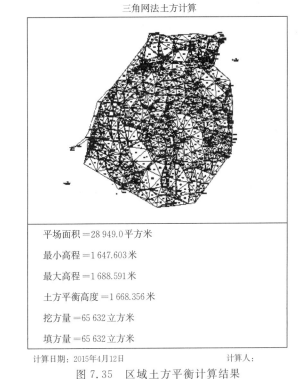

AutoCAD 信息

土方平衡高度=1668.356米

挖方量=65632立方米

填方量=65632立方米

详见 dtmtf.log 文件

确定

图 7.34　土方平衡提示

三角网法土方计算

| 平场面积＝28 949.0平方米 |
| 最小高程＝1 647.603米 |
| 最大高程＝1 688.591米 |
| 土方平衡高度＝1 668.356米 |
| 挖方量＝65 632立方米 |
| 填方量＝65 632立方米 |

计算日期: 2015年4月12日　　　　　　　　计算人:

图 7.35　区域土方平衡计算结果

§7.4　面积应用

7.4.1　长度调整

通过选择复合线或直线,系统自动计算所选线的长度,并调整到指定的长度。具体操作方法根据命令区提示进行。

7.4.2　面积调整

CASS 9.1 设置了三种面积调整方法,分别是调整一点、调整一边及在一边调整一点。通过调整复合线的一点或一边,把该复合线面积调整成所要求的目标面积。

§7.5　图数转换

7.5.1　坐标数据文件

图数转换可将数字地形图上的点位转换为 CASS 标准坐标数据文件,该功能对非 CASS 制作的 cad 格式数字地形图生成坐标数据文件特别有用。利用此功能将 cad 格式地形图上的点位转换为 CASS 标准坐标数据文件后,即可利用 CASS 的土方计算等"工程应用"功能。

1. 指定点生成数据文件

点击"工程应用\指定点生成数据文件"选项,会弹出"输入数据文件名"对话框来保存数据文件。

2. 高程点生成数据文件

高程点生成数据文件有三种方式。

(1)点击"工程应用\高程点生成数据文件\有编码高程点(无编码高程点、无编码水深点)"选项,会弹出"输入数据文件名"对话框来保存数据文件。命令区提示"系统的默认设置为选取区域边界"。

(2)若选择"(1) 有编码高程点",命令区提示"请选择:(1)选取高程点的范围 (2)直接选取高程点或控制点〈1〉"。选(1),点取事先画好的范围;选(2),可以框选范围。

(3)若选择"(2)无编码高程点"生成数据文件,高程点和高程注记可以不在同一层,执行命令后命令区提示"请输入高程点所在层:gcd""请输入高程注记所在层:〈直接回车取高程点实体 Z 值〉""共读入 1 144 个高程点"。

(4)若选择"(3)无编码水深点",则与选择(2)的步骤相同。

3. 控制点生成数据文件

点击"工程应用\控制点生成数据文件"选项,会弹出"输入数据文件名"对话框来保存数据文件。命令区提示"共读入××××个控制点"。

4. 等高线生成数据文件

点击"工程应用\等高线生成数据文件"选项,会弹出"输入数据文件名"对话框来保存数据文件。命令区提示"(1)处理全部等高线结点,(2)处理滤波后等高线结点〈1〉"。

等高线滤波后结点数会少很多,这样可以缩小生成数据文件的大小。执行完后,系统自动分析图上绘出的等高线,将所在结点的坐标记入第一步给定的文件中。

7.5.2　交换文件

CASS 的数据交换文件作为一种格式公开的数据文件,不仅为数字测图成果进入地理信息系统提供了通道,也为用户的其他格式数字化测绘成果进入 CASS 系统提供了方便之门。由于 CASS 的数据交换文件与图形的转换是双向的,其菜单中提供了这种双向转换的功能,即

"生成交换文件"和"读入交换文件"。这就是说,不论用户的数字化测绘成果是以何种方法、何种软件、何种工具得到的,只要能转换(生成)为 CASS 系统的数据交换文件,就可以将它导入 CASS 系统,就可以为数字化测图工作利用。另外,CASS 系统本身的"简码识别"功能就是把从电子手簿传过来的简码坐标数据文件转换成 CASS 交换文件,然后用"绘平面图"功能读出该文件而实现自动成图的。

1. 生成交换文件

点击"数据处理\生成交换文件"选项,会弹出"输入数据文件名"对话框来选择要保存的交换文件名。命令区提示"绘图比例尺 1",输入比例尺,回车。

交换文件是文本格式的,可用"编辑\编辑文本"选项查看。

2. 读入交换文件

(1)点击"数据处理\读入交换文件"选项。

(2)会弹出"输入 CASS 交换文件名"对话框来选择交换文件。如当前图形还没有设定比例尺,系统会提示用户输入比例尺。

(3)系统根据交换文件的坐标设定图形显示范围,这样,交换文件中的所有内容都可以包含在屏幕显示区中。

(4)系统逐行读出交换文件的各图层、各实体的各项空间或非空间信息,并将其画出来,同时,各实体的属性代码也被加入。

需要注意的是:"读入交换文件"将在当前图形中插入交换文件中的实体,因此,如不想破坏当前图形,应在新图环境中读入交换文件。

§7.6　数字测图与地理信息系统技术

7.6.1　地理信息系统简介

地理信息系统(geographic information system,GIS)是集地球科学、信息科学与计算机技术为一体的高新技术,作为有关空间数据管理、空间信息分析及传播的计算机系统,现已广泛应用于土地利用、资源管理、环境监测、城市与区域规划等众多领域,成为社会可持续发展的有效辅助决策支持工具。

在众多的地理信息软件中,影响最广、功能最强、市场占有率最高的产品首推美国环境研究所(Esri)开发的 ArcInfo 系统。

7.6.2　地理信息系统对数字地图的要求

地理信息系统的广泛应用对数字地图提出了新的要求。首先,一个最基本的要求就是数字地图中的地物空间数据只能以"骨架线"数据的形式出现,不能附带地物符号。地理信息系统对数字地图的要求还与地理信息系统软件平台有关,ArcInfo 是一个典型的地理信息系统软件,本章介绍地理信息系统与 CASS 9.1 的接口将主要以 ArcInfo 为例。下面以 ArcGIS 为例,说明地理信息系统对数字地图的基本要求。

ArcInfo 系统提供了用于地理数据的自动输入、处理、分析和显示的强大功能,有点、线、面三种要素。点、线地物的性质由这些地物的代码表示;面状地物,如房屋,区域填充由周围边界及中间的一个标识点(称为"label"点)构成,属性由标识点的代码表示。

　　ArcInfo 具有强大的地理分析及处理功能,因而对数据的要求也很高。下面是几类常见数据错误。

　　1. 地物放错图层

　　地物放错图层指地物符号未放到指定层,地理信息系统分为七个层,分别对应七大类地物。例如,房屋应放于 B 层,如果放到 L 层,地理信息系统就会有错误标识。

　　2. 代码错误

　　代码错误指代码不合理,如代码为零。

　　3. 地物属性错误或不合理

　　高程点高程为零、房屋层数为零等都会有地物属性错误或不合理的标识。

　　4. 多边形标号错误

　　多边形标号错误指一个多边形内无标识点或有多于一个标识点的情形。后一种情况常发生一个多边形有多个标识点或多边形为闭合的情况。

　　5. 悬挂点和伪节点

　　1)悬挂点形成原因

　　(1)同层线划相交,应在交点处各自断开,否则就有悬挂点。

　　(2)定位不准,未接上或未相交。CASS 9.1 提供点号或捕捉精确定位,基本可避免。如不慎出现,用关键点编辑及捕捉或延伸、剪裁即可消除。

　　2)伪节点形成原因

　　同类线划间的交点处再无第三条线交于此(同类线划指代码相同的线)。两条同类线划间不能有结点,必须连续。三条及以上的同类线划交于此点,则是合理的伪结点。

　　地理信息系统对数字地图还有很多其他要求,这里不再赘述,欲深入了解请参阅有关书籍。从上面的叙述可知地理信息系统对数字化图的精确性、准确性有很高的要求,不同于一般的机助制图。

　　面状区域的闭合及检查和消除不合理的悬挂点、伪结点是地理信息系统主要要求,CASS 9.1 可以自动断开同层相交线、自动识别去除不合理伪结点,并且提供了检查悬挂点及伪结点的功能,已基本解决了上述问题。

7.6.3　CASS 9.1 与地理信息系统的接口方法

　　1. 交换文件接口

　　CASS 9.1 为用户提供了文本格式的数据交换文件(扩展名是 cas)。该文件包含了全部图形的几何和属性信息。总体格式如下:

> CASS 9.1
>
> 西南角坐标
>
> 东北角坐标
>
> [层名]
>
> 实体类型
>
> ⋮
>
> nil

实体类型

⋮

nil

⋮

END

第一行和最后一行固定为 CASS 9.1 和 END,第二、三行规定了图形的范围。设想一个矩形刚好把所有的实体包括进去,即该矩形左下角坐标和右上角坐标。CASS 9.1 交换文件的坐标格式为"Y 坐标,X 坐标[,高程]"。其中,Y 和 X 坐标分别表示东方向和北方向坐标,高程可以省略,但表示等高线时不可省略,坐标单位是米。CASS 9.1 交换文件中线状地物都有线型的定义,如在其他系统生成 CASS 9.1 交换文件,可在线型栏中以"N"代替,成图时系统会自动根据编码选择相应的线型,默认为"CONTINUOUS"。

文件正文从第四行开始,以图层为单位分成若干独立的部分,用中括号将层名括起来,作为该图层区的开始行,每个层内部又以实体类别划分开来。CASS 交换文件共有 POINT、LINE、ARC、CIRCLE、PLINE、SPLINE、TEXT、SPECIAL 八种实体类型,文件中每个层的每种实体类型部分以实体类型名为开始行,以字符串"nil"为结束行,中间连续表示若干个该类型的实体。每种类型实体的说明方法请参阅 CASS 9.1 使用手册。

通过交换文件可以将数字地图的所有信息毫无遗漏地导入地理信息系统,这就为用户的各种应用带来了极大的方便。∗.dwg 文件一般方便于用户进行各种规划设计和图库管理,CASS 文件方便用于用户将数字地图导入地理信息系统。用户可根据自己地理信息系统平台的文件格式开发出相应的转换程序。

2. dxf 格式文件接口

AutoCAD 是世界上最流行的图形编辑系统,其系统的灵活性、广泛的开放性受到用户的喜爱。其图形交换格式已基本成为一种标准,受到了其他系统的广泛支持、兼容。

进行图形交换时,编辑 CASS 9.1 的系统(SYSTEM)目录下的 INDEX.ini 文件,将各符号对应的接口代码输入 INDEX.ini 相应位置。该文件记录每个图元的信息,不管这个图元是不是骨架线。图元是图形的最小单位,一个复杂符号可以含有多个图元,文件格式为:CASS 9.1 编码,主参数,附属参数,图元说明,用户编码。地理信息系统编码图元只有点状和线状两种。如果是点状图元,主参数代表图块名,附属参数代表图块放大率;如果是线状图元,主参数代表线型名,附属参数代表线宽。

CASS 系统的"文件\文件输入\输出"下的"DXF 输入""DXF 输出"功能提供双向的图形数据(∗.dxf 文件)交换。输入 ∗.dxf 文件后,即转换为 CASS 的 ∗.dwg 图形文件。

3. shp 格式文件接口(用于 ArcGIS 系统)

文本格式的 ∗.shp 文件是 ArcGIS 系统自定义的数据格式,与其图层文件完全对应。CASS 9.1 直接解读 ∗.shp 文件,避免了转换间的地物遗失。

在 ArcGIS 中,图形符号化后进行编辑,入库也直接提交 ∗.shp 文件。提交 ∗.shp 文件入库,节省时间,快捷简便,∗.dxf 文件转换成 ArcGIS 的图层文件要 10~20 分钟,∗.shp 文件只要不到 1 分钟。

4. mif/mid 格式文件接口(用于 MapInfo 系统)

CASS 9.1 还提供了 mif/mid 格式文件接口。MapInfo 的数据存放在两个文件内,∗.mif

文件中存放图形数据,∗.mid 文件中存放文本数据。CASS 9.1 的成果可以生成 mif/mid 格式文件,直接读入 MapInfo 中。

点击"数据处理\图形数据格式转换\MAPINFO MIF/MID 格式"选项,会弹出一个对话框,输入要保存的文件名后,点击"保存"即可完成文件的生成。

5. 国家空间矢量格式

CASS 9.1 支持最新的国家矢量空间格式 vct2.0。地理信息系统软件种类众多,范围广泛,为了使不同的地理信息系统可以相互交换空间数据,在世界范围内都制定了很多标准。我国也对国内的地理信息系统软件制定了一个标准,即国家空间矢量格式,并要求所有的地理信息系统都能支持这一标准接口。

点击"检查入库\输出国家空间矢量格式"选项,会弹出一个对话框,输入要保存的文件名后,点击"保存"即可完成文件的生成。

习　题

1. 练习由纵断面线生成里程文件的操作方法。
2. 简述里程文本文件的数据格式。
3. 道路土方计算有几种方法? 最常用的是哪种方法?
4. 请分析 CASS 9.1 计算土方时,各种方法适用的情况。
5. 简述 CASS 9.1 与地理信息系统的接口方法。

第8章 数字地形测图测绘新技术

当前,我国各领域信息化建设飞速发展,数字化建设进程明显加快,建立定期更新的地理数据库、动态监测土地利用变化情况及衍生各类最新时相的专题图都是需要迫切解决的问题。无论是全站仪还是 GPS RTK,其作业方法都需要测绘人员在野外逐点采集数据,这是劳动强度大、作业效率低、经济成本高的原因所在。目前,大比例尺数字测图发展方向主要有两种:①数字航空摄影测量技术,特别是无人机航空摄影测量系统,以其运行成本低、执行任务灵活性高等优点,正成为航空摄影测量的补充;②三维激光扫描技术,又分为地面激光扫描、机载激光扫描及移动测量系统集成,对地物、地貌进行高分辨率扫描,得到准确定位、高精度的三维立体图像。

§8.1 无人机航空摄影测量系统

8.1.1 无人机航空摄影测量系统简介

无人机航空摄影是以获取低空高分辨率遥感影像数据为应用目标,集成无人驾驶飞行器、遥感及 GPS 导航定位等高科技产品和技术,建立的一种高机动性、低成本和小型化、专用化的系统,如图 8.1 所示。无人机航空摄影具有机动灵活、经济便捷的技术优势,它以高分辨率轻型数字遥感设备为机载传感器、以数据快速处理系统为技术支撑,具有对地快速实时调查监测能力,可广泛用于土地利用动态监测、矿产资源勘探、地质环境与灾害勘查、海洋资源与环境监测、地形图更新、林业草场监测,以及农业、水利、电力、交通、公安、军事等领域。无人机航空摄影测量是以无人驾驶飞机作为空中平台,以机载高分辨率电荷耦合器件(charge coupled device,CCD)数码相机、摄像机等获取影像或视频信息,用航空摄影测量工作站对图像信息进行处理,并按照一定的要求制作成地形图、数字高程模型、数字正射影像图(digital orthophoto map,DOM)等系列 4D(DEM、DOM、DLG、DRG)产品,是集成了高空拍摄、遥控、遥感及航空摄影测量的新型应用测绘技术。

8.1.2 无人机航空摄影测量系统优势及特点

1. 无人机航空摄影测量系统优缺点

无人机航空摄影测量系统作为先进的空间信息技术手段之一,与传统测绘相比,有很多优点:

(1)无人机结构简单,机动灵活,不依赖机场,可自动驾驶,适于小面积重点区域的测绘。

(2)使用成本低,无人机既能完成有人驾驶飞机执行的任务,更适用于有人飞机不易执行的任务,如危险区域的侦察和遥感监测的任务等。

(3)无人机航拍影像具有高清晰、大比例尺、小面积、高现势性的优点。

虽然无人机航空摄影测量优点很多,但也有缺点:

(1)影像航向重叠度和旁向重叠度都不够规则,像幅较小、像片数量多。

国土遥感应用

能源遥感应用

环保遥感应用

林业遥感应用

公安遥感应用

GPS导航卫星

无人机遥感平台

数据处理中心

移动地面站

数据接收

地面控制

地面数据接收与处理

数据管理中心

图8.1　无人机航空摄影测量系统组成

（2）影像的倾角过大且倾斜方向没有规律。

（3）航空摄影测量区域地形起伏大、高程变化显著，影像间的比例尺差异大、旋偏角大，影像有明显畸变。

虽然无人机航空摄影测量系统有一些不足之处，但对于当前现势性要求极高的地理信息系统建设来说仍是一种非常重要的方式，其必将得到快速的发展和利用。

2．无人机航空摄影测量特点

1）机动快速的响应能力

无人机进行航空摄影测量通常低空飞行，空域申请便利，受气候条件影响较小；对起降场地的要求较低，可通过一段较为平整的路面实现起降；升空准备时间15分钟即可，操作简单、运输便利。车载系统可迅速到达作业区附近设站，根据任务要求每天可获取数十至两百平方千米的航空摄影测量结果。

2）综合应用能力

无人机技术可与卫星遥感、航空测绘及地面监测手段综合应用。

3）地表数据快速获取和建模能力

系统携带的数码相机、数字彩色航空摄影相机等设备可快速获取地表信息，获取超高分辨率数字影像和高精度定位数据，生成数字高程模型、三维正射影像图、三维景观模型、三维地表模型等二维、三维可视化数据，便于进行各类环境下应用系统的开发和应用。

4）突出的时效性和性价比

与卫星和有人机测绘相比，可做到短时间内快速完成，及时提供用户所需成果，且价格具有相当的优势。与人工测绘相比，无人机每天至少几十平方千米的作业效率必将成为今后小范围测绘的发展趋势。

8.1.3　无人机航空摄影测量作业流程及成果

1. 无人机航空摄影测量作业流程

无人机航空摄影测量作业过程包括外业资料采集和内业数据处理，具体的作业流程如图 8.2 所示。在整个作业流程中，外业数据采集过程相对来说较为简单，其难点主要集中在内业数据处理，而内业数据处理的过程主要就是 4D 产品的生产过程。

2. 无人机航空摄影测量作业产品

无人机航空摄影测量系统外业采集和内业数据处理后，一般得到 4D 产品，主要由数字正射影像图、数字高程模型、数字栅格地图（digital raster graph，DRG）、数字线划地图（digital line graph，DLG）及复合模式组成。

1）数字正射影像图

数字正射影像图是利用航空像片、遥感影像，经像元纠正，按图幅范围裁切生成的影像数据。其信息丰富直观，具有良好的可判读性和可量测性，从中可直接提取自然地理和社会经济信息，如图 8.3 所示。

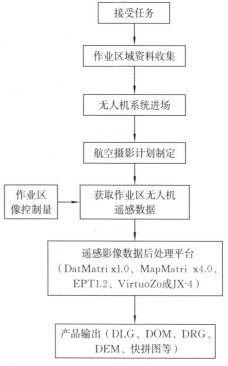

图 8.2　无人机航空摄影测量作业流程

图 8.3　数字正射影像图

2）数字高程模型

数字高程模型是以高程表达地面起伏形态的数字集合，可制作透视图、断面图，进行工程土方计算、表面覆盖面积统计,用于与高程有关的地貌形态分析、通视条件分析、洪水淹没区分析,如图 8.4 所示。

图 8.4   数字高程模型

3)数字栅格地图

数字栅格地图是纸制地形图的栅格形式的数字化产品,可作为背景与其他空间信息进行相关处理,用于数据采集、评价与更新,与数字正射影像图、数字高程模型集成派生出新的可视信息,如图 8.5 所示。

图 8.5   数字栅格地图

4）数字线划地图

数字线划地图是现有地形图上基础地理要素分层存储的矢量数据集。数字线划地图既包括空间信息，也包括属性信息，可用于建设规划、资源管理、投资环境分析等各个方面，以及作为人口、资源、环境、交通、治安等各专业信息系统的空间定位基础，如图 8.6 所示。

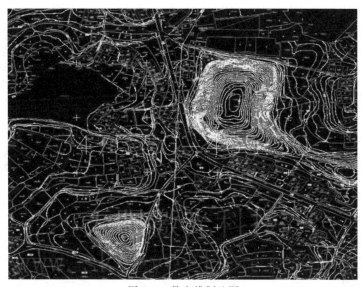

图 8.6　数字线划地图

8.1.4　无人机航空摄影测量作业应用领域

1．无人机移动测量在应急保障中的应用

无人机移动测量能及时提供区域现状信息，增强对突发自然灾害和公共事件的响应和处理能力，广泛应用于地质灾害监测预警、森林火灾监测救援、公共安全应急保障等领域，为应急决策提供技术支撑和信息服务。

2．无人机移动测量在数字城市建设中的应用

无人机影像分辨率高、信息丰富，可满足大比例尺数字化成图的需要，相比卫星影像，更适用于"数字城市"建设，广泛应用于城市三维建模、城镇规划等领域。

3．无人机移动测量在地理国情监测中的应用

无人机移动测量能对土地、林地等资源的变化信息进行实时、快速采集，提供区域现势性信息，实现对重点地区和热点地区滚动式循环监测，及时发现违规违法用地、非法占用耕地等现象，为土地、林地监察部门监察资源提供技术保障。

4．无人机移动测量在传统测量领域的应用

随着无人机移动测量数据获取和处理技术的提高，其数据和产品精度越来越高，已经成为传统测量的重要辅助手段，逐步在传统的工程测量如基础测绘、土地利用调查、矿山测量、海岸地形测量、管线测量、土地整治、大型工程建设、公路选线等领域得到广泛应用。

5．无人机移动测量在电力巡查中的应用

传统的电力线路巡查通常是人工到位方式，需要人员多、工作量大、效率低，无人机巡查可以达到对较长线路的大范围快速信息搜寻，同时使用搭载的可见光拍摄设备和红外热成像设备拍摄电力线路及附加设备的图片信息,分析常见线路上的故障隐患,在很大程度上提高了巡查效率。

无人机航空摄影测量系统在我国的大型建设、地震灾害、城市三维建模等领域有过很多成功案例,如在我国的青海玉树地震、舟曲泥石流灾害、汶川地震后堰塞湖及城市三维模拟中得到广泛应用,具体如图 8.7 所示。

　　　（a）青海玉树地震后　　　　　　　　　（b）舟曲泥石流灾害

　　（c）汶川地震形成的堰塞湖　　　　　　　　（d）城市三维模型

图 8.7　无人机航空摄影测量系统应用

§8.2　三维激光扫描部分

三维激光扫描技术是 20 世纪 90 年代中期开始出现的一项高新技术,又被称为实景复制技术,是测绘领域继 GPS 技术之后的一次技术革命。该技术突破了传统的单点测量方法,具有高效率、高精度的独特优势。三维激光扫描技术能够提供扫描物体表面的三维点云数据,因此可以用于获取高精度高分辨率的数字地形模型。该技术通过高速激光扫描测量的方法,大面积、高分辨率地快速获取被测对象表面的三维坐标数据,可以快速、大量地采集空间点位信息,为快速建立物体的三维影像模型提供了一种全新的技术手段。其快速性、不接触性、穿透性、实时、动态、主动性、高密度、高精度、数字化、自动化等特性,使其具有很广的应用空间。

8.2.1　三维激光扫描的原理

三维激光扫描仪是无合作目标激光测距仪与角度测量系统组合的自动化快速测量系统,如图 8.8 所示。在复杂的现场和空间对被测物体进行快速扫描测量,直接获得激光点所接触的物体表面的水平方向、天顶距、斜距和反射强度,自动存储并计算,获得点云数据。最远测量距离几千米,最高扫描频率可达每秒上百万,纵向扫描角 θ 接近 $90°$,横向可绕仪器竖轴进行 $360°$ 全圆扫描,扫描数据可通过 TCP/IP 协议自动传输到计算机,外置数码相机拍摄的场景图像可通过 USB 数据线同时传输到电脑中。点云数据经过计算机处理后,结合 CAD 可快速重构出被测物体的三维模型及线、面、体、空间等各种制图数据。

　　点云坐标测量原理如图 8.9 所示。被测点云的三维坐标在三维激光扫描仪确定的左手坐标系中定义,XOY 面为横向扫描面,Z 轴与横向扫描面垂直。

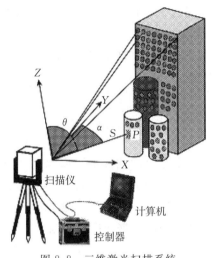

图 8.8　三维激光扫描系统

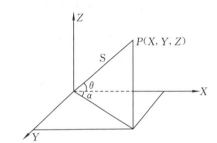

图 8.9　三维激光扫描系统三维坐标采集原理

因此,任意一个被测云点 P 的三维坐标为

$$\left.\begin{array}{l} X_P = S\cos\theta\cos\alpha \\ Y_P = S\cos\theta\sin\alpha \\ Z_P = S\sin\theta \end{array}\right\} \tag{8.1}$$

8.2.2　三维激光扫描系统的组成及特点

1. 三维激光扫描系统组成

　　三维激光扫描系统主要由扫描仪、控制器(计算机)和电源供应系统三部分组成。激光扫描仪本身主要包括激光测距系统和激光扫描系统,同时也集成 CCD 和仪器内部控制和校正系统等。仪器通过两个同步反射镜快速而有序地旋转,将激光脉冲发射体发出的窄束激光脉冲依次扫过被测区域,测量每个激光脉冲从发出到被测物表面、再返回仪器所经过的时间(或者相位差)来计算距离,同时内置精密时钟控制编码器,同步测量每个激光脉冲横向扫描角度观测值 α 和纵向扫描角度观测值 θ。激光扫描系统的原始观测数据除了两个角度值和一个距离值,还有扫描点的反射强度 I,用来给反射点匹配颜色。拼接不同站点的扫描数据时,需要用公共点进行变换,以统一到同一个坐标系中,公共点多采用球形目标。

2. 三维激光扫描的特点

1)三维测量

　　传统测量概念里,所测得的数据最终输出的都是二维结果(如 CAD 出图)。在测量仪器里,全站仪、GPS 比重居多,但测量的数据都是二维形式的。在逐步数字化的今天,三维已经逐渐代替二维,其直观性是二维无法表示的。三维激光扫描仪每次测量的数据不仅包含(X,Y,Z)坐标信息,还包括(R,G,B)颜色信息,同时还有物体反射率的信息,这样全面的信息能给人一种物体在电脑里真实再现的感觉,是一般测量手段无法做到的。

2)快速扫描

快速扫描是扫描仪诞生产生的概念。在常规测量手段里,每一点的测量费时都在2～5秒不等,更甚者,要花几分钟的时间对一点的坐标进行测量。在数字化的今天,这样的测量速度已经不能满足测量的需求,三维激光扫描仪的诞生改变了这一现状,最初每秒1 000点的测量速度已经让测量界大为惊叹,而现在脉冲扫描仪最大速度已经达到50 000点,相位式三维激光扫描仪最高速度已经达到每秒120万点,这是三维激光扫描仪对物体详细描述的基本保证,古文物、工厂管道、隧道等复杂的领域无法测量已经成为过去式。

8.2.3　三维激光扫描技术的应用领域

1. 三维激光扫描常用数据处理软件

点云数据以某种内部格式存储,因此用户需要用厂家专门的软件来读取和处理点云数据,OPTEC 的 ILRIS-3D 软件、Cyrax 2500 的 Yclone 软件、LMS-Z420 等都是功能强大的点云数据处理软件,它们都具有三维影像点云数据编辑、扫描数据拼接与合并、影像数据点三维空间量测、点云影像可视化、空间数据三维建模、纹理分析处理和数据转换等功能。

2. 三维激光扫描技术的应用

最近几年,三维激光扫描技术不断发展并日渐成熟,三维扫描设备也逐渐商业化。三维激光扫描仪的巨大优势就在于可以快速扫描被测物体,不需反射棱镜即可直接获得高精度的扫描点云数据。这样,可以高效地对真实世界进行三维建模和虚拟重现。因此,该技术已经成为当前研究的热点之一,并在文物数字化保护、土木工程、工业测量、自然灾害调查、数字城市地形可视化、城乡规划等领域有广泛的应用。

(1)测绘工程领域:大坝和电站基础地形测量、公路测绘、铁路测绘、河道测绘、桥梁和建筑物地基等测绘、隧道的检测及变形监测、大坝的变形监测、隧道地下工程结构、测量矿山及体积计算。

(2)结构测量方面:桥梁改扩建工程,桥梁结构测量,结构检测、监测,几何尺寸测量,空间位置冲突测量,空间面积、体积测量,三维高保真建模,海上平台、测量造船厂、电厂、化工厂等大型工业企业内部设备的测量,管道、线路测量,各类机械制造安装。

(3)建筑、古迹测量方面:建筑物内部及外观的测量保真,古迹(古建筑、雕像等)的保护测量、文物修复,古建筑测量、资料保存等古迹保护,遗址测绘,现场虚拟模型,现场保护性影像记录等。

(4)紧急服务业:反恐怖主义、陆地侦察和攻击测绘、监视、移动侦察、灾害估计、交通事故正射图、犯罪现场正射图、森林火灾监控、滑坡泥石流预警、灾害预警和现场监测、核泄露监测。

(5)娱乐业:电影产品的设计,为电影演员和场景进行的设计,3D游戏的开发,虚拟博物馆,虚拟旅游指导,人工成像,场景虚拟,现场虚拟。

(6)采矿业:露天矿及金属矿井下作业,以及一些人员不方便到达的区域,如塌陷区域、溶洞、悬崖边等。

3．未来发展方向

三维激光扫描仪已经从固定方式朝移动方向发展，最具代表性的就是车载三维激光扫描仪和机载三维激光雷达。

1）车载三维激光扫描系统

车载三维激光扫描系统的传感器部分集成在一个可稳固连接在普通车顶行李架或定制部件的过渡板上。支架可以分别调整激光传感器头、数码相机、惯性测量装置（inertial measurement units，IMU）与 GPS 天线的姿态或位置。高强度的结构足以保证传感器头与导航设备间的相对姿态和位置关系稳定不变，如图 8.10 所示（引自昆明市测绘研究院）。

图 8.10　车载三维激光扫描系统

在道路和高速公路方面的应用：

（1）公路测量、维护和勘察。

（2）公路资产清查（交通标志、隔音障、护栏、下水道口、排水沟等）。

（3）公路检测（车辙、道路表面、道路变形）。

（4）公路几何模型（横向和纵向的剖面分析）。

（5）结构分析（立交桥）。

（6）淹水评估分析。

（7）在地理信息系统中的叠加分析。

（8）滑坡分析、危害评估（滑坡变形测量与危害分析、滑石和流水分析）。

（9）交通流量分析、安全评估和环境污染评估。

（10）土方量分析。

（11）驾驶视野和安全分析。

2）机载激光三维雷达系统

机载激光三维雷达系统（light detection and ranging，LiDAR）是一种集激光扫描仪（laser scanner）、全球定位系统（GPS）和惯性导航系统（inertial navigation system，INS）及高分辨率数码相机等技术于一身的光机电一体化集成系统，如图 8.11 所示。用于获得激光点云数据并生成精确的数字高程模型、数字表面模型，同时获取物体数字正射影像图信息，通过对激光点云数据的处理，数字表面模型、数字正射影

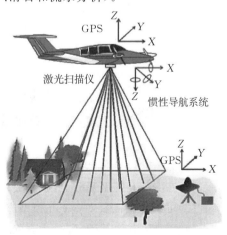

图 8.11　机载激光三维雷达系统

像图可得到真实的三维场景图。

8.2.4　三维激光扫描的案例

测区在云南省昆明市昆明新机场附近一个山区,以山地为主,中间为一个村落,多为混凝土楼房,如图 8.12 所示。测区范围为横向约 950 m、纵向约 600 m,海拔 2 020～2 115 m。

测量设备为 HDS8800。

软件平台为 I-Site Studio 3.4、Auto CAD、Cloudworx 插件、CASS 9.1。

拍照与扫描同步进行,高分辨率影像与点云数据结合,清晰还原真实地物。

图 8.12　扫描区域的全景照片

在 I-site Studio 软件中可去除地表上的房屋与树木、孤立的点噪声(如灰尘等)、指定反射率范围的点。得到地表的数字高程模型,如图 8.13 所示。

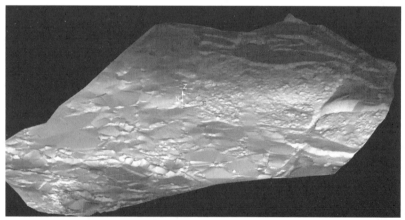

图 8.13　过滤后的数字高程模型

(1)点云自动生成 Mesh 模型。

(2)在 Mesh 模型基础上,去除突起的钉装物。

(3)可以根据需要对 Mesh 模型进行抽稀。

(4)以 Mesh 为基础,进一步去除地表表面上的噪声数据(可重复 2 次)。

(5)在 Mesh 模型基础上自动生成等高线,如图 8.14 所示。

(6)等高线的抽稀处理。

(7)等高线的平滑处理。

图 8.14　等高线

将等高线文件输入到以 AutoCAD 为平台的 CASS 9.1 中进行等高线的编辑，如图 8.15 所示。可进行等高线的修剪、平滑。根据高密度的彩色点云直接绘制地物边界，如房屋、围墙、道路、河流、耕地等，如图 8.16 所示。

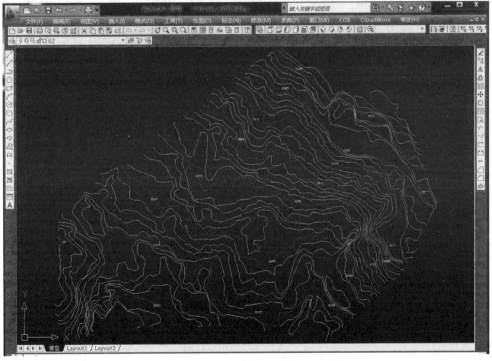

图 8.15　等高线插入 CASS 9.1 进行编辑

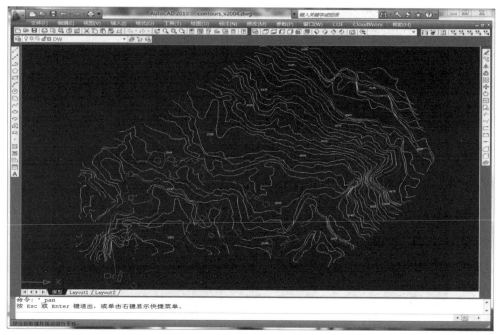

图 8.16　绘制地物

根据规范要求输出各种比例尺的地形图,对地形图分图幅输出,如图 8.17 所示。

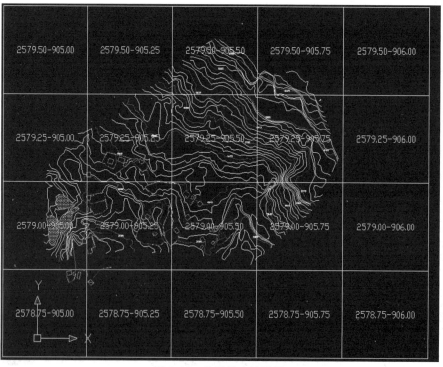

图 8.17　分幅输出地形图

习　题

1. 简述 4D 产品的内容。
2. 三维激光扫描测量有哪几种形式？
3. 机载激光雷达系统由哪几部分构成？

参考文献

纪勇，2008.数字测图技术应用教程[M].郑州:黄河水利出版社.

李玉宝,曹智翔,余代俊,等,2009.大比例尺数字化测图技术[M].(第2版).成都:西南交通大学出版社.

倪晓东，2011.CASS 9.1参考手册[E].广东南方数码科技有限公司.

潘正风，2004.数字测图原理与方法[M].武汉:武汉大学出版社.

夏广岭，2012.数字测图[M].北京:测绘出版社.

谢爱萍，2012.数字测图技术[M].武汉:武汉理工大学出版社.